普通高等学校"十四五"系列教材

CAD/CAM 技能训练习题集

适用于各类三维 CAD/CAM 软件的教学与技能培训

唐友亮　孙肖霞　张安民◎主　编
周　东　张　俊　邵国友◎副主编

中国铁道出版社有限公司
CHINA RAILWAY PUBLISHING HOUSE CO., LTD.

内 容 简 介

本书是根据应用技术型高等学校机械类专业对绘图技能的总体要求，依据机械类绘图软件、CAD/CAM 技术等课程特点和课程目标，结合作者多年的教学经验编写的。

全书内容包含草图绘制、特征实体建模、曲线绘制、曲面建模、装配建模、工程图绘制、计算机辅助编程、计算机辅助工程应用以及 CAD 应用技能竞赛常见题型训练，内容由浅入深，循序渐进，安排合理。同时，部分习题配有微课视频资源，方便学习者使用。

本书适用于应用技术型高等学校机械类专业，也可用于机械类各层次、各专业的软件类课程（如 NXUG、CROE、Catia、SolidWorks、CAXA 等）和 CAD/CAM 技术等课程的配套练习，还可作为广大工程技术人员学习机械类软件时的训练素材。

图书在版编目（CIP）数据

CAD/CAM 技能训练习题集/唐友亮，孙肖霞，张安民主编．—3 版．—北京：中国铁道出版社有限公司，2022.9（2025.1重印）
普通高等学校“十四五”系列教材
ISBN 978-7-113-29281-2

Ⅰ.①C… Ⅱ.①唐… ②孙… ③张… Ⅲ.①计算机辅助设计-高等学校-习题集②计算机辅助制造-高等学校-习题集 Ⅳ.①TP391.7-44

中国版本图书馆 CIP 数据核字（2022）第 106761 号

书　　名：CAD/CAM 技能训练习题集
作　　者：唐友亮　孙肖霞　张安民

策　　划：何红艳　　**编辑部电话：**（010）63560043
责任编辑：何红艳
封面设计：付　巍
封面制作：刘　颖
责任校对：孙　玫
责任印制：赵星辰

出版发行：中国铁道出版社有限公司（100054，北京市西城区右安门西街 8 号）
网　　址：https://tdpress.com/5leds
印　　刷：三河市兴达印务有限公司
版　　次：2016 年 9 月第 1 版　2022 年 9 月第 3 版　2025 年 1 月第 2 次印刷
开　　本：787 mm×1 092 mm 1/16　**印张：**11.5　**字数：**288 千
书　　号：ISBN 978-7-113-29281-2
定　　价：38.00 元

版权所有　侵权必究
凡购买铁道版图书，如有印制质量问题，请与本社教材图书营销部联系调换。电话：（010）63550836
打击盗版举报电话：（010）63549461

前 言

《CAD/CAM 技能训练习题集》(第三版)是普通高等学校“十四五”系列教材,是为适应应用技术型高等学校培养目标要求和满足机械类本科专业教学质量国家标准,依据机械类绘图软件、CAD/CAM 技术等课程特点和课程目标,结合作者近年的教学实践和指导学生参加技能竞赛经验修订而成的。

本书以目前主流软件功能模块为单元进行编写,内容丰富,包含草图绘制、特征实体建模、曲线绘制、曲面建模、装配建模、工程图绘制、计算机辅助编程、计算机辅助工程应用和 CAD 应用技能竞赛常见题型训练,习题总体按照由浅入深、循序渐进的顺序安排。本书第 9 章是在对当前主要的机械类三维软件应用技能竞赛题型梳理的基础上设计和编写的,希望对参加技能竞赛的读者能够有所帮助。书中部分典型习题配有微课视频资源,通过扫描**二维码**即可观看相应视频资源。

本书编者均多年从事 NXUG、CROE 等软件和 CAD/CAM 技术课程的教学工作,具有丰富的教学实践经验。本书在编写时主要突出以下三个特点:

第一,针对性强。本书主要针对应用技术型本科、高职高专学生的软件应用技能训练编写。

第二,层次突出。本书习题设计具有层次性,由浅入深,便于教师根据学生掌握的情况合理布置训练题。

第三,内容全面。本书不仅包含了机械类软件建模的基本操作技能训练题,还包括了计算机辅助编程、运动仿真分析和有限元分析方面的工程应用训练题,可满足不同需求的课程教学要求。

本书适用于应用技术型本科高校机械类专业和高职高专装备制造大类专业绘图软件(如 NXUG、CROE、Catia、SolidWorks、CAXA 等)和 CAD/CAM 技术等课程的配套练习,也可作为广大工程技术人员学习机械类绘图软件时的训练素材。

本书由宿迁学院唐友亮、孙肖霞和张安民任主编,周东、张俊和邵国友任副主编。习题微课视频资源由唐友亮、张安民和张俊录制完成。全书由唐友亮统稿和定稿。

本书自第一版出版以来,受到众多同仁和读者的欢迎,深感荣幸。此次再版,进行了增补修订,使内容更加充实,谨献给诸位同仁和读者。同时,本书在编写过程中参考了很多同仁的同类书籍和各类机械类三维软件应用技能竞赛试题,在此表示感谢。由于编者的水平所限,难免有疏漏和不足之处,敬请批评指正,并请将意见、建议反馈给我们以便及时修订完善。同时,也欢迎各位制作和提供本书中训练题的实战视频(仅限 NXUG 软件),我们将在下一次印刷和再版时充实到本书中来,并署名感谢。

编 者

2022 年 5 月

目　　录

1.1 基础技能训练

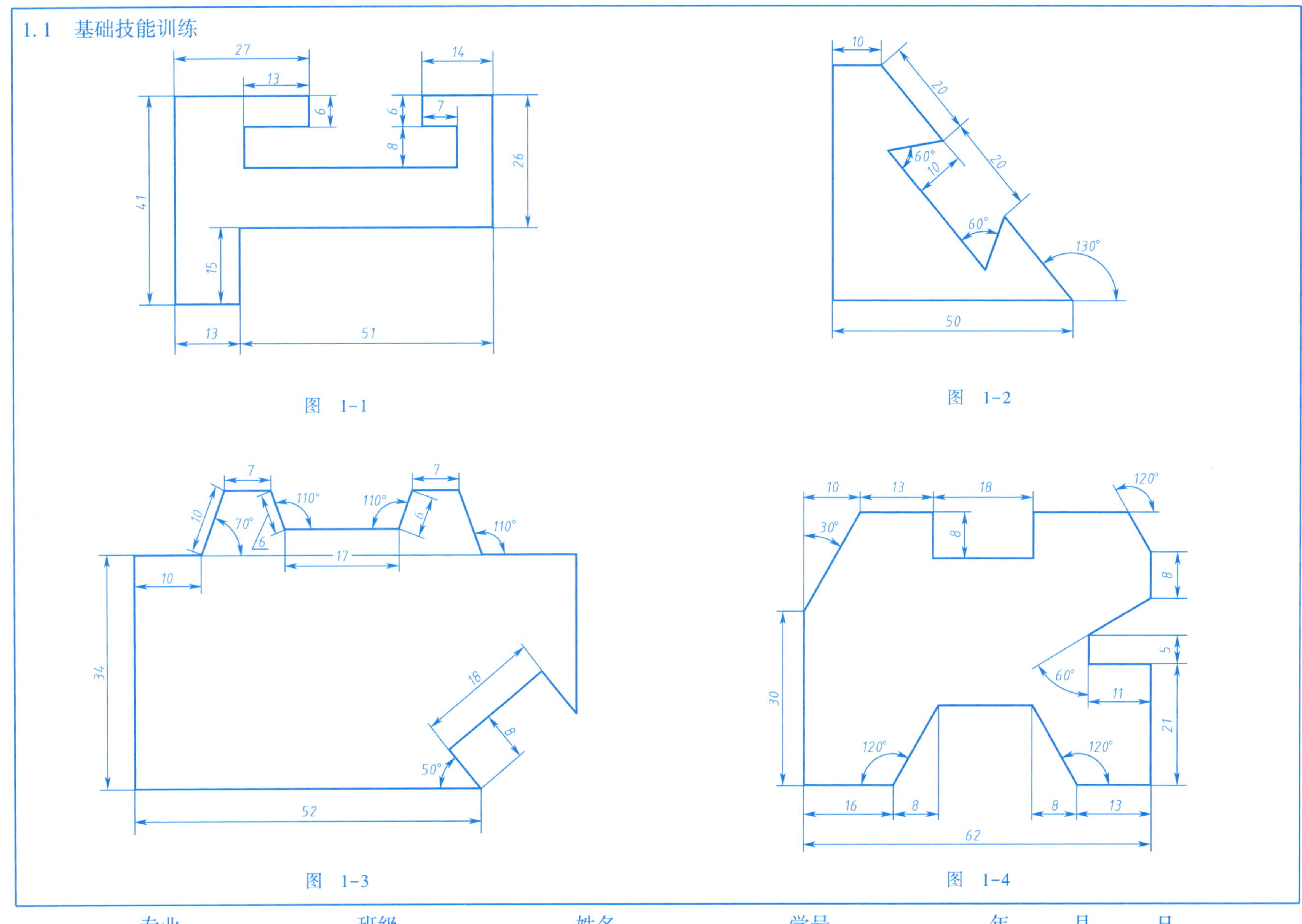

图 1-1

图 1-2

图 1-3

图 1-4

专业： 班级： 姓名： 学号： 年 月 日

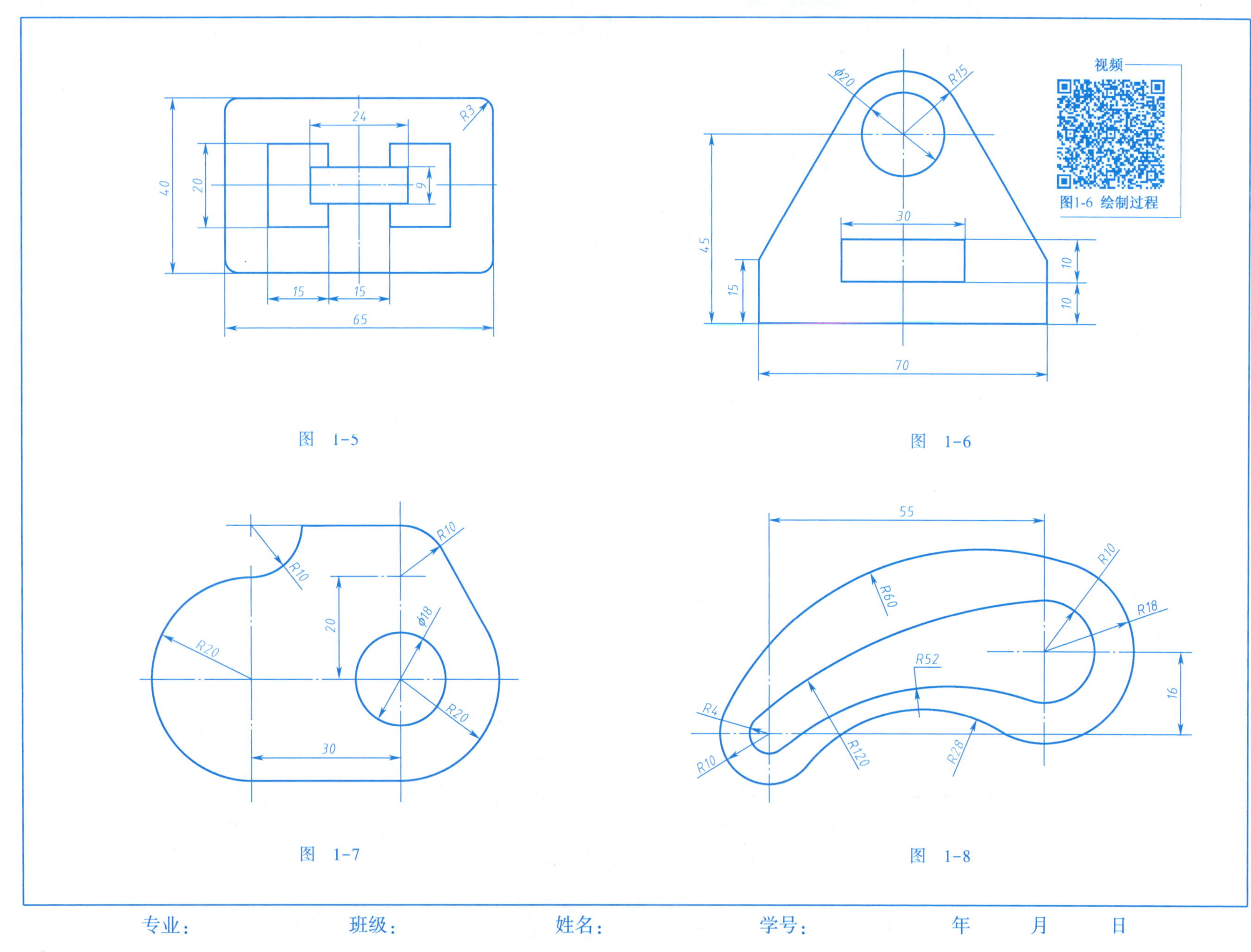

图 1-5

图 1-6

图 1-7

图 1-8

专业： 班级： 姓名： 学号： 年 月 日

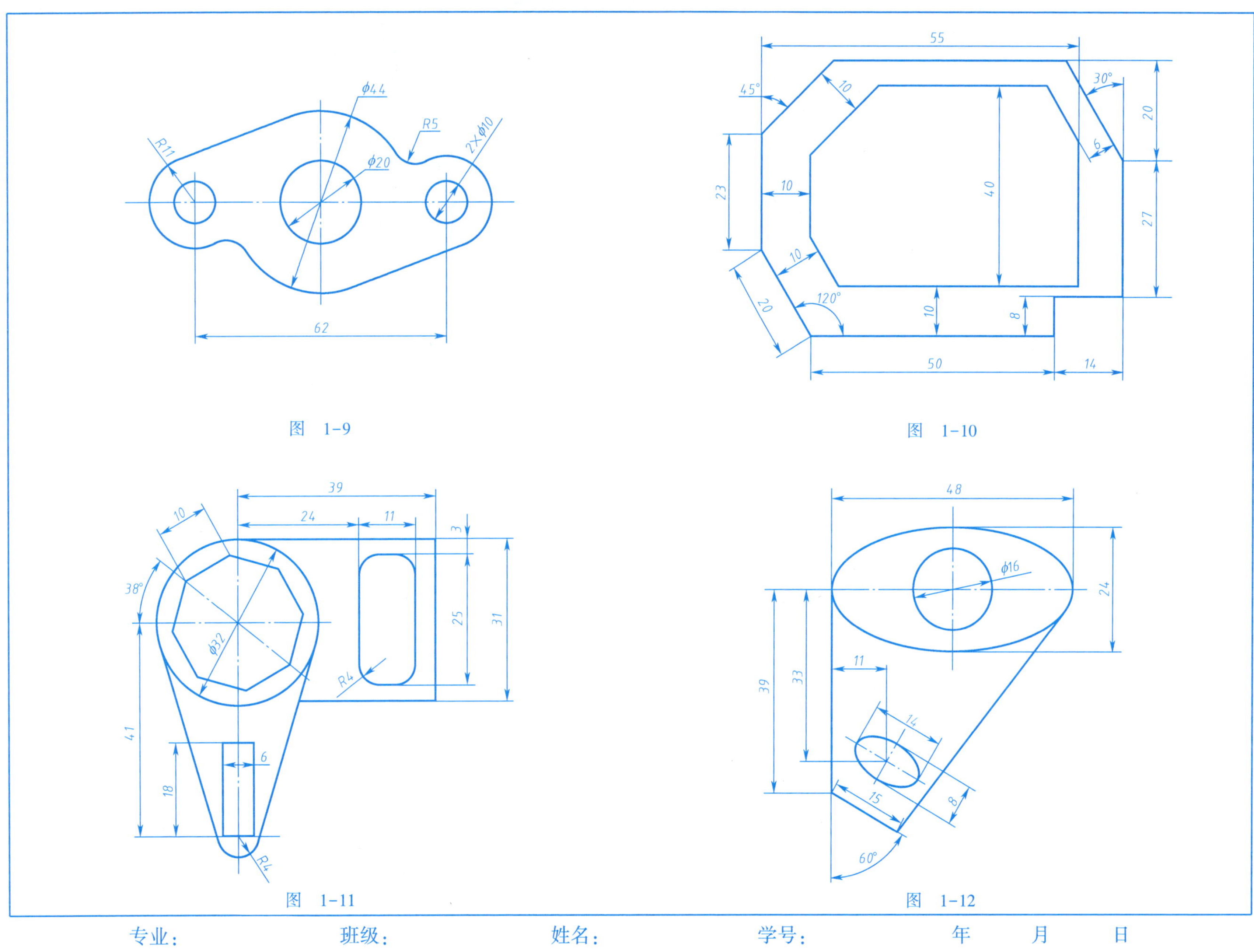

图 1-9

图 1-10

图 1-11

图 1-12

专业： 班级： 姓名： 学号： 年 月 日

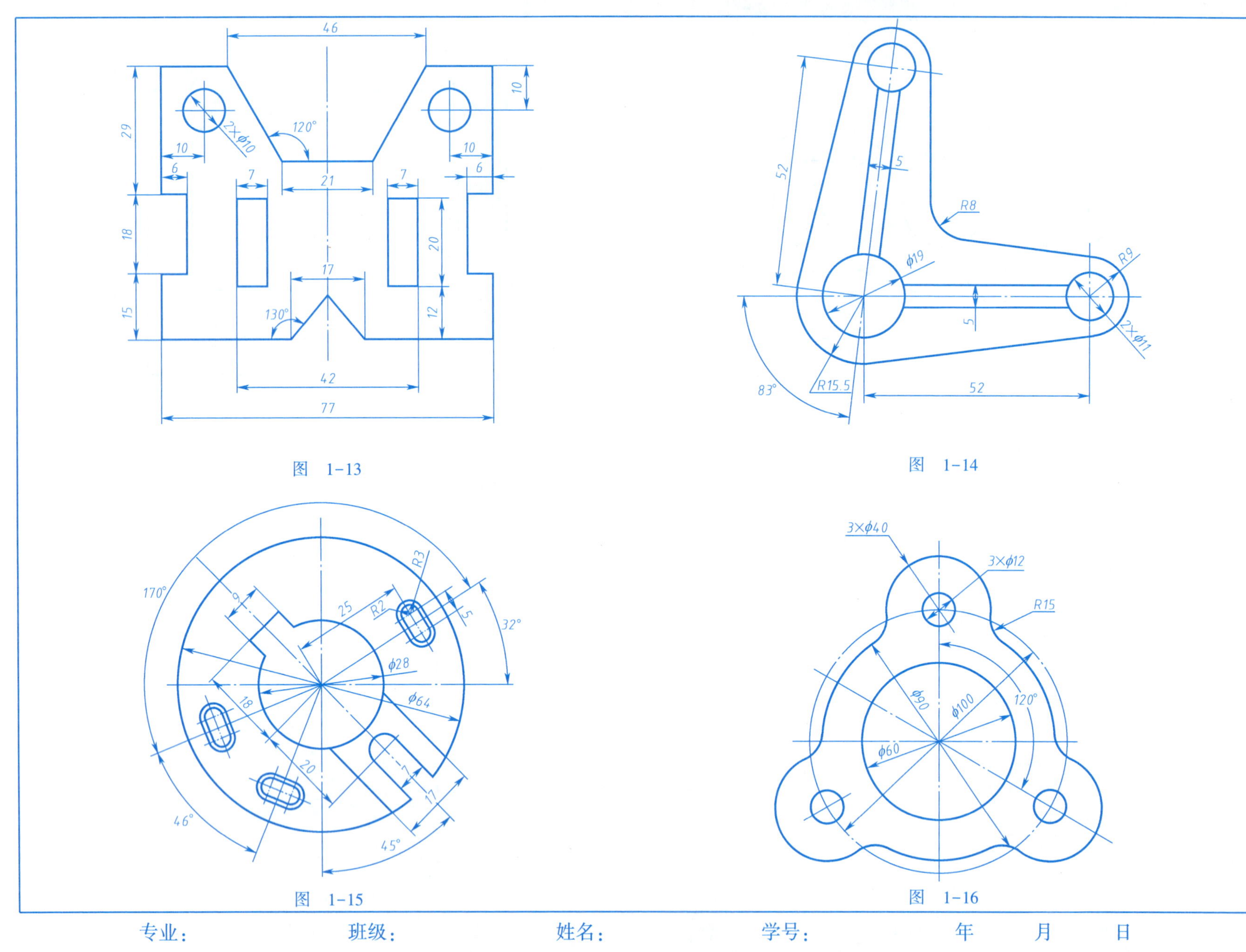

图 1-13

图 1-14

图 1-15

图 1-16

专业： 班级： 姓名： 学号： 年 月 日

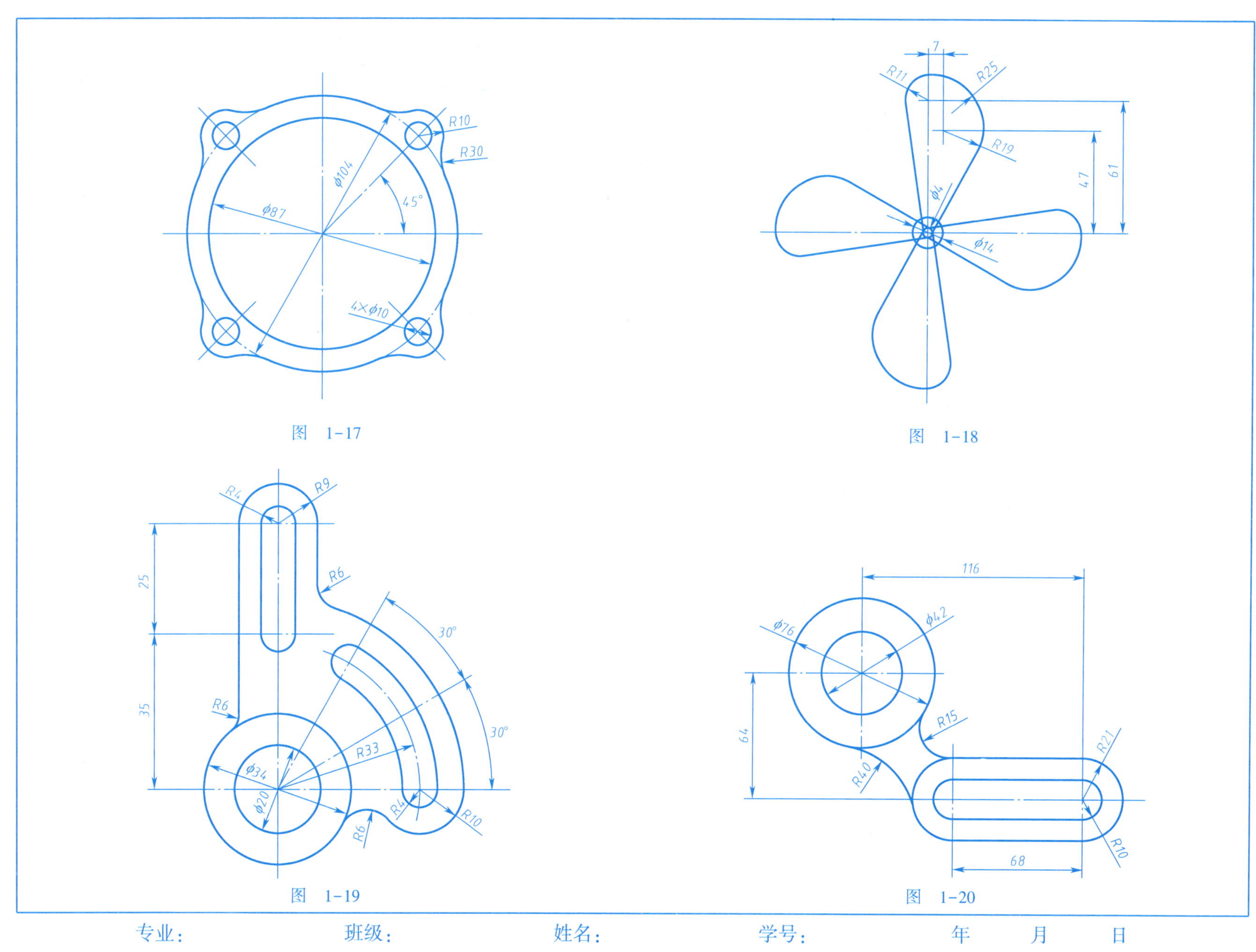

图 1-17

图 1-18

图 1-19

图 1-20

专业：　　　　班级：　　　　姓名：　　　　学号：　　　　年　　月　　日

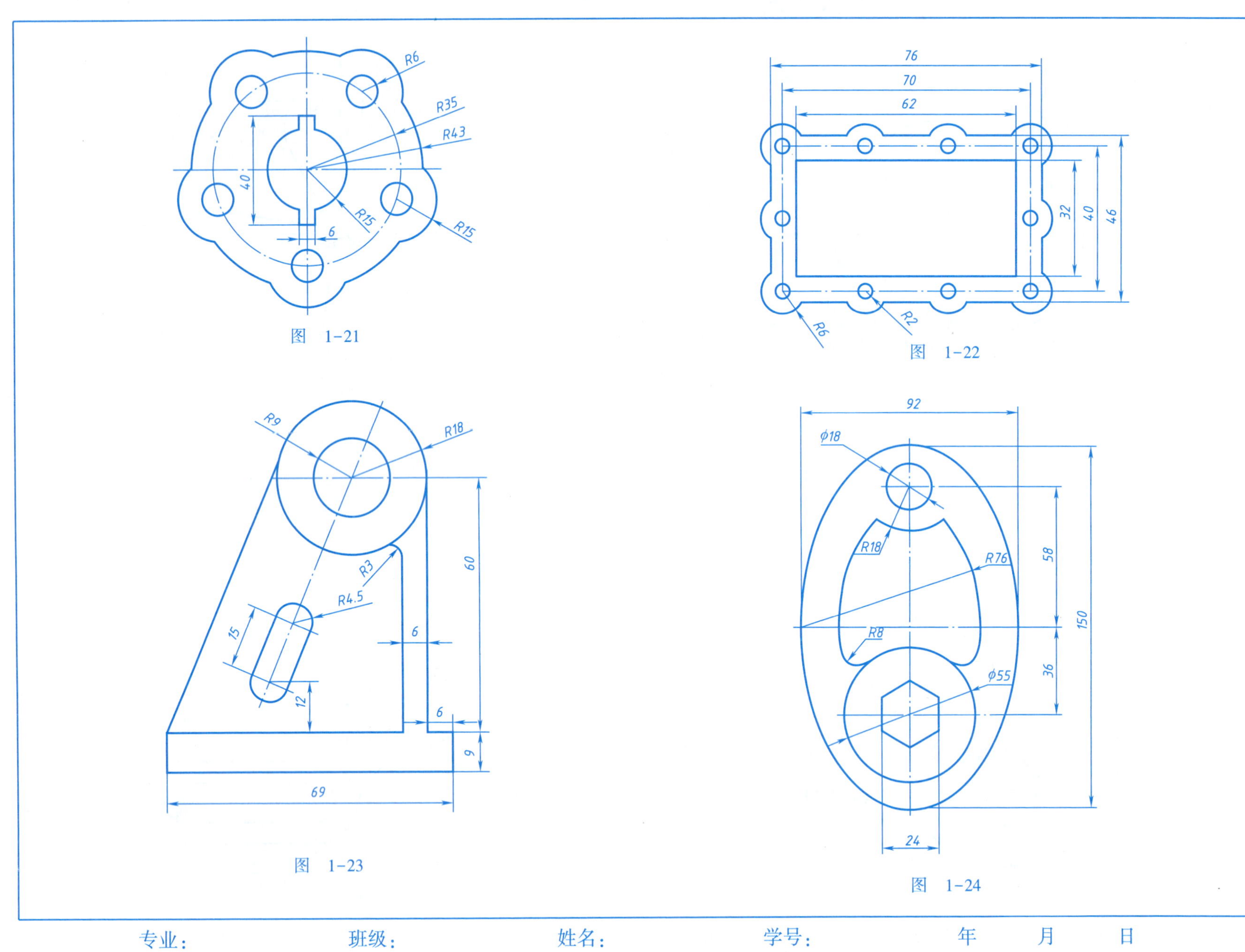

图 1-21

图 1-22

图 1-23

图 1-24

专业： 班级： 姓名： 学号： 年 月 日

1.2 技能提升训练

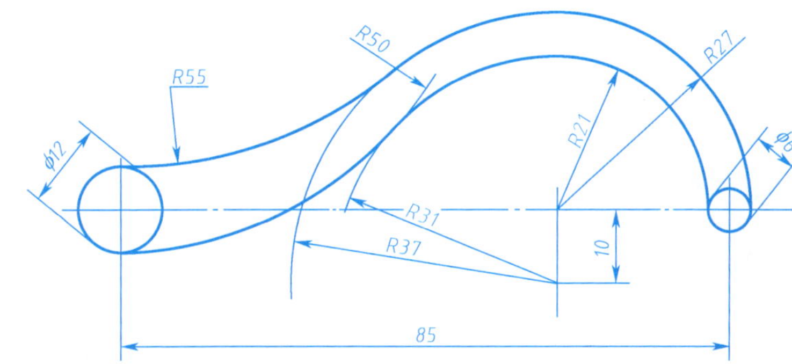

图 1-25

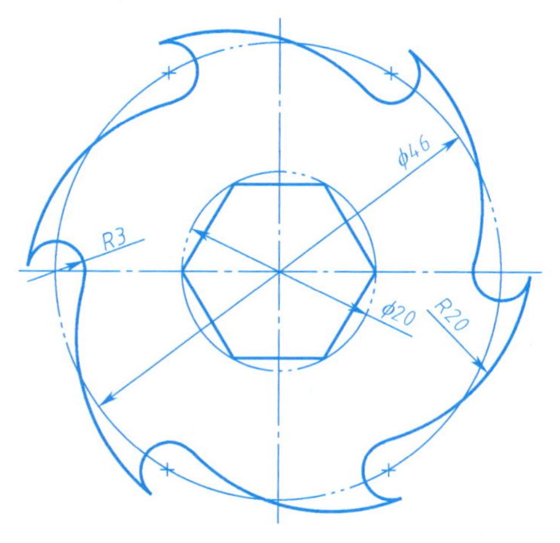

图 1-26

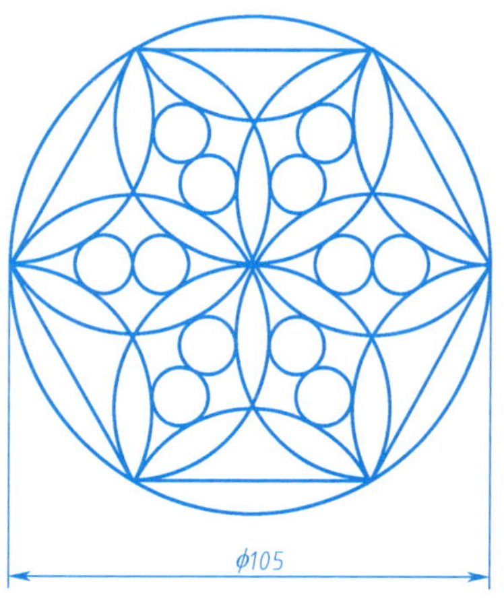

图 1-27

专业：　　班级：　　姓名：　　学号：　　年　月　日

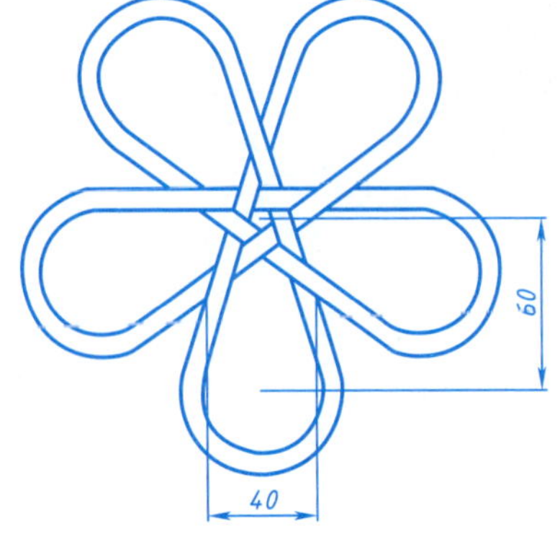

图 1-28

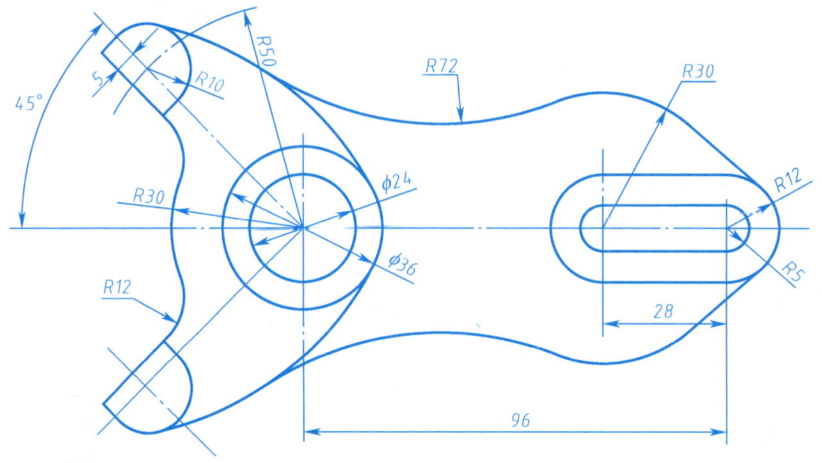

图 1-29

专业： 班级： 姓名： 学号： 年 月 日

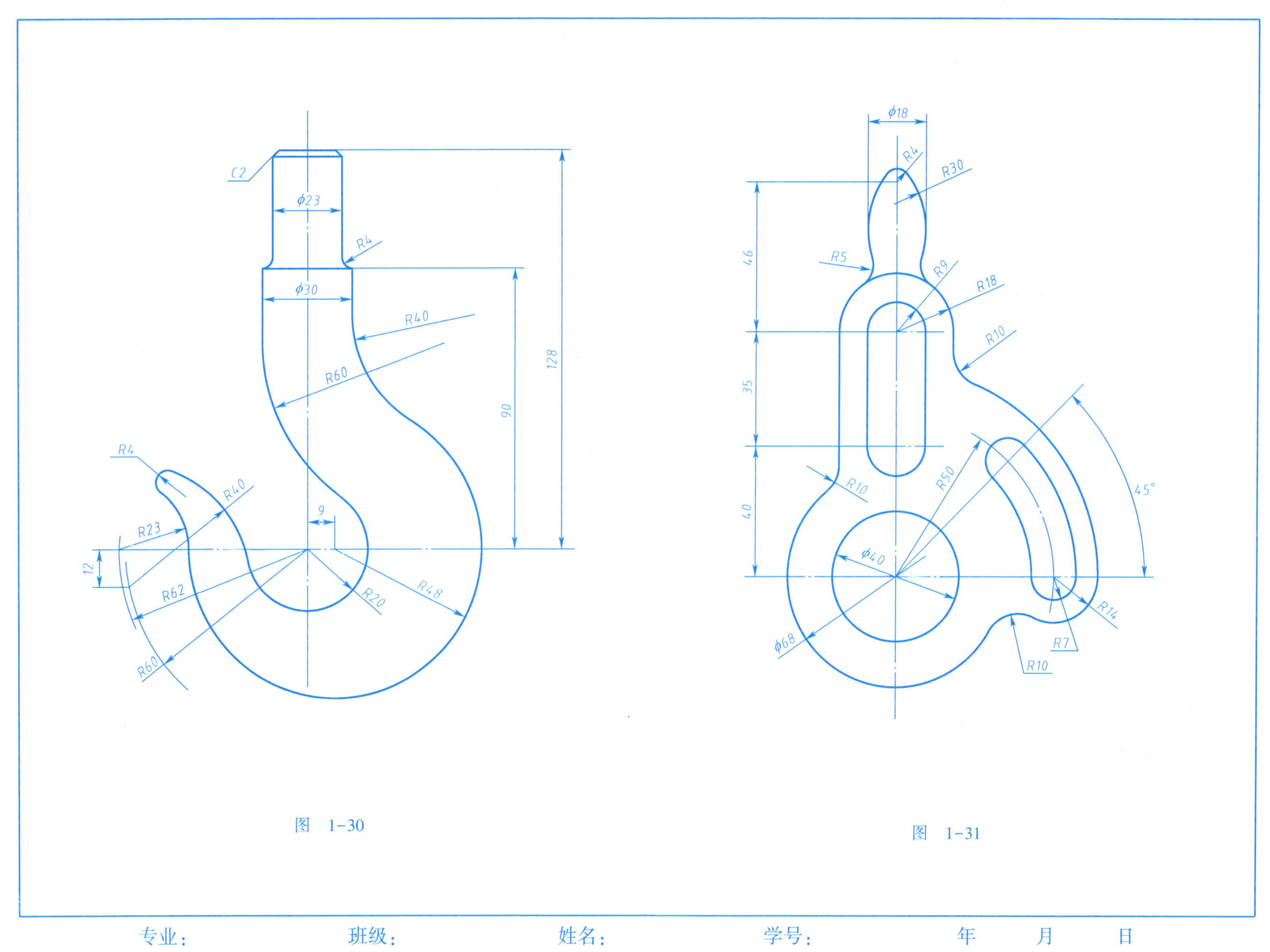

图 1-30

图 1-31

专业： 班级： 姓名： 学号： 年 月 日

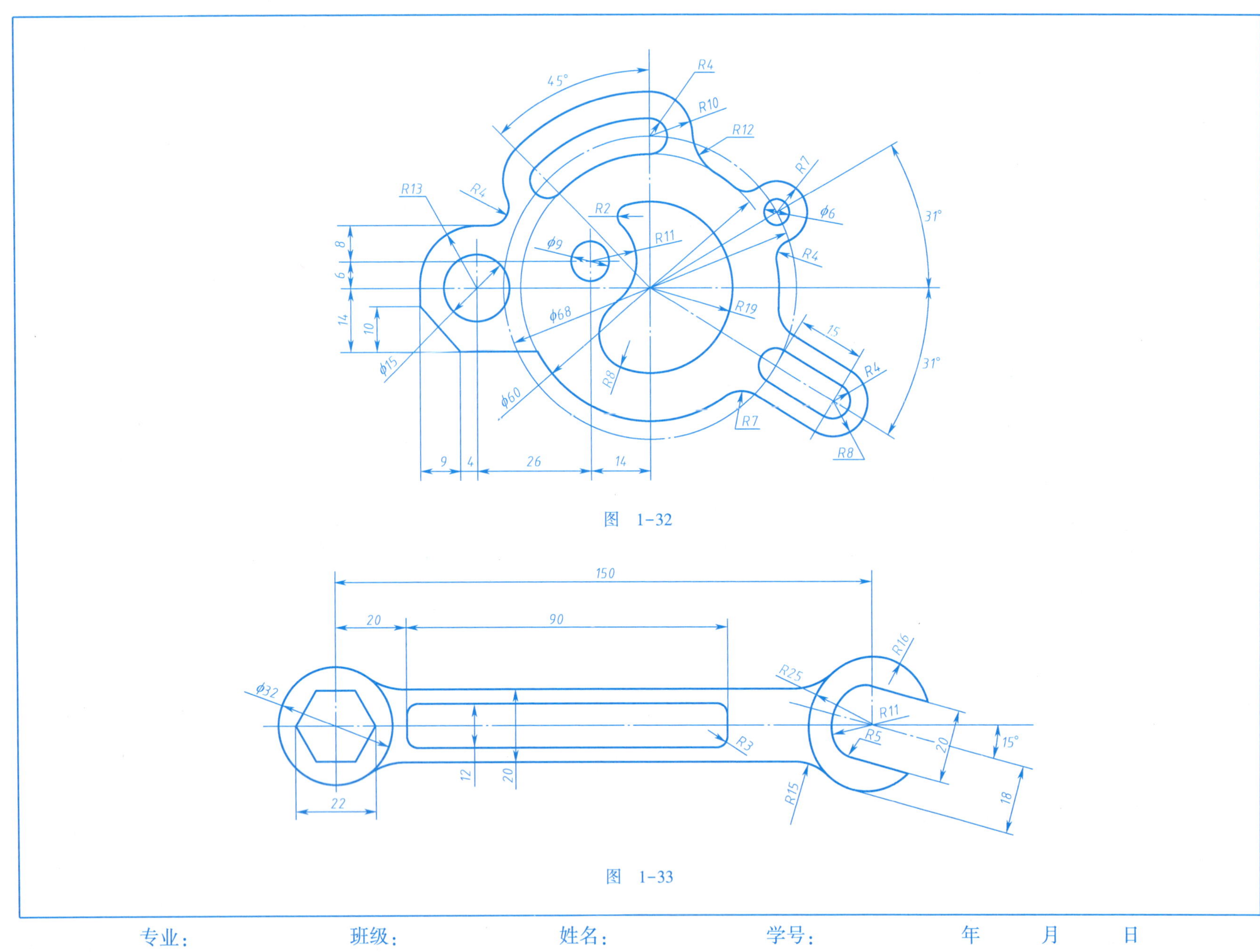

图 1-32

图 1-33

专业： 班级： 姓名： 学号： 年 月 日

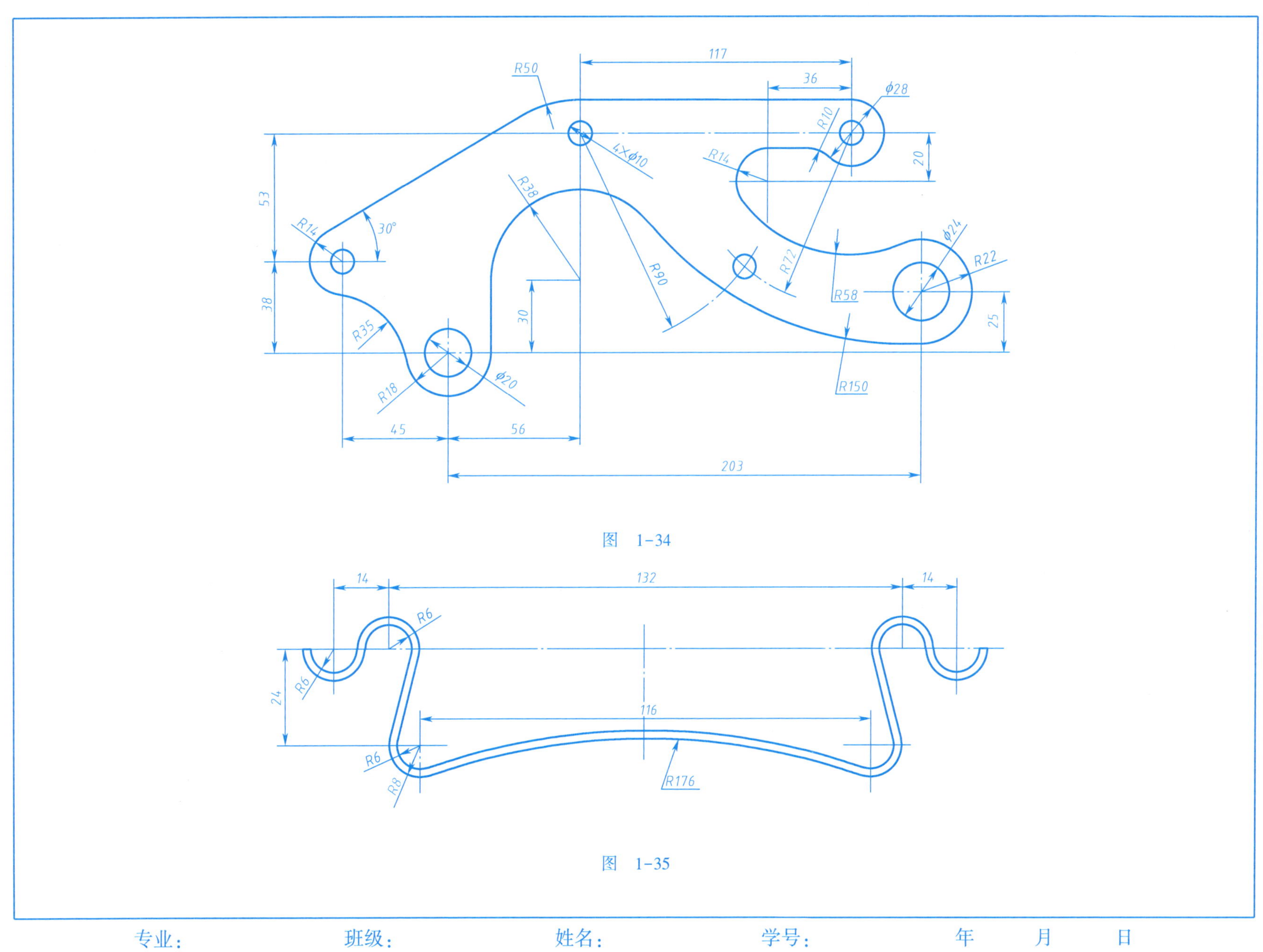

图 1-34

图 1-35

专业： 班级： 姓名： 学号： 年 月 日

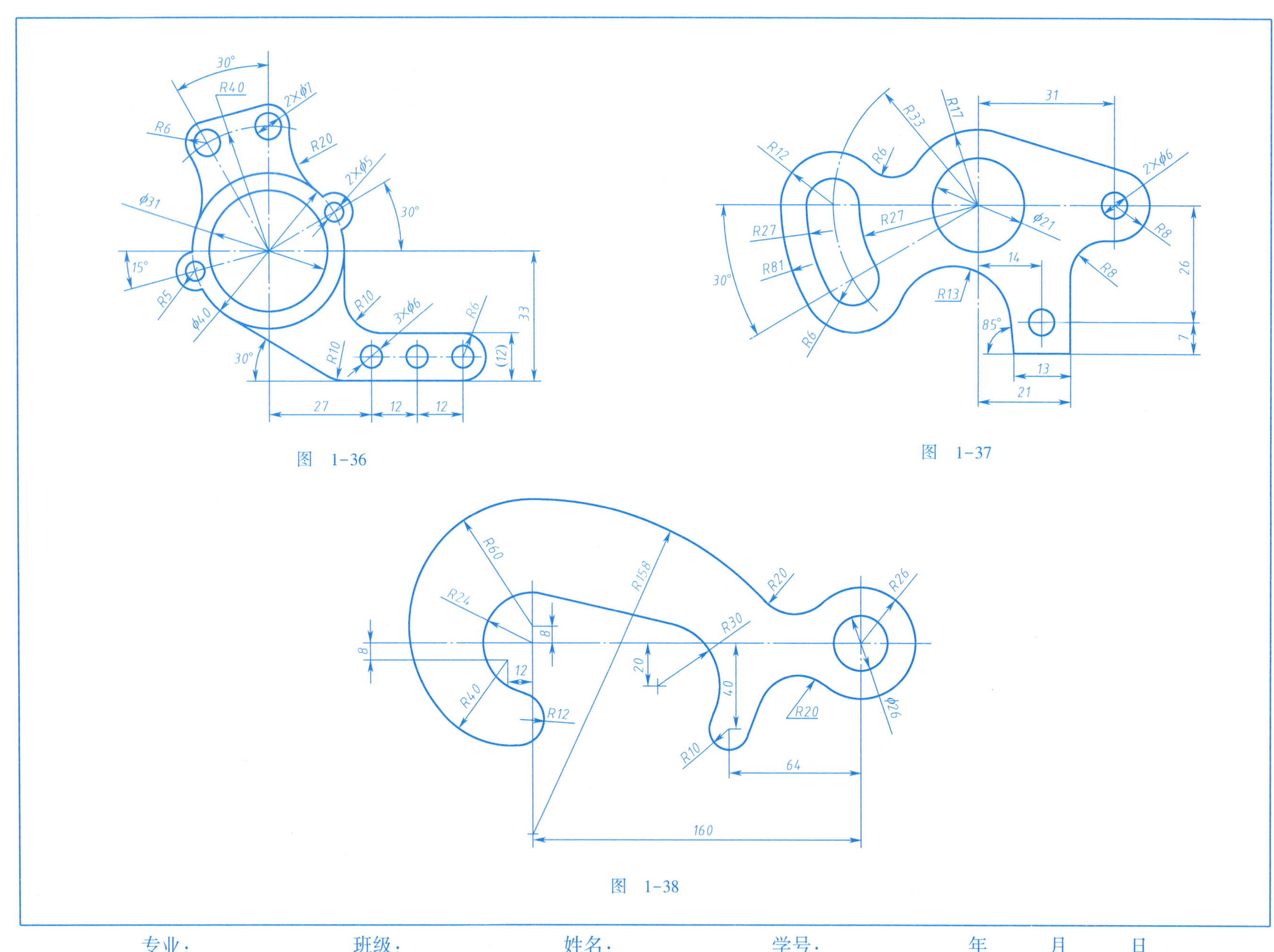

图 1-36

图 1-37

图 1-38

专业： 班级： 姓名： 学号： 年 月 日

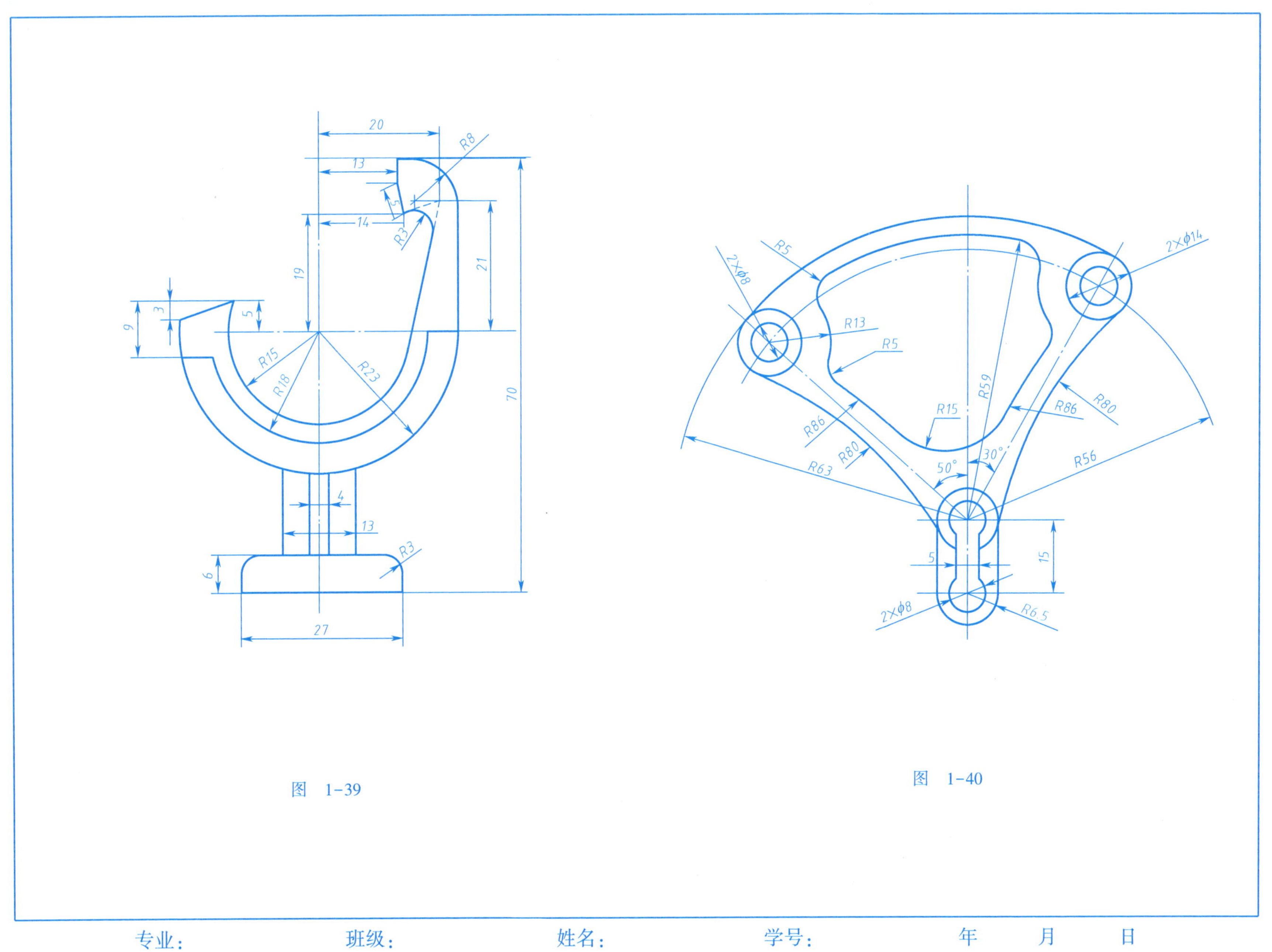

图 1-39

图 1-40

专业： 班级： 姓名： 学号： 年 月 日

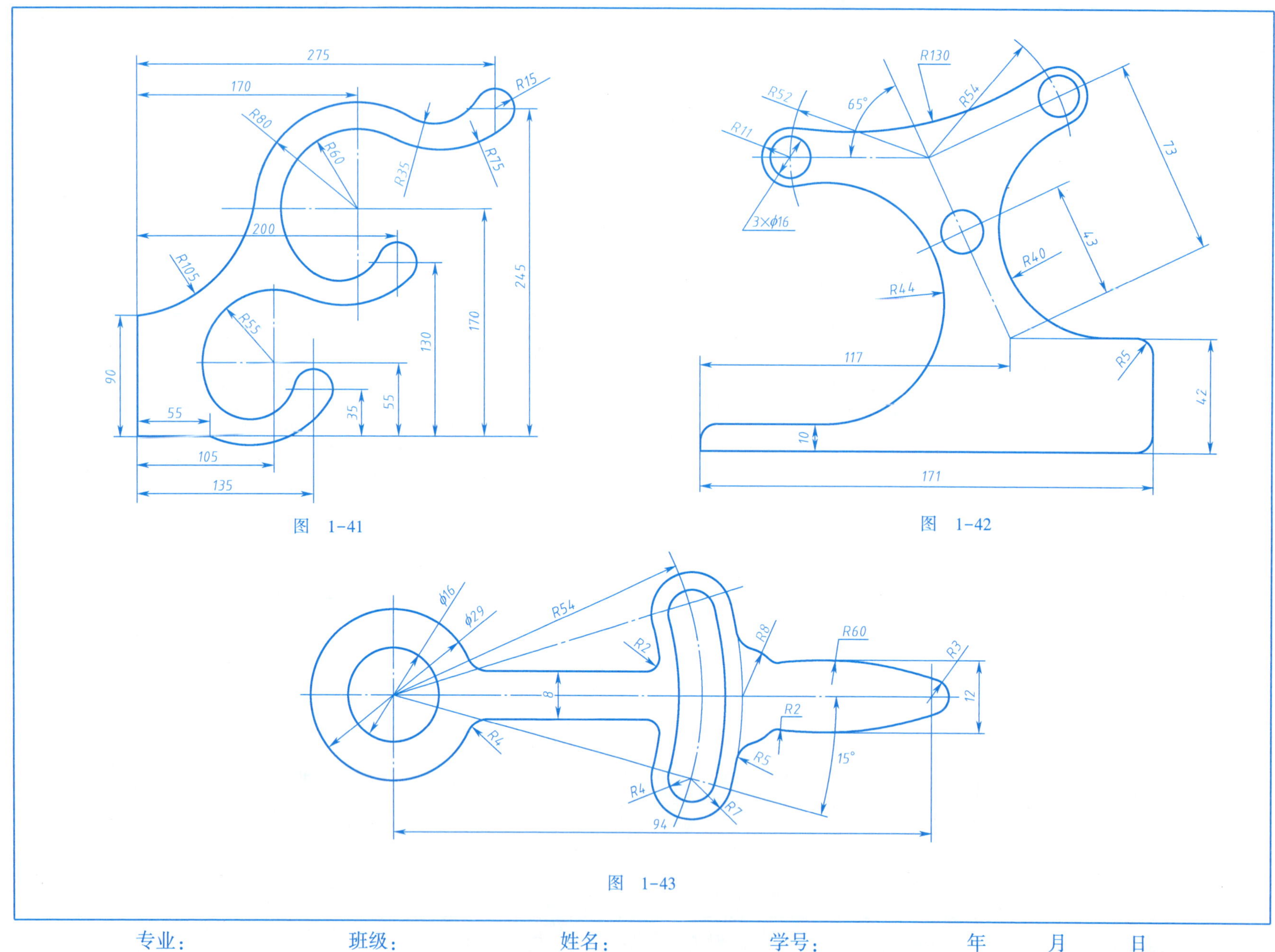

图 1-41

图 1-42

图 1-43

专业： 班级： 姓名： 学号： 年 月 日

1.3 技能巩固训练

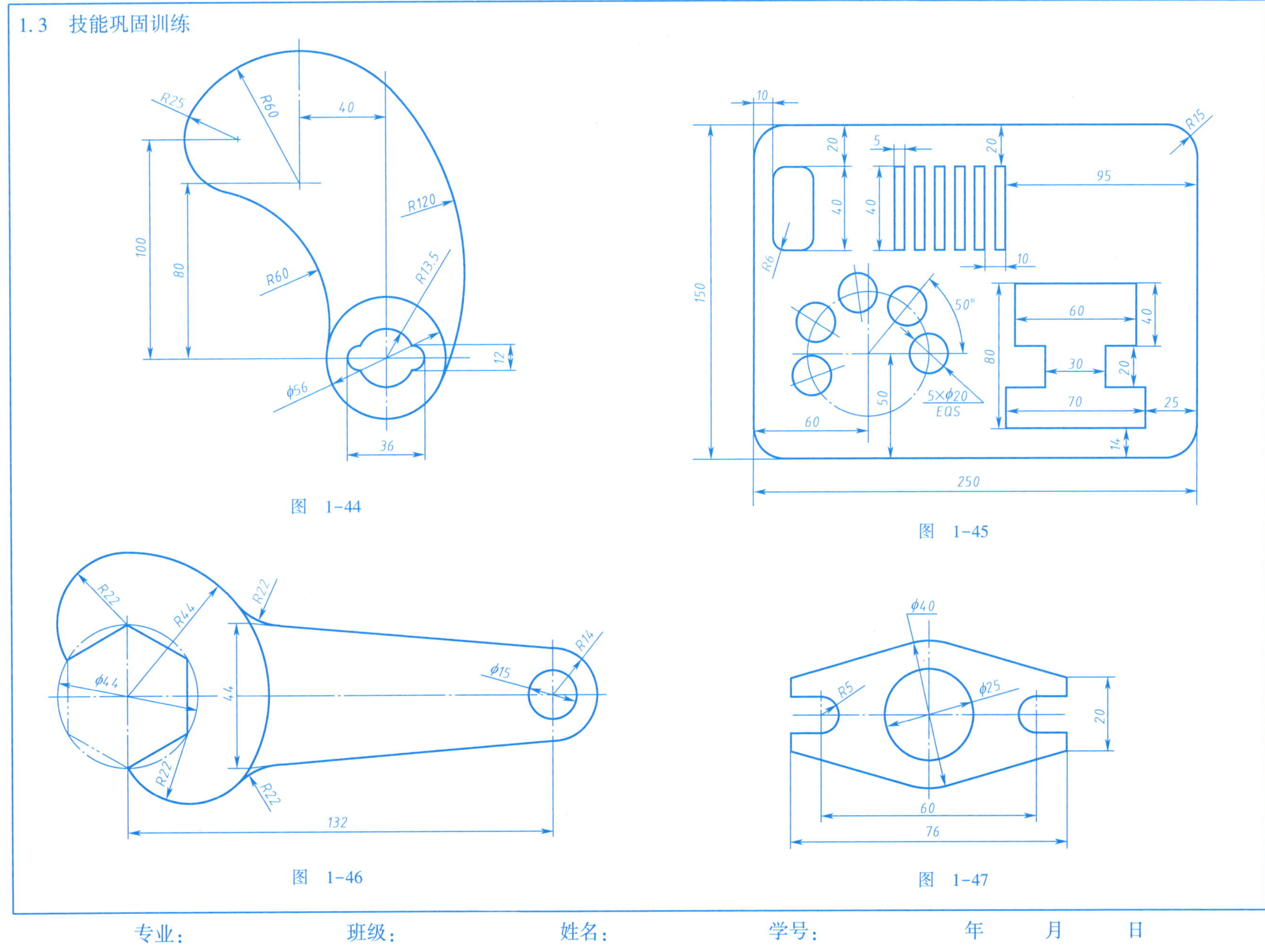

图 1-44

图 1-45

图 1-46

图 1-47

专业： 班级： 姓名： 学号： 年 月 日

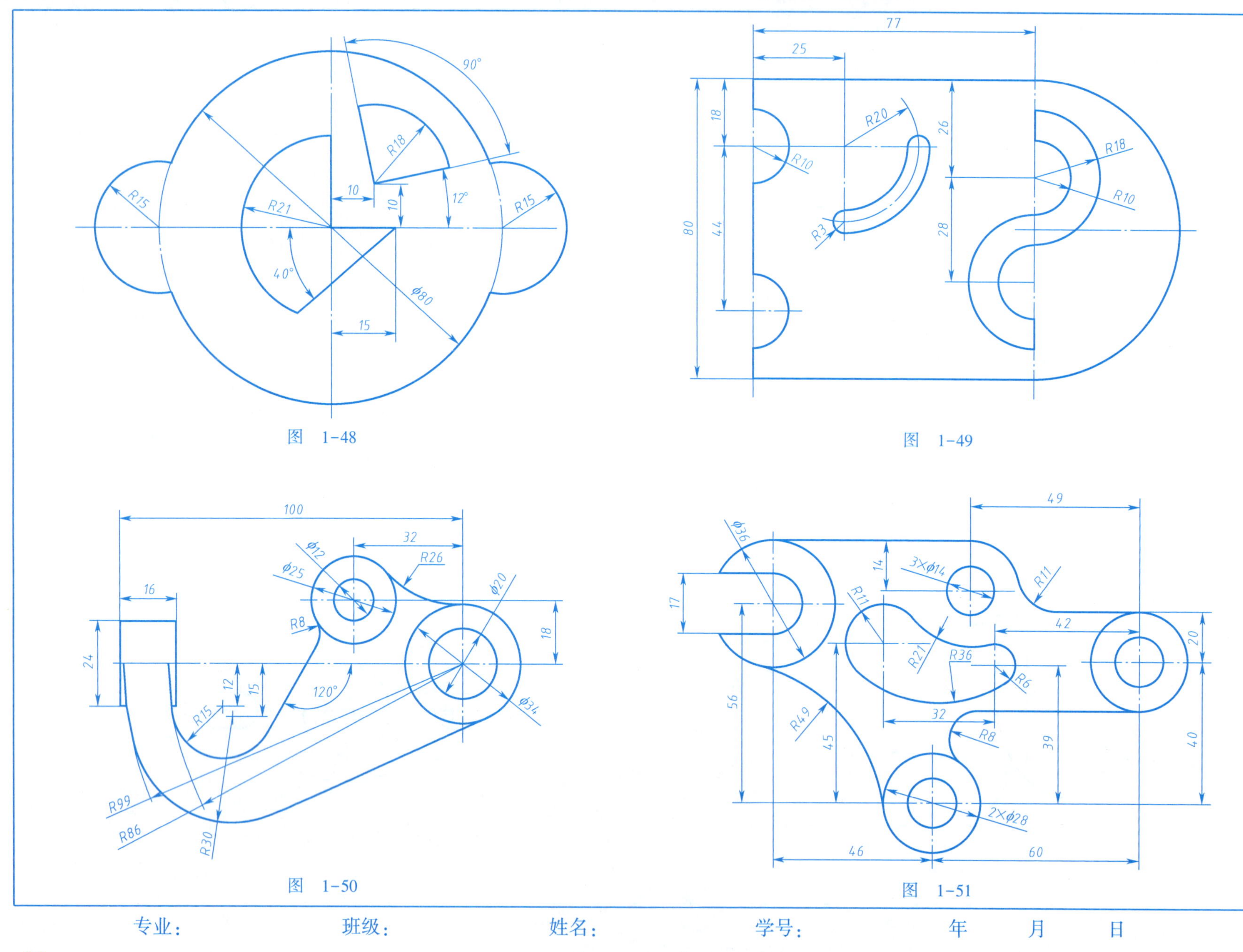

图 1-48

图 1-49

图 1-50

图 1-51

专业：　　　　班级：　　　　姓名：　　　　学号：　　　　年　　月　　日

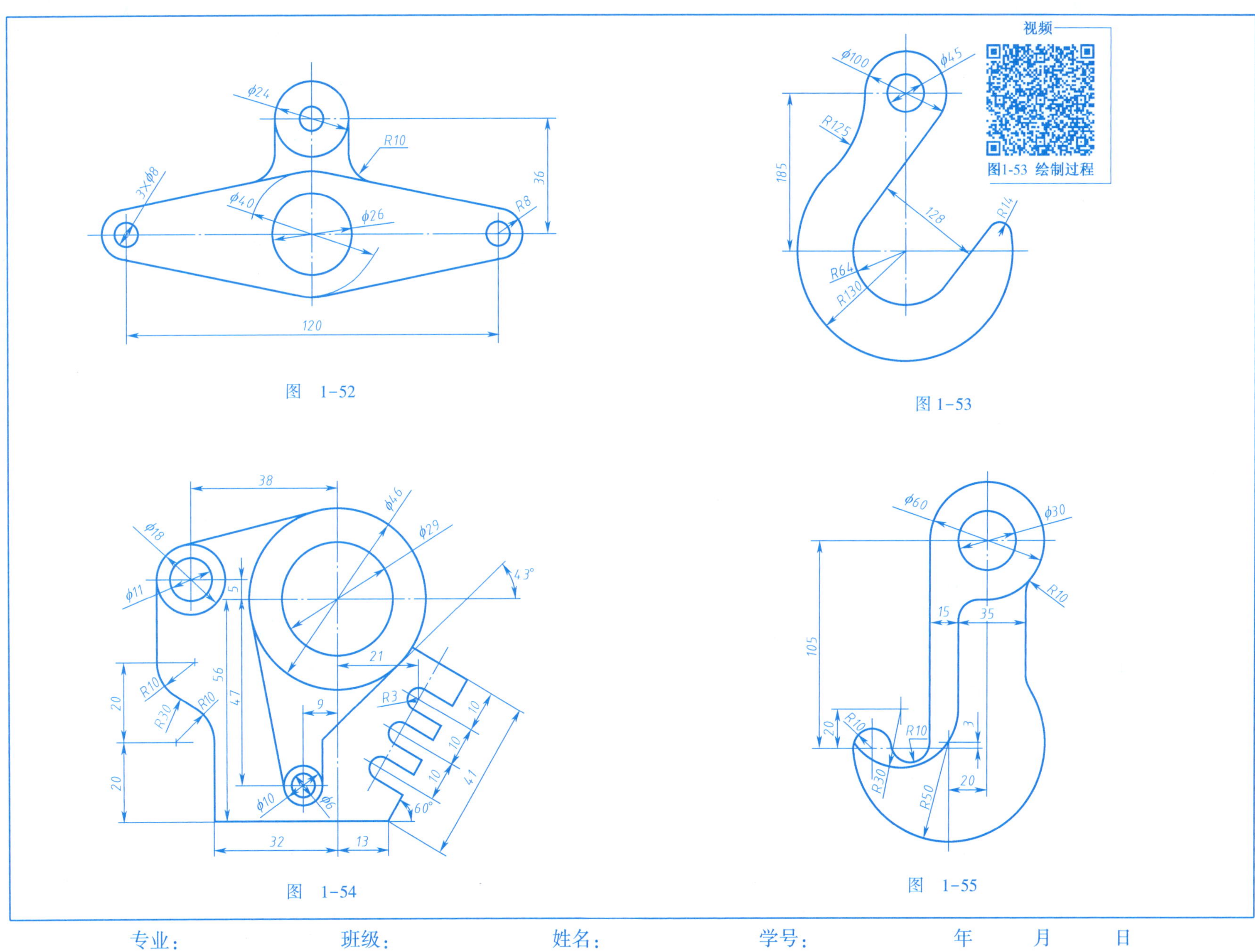

图 1-52

图 1-53

图 1-54

图 1-55

专业： 班级： 姓名： 学号： 年 月 日

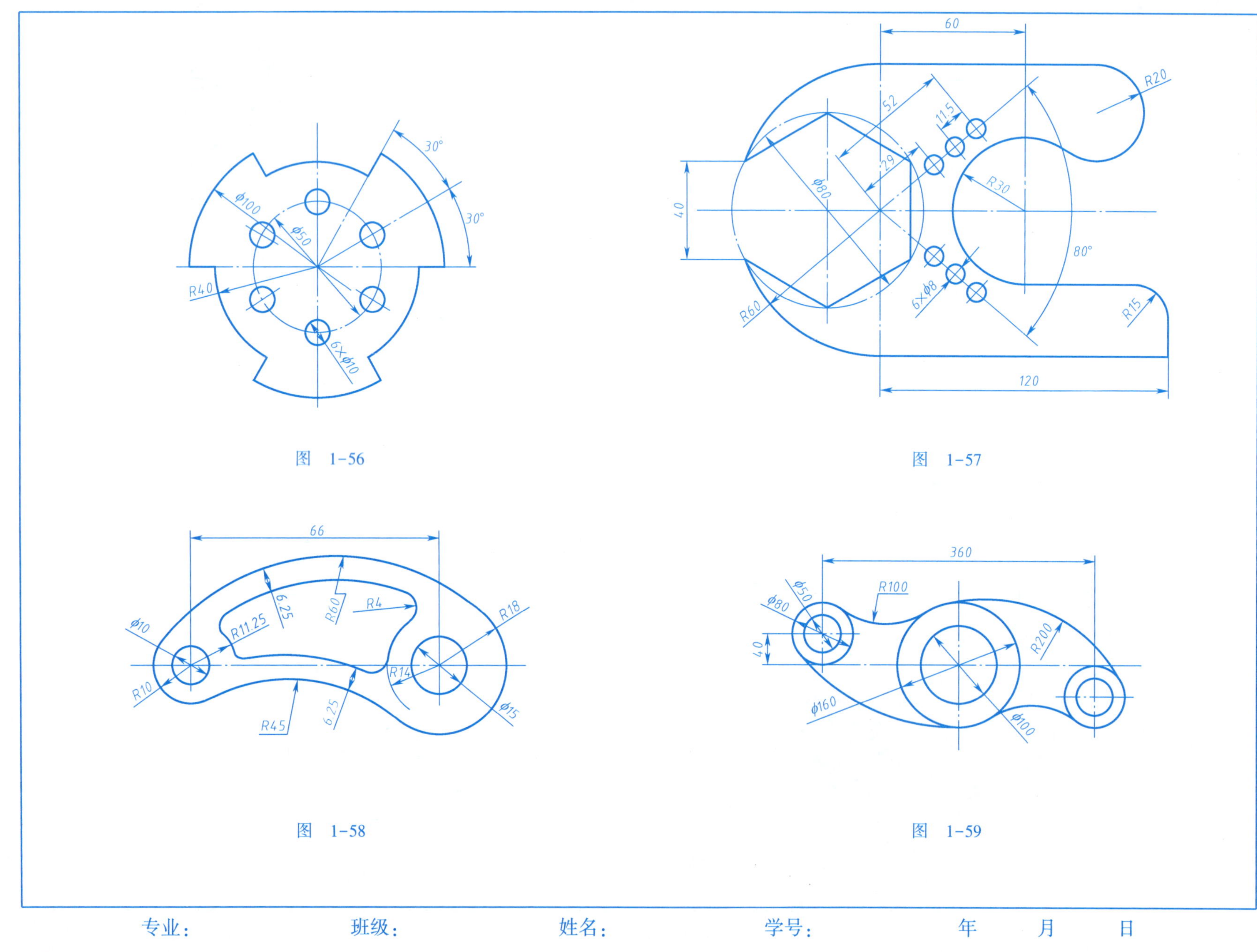

图 1-56

图 1-57

图 1-58

图 1-59

专业： 班级： 姓名： 学号： 年 月 日

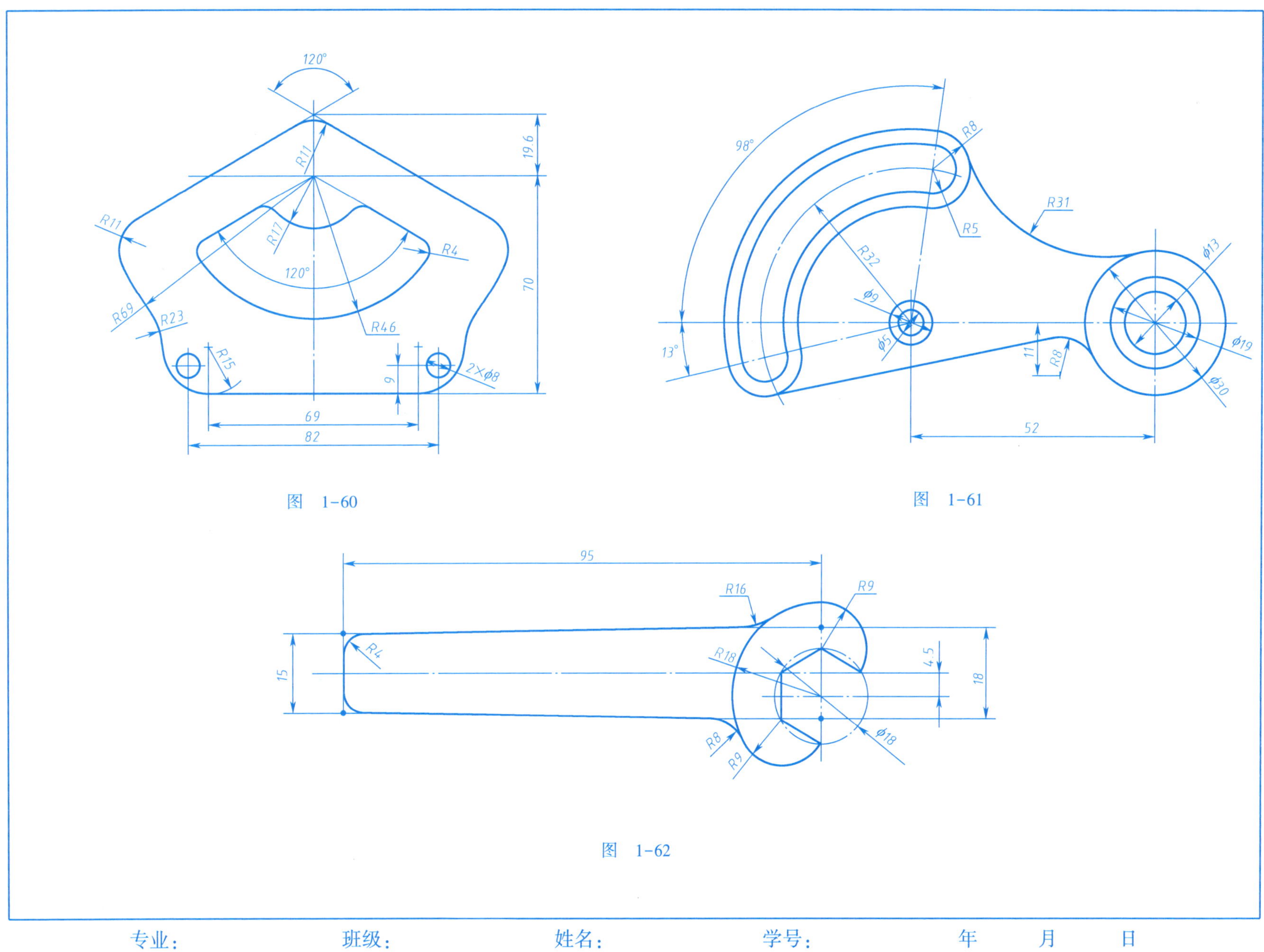

图 1-60

图 1-61

图 1-62

专业：　　班级：　　姓名：　　学号：　　年　　月　　日

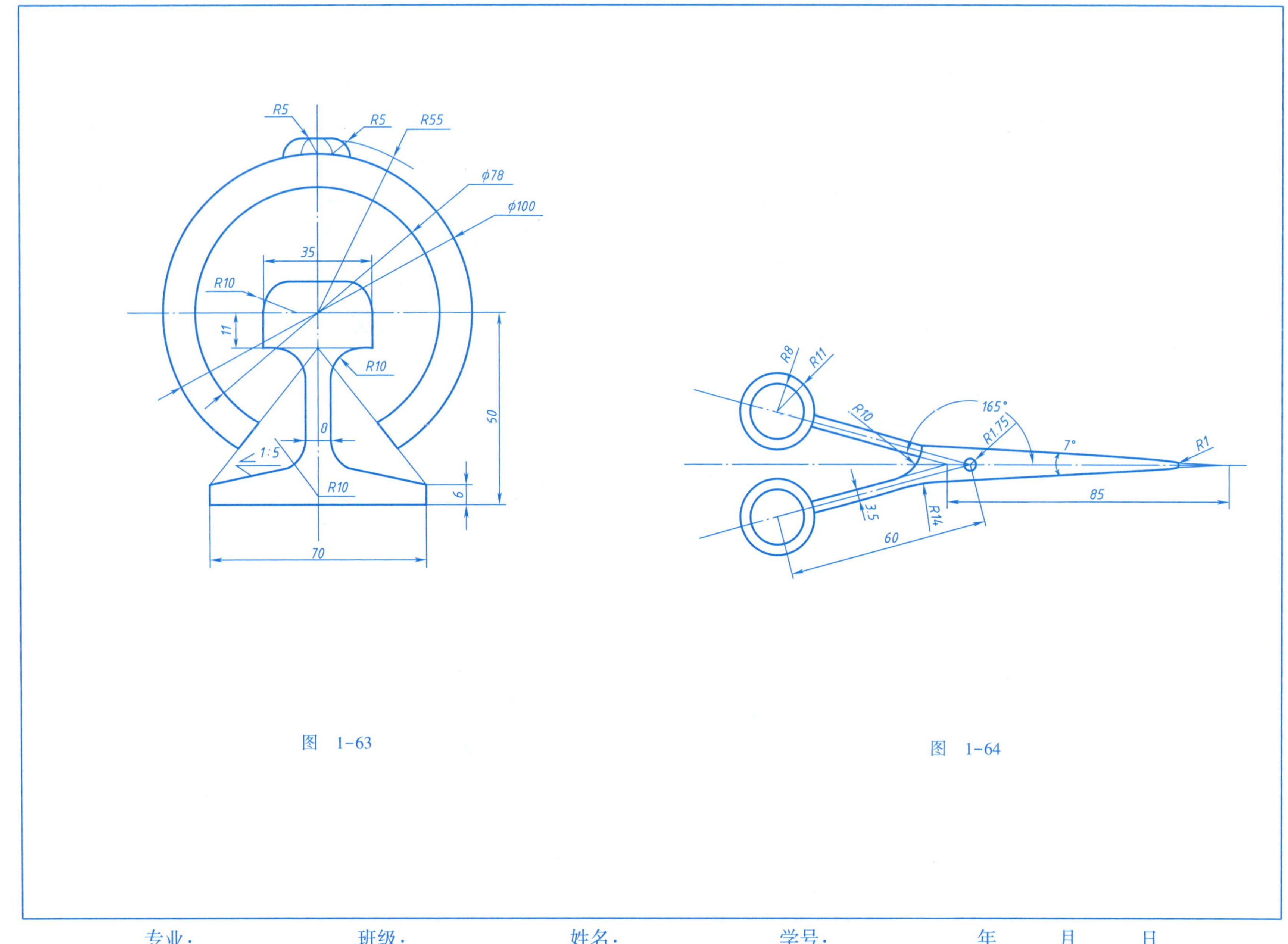

图 1-63

图 1-64

专业：　　班级：　　姓名：　　学号：　　年　月　日

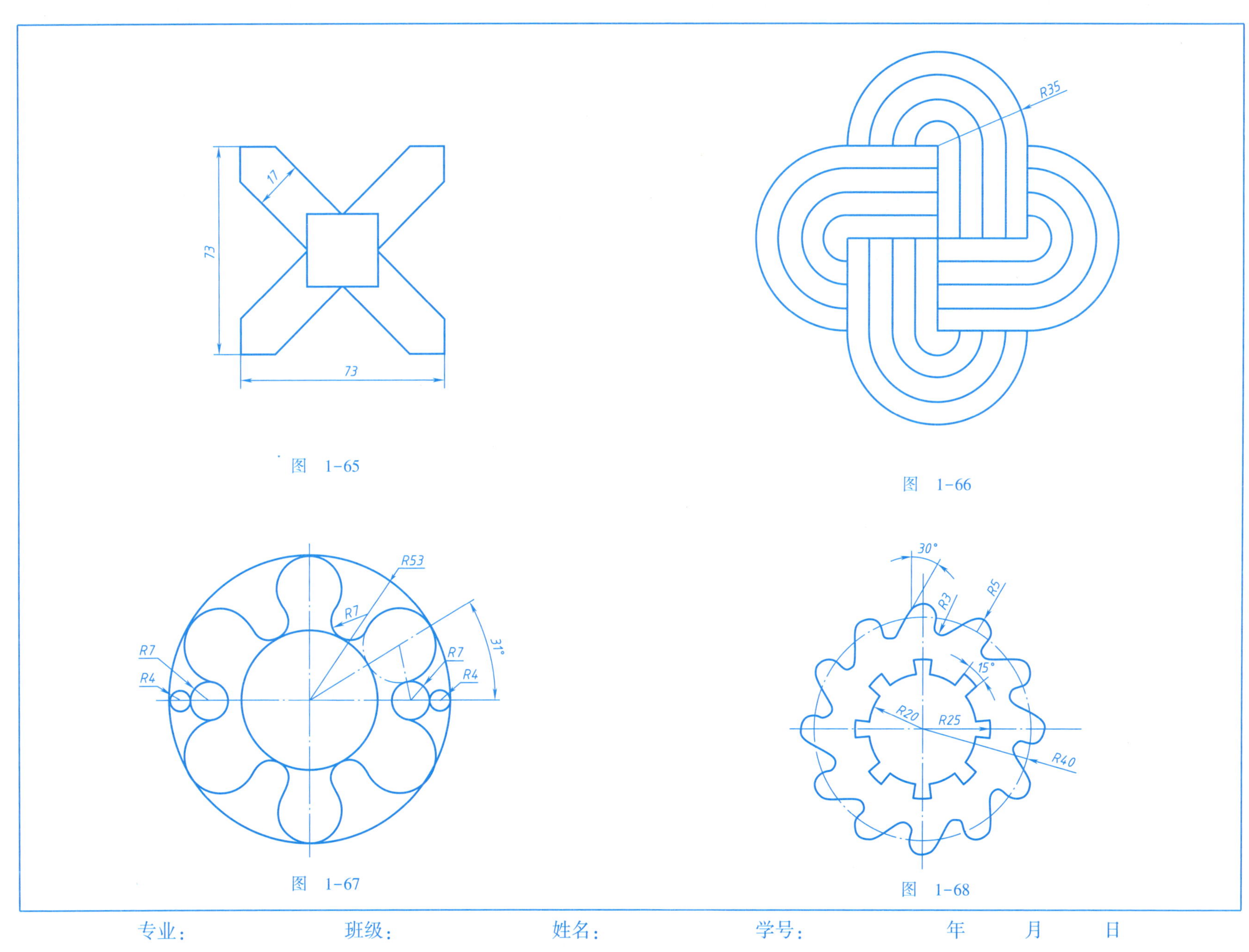

图 1-65

图 1-66

图 1-67

图 1-68

专业：　　　　班级：　　　　姓名：　　　　学号：　　　　年　　月　　日

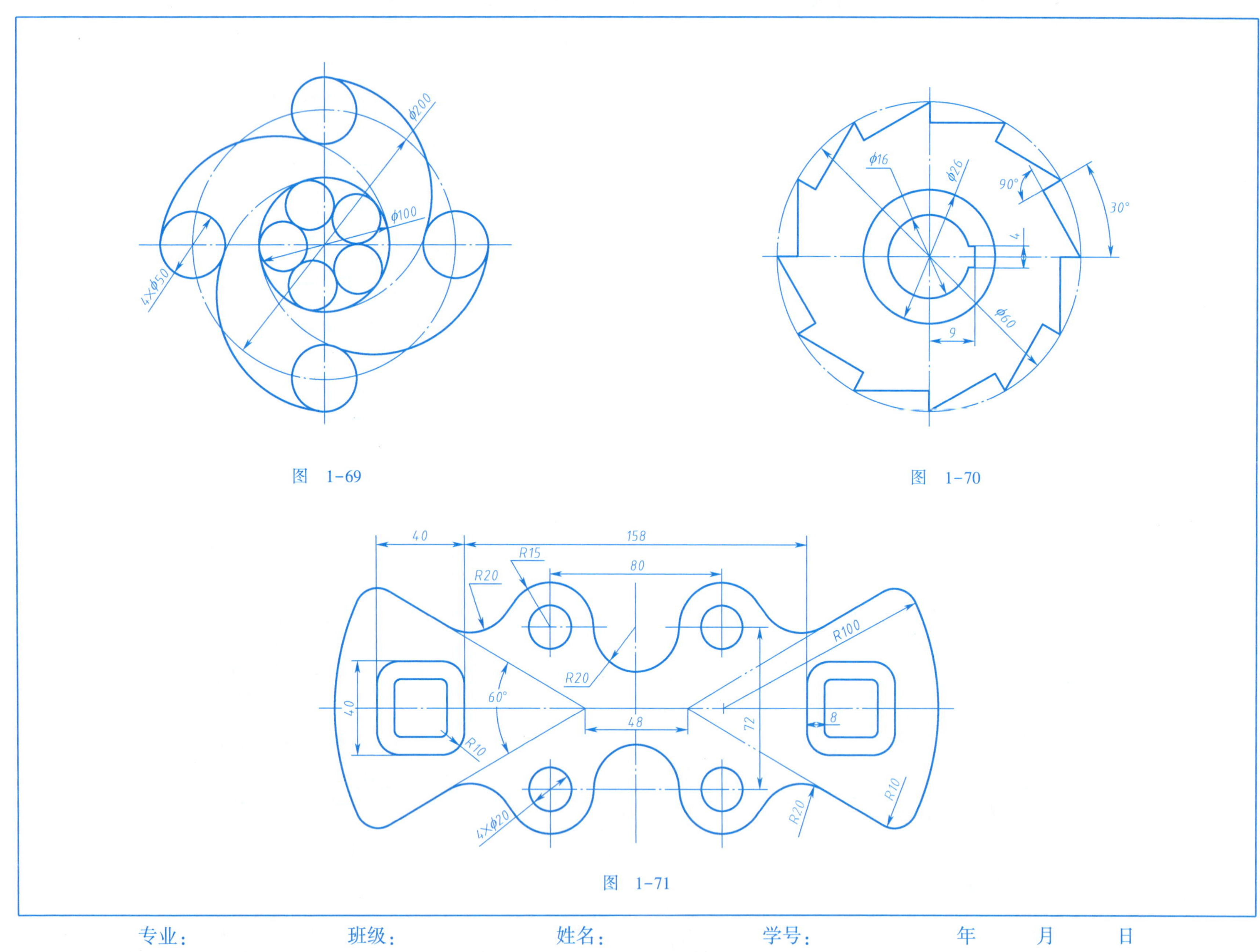

图 1-69

图 1-70

图 1-71

专业： 班级： 姓名： 学号： 年 月 日

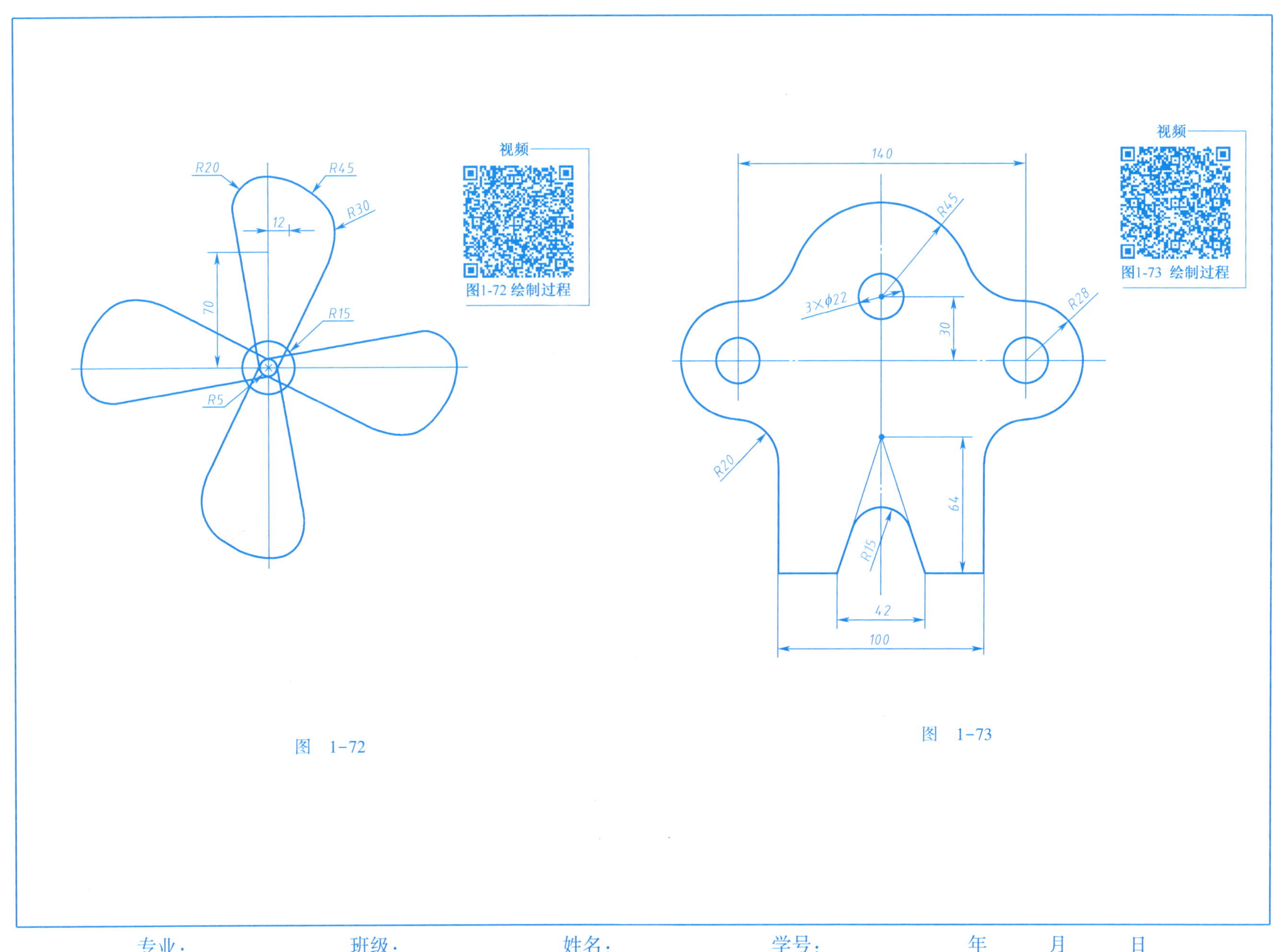

图 1-72

图 1-73

专业：　　班级：　　姓名：　　学号：　　年　　月　　日

2.1　基础技能训练

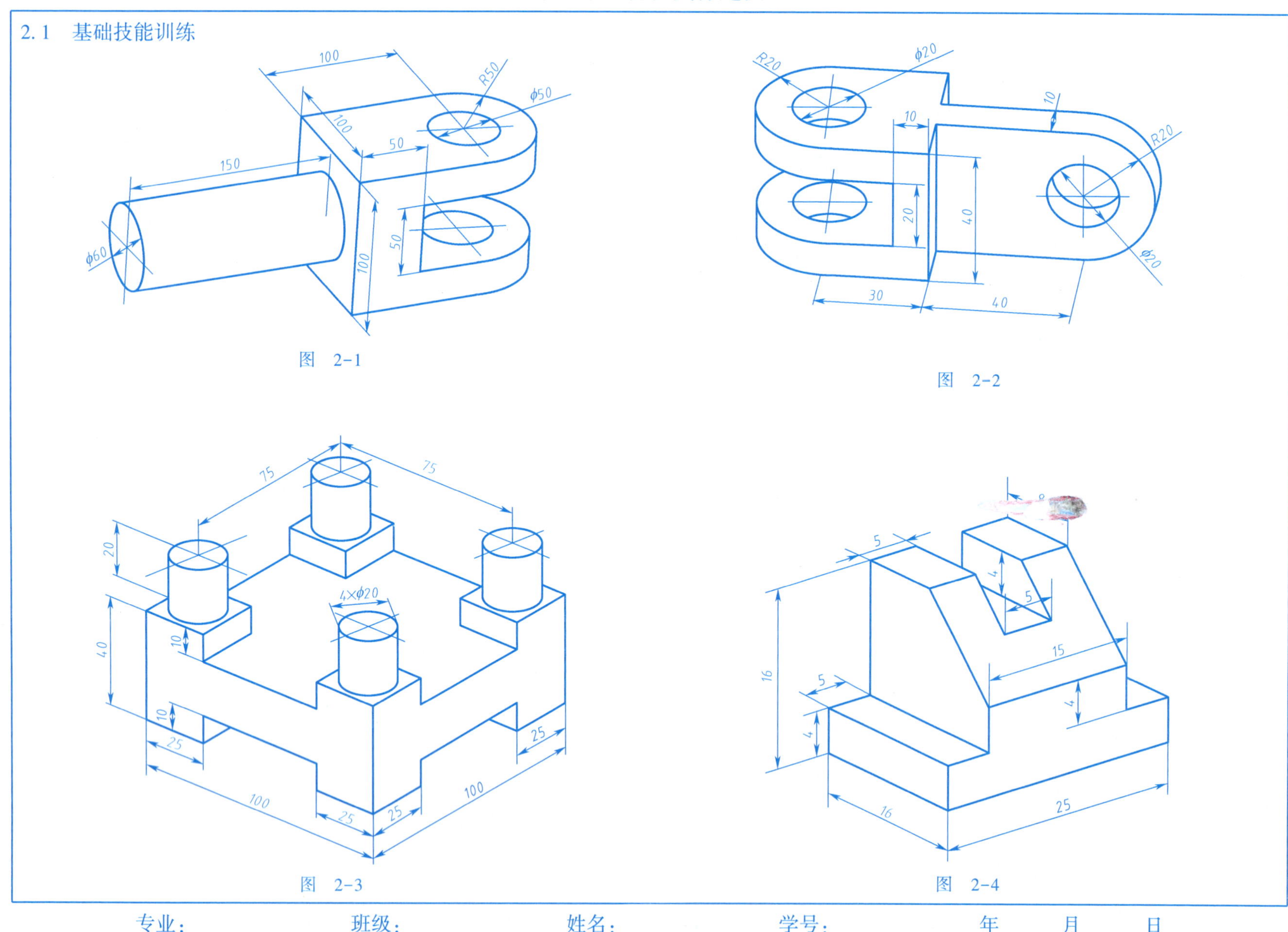

图　2-1

图　2-2

图　2-3

图　2-4

专业：　　班级：　　姓名：　　学号：　　年　　月　　日

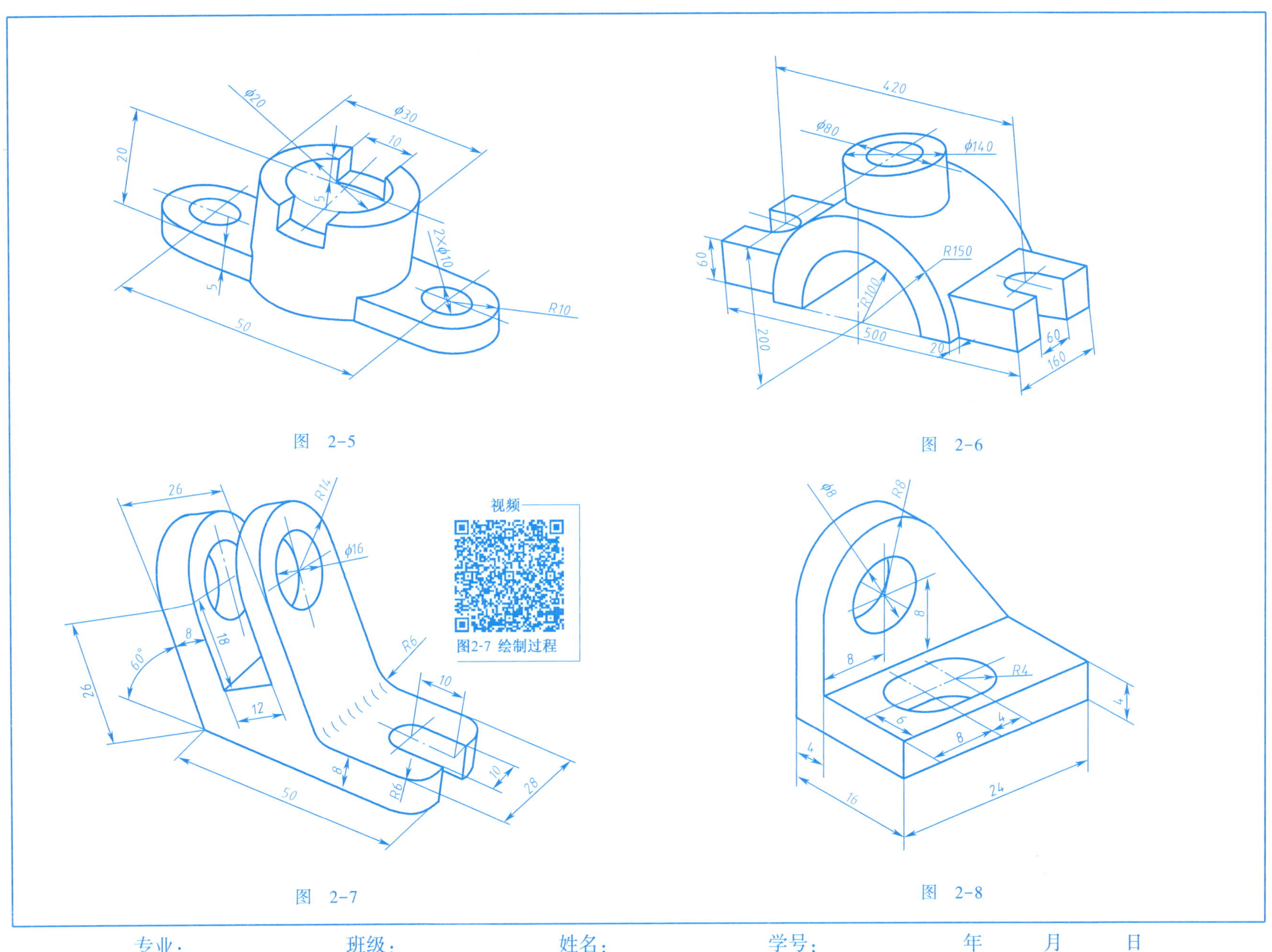

图 2-5

图 2-6

图 2-7

图 2-8

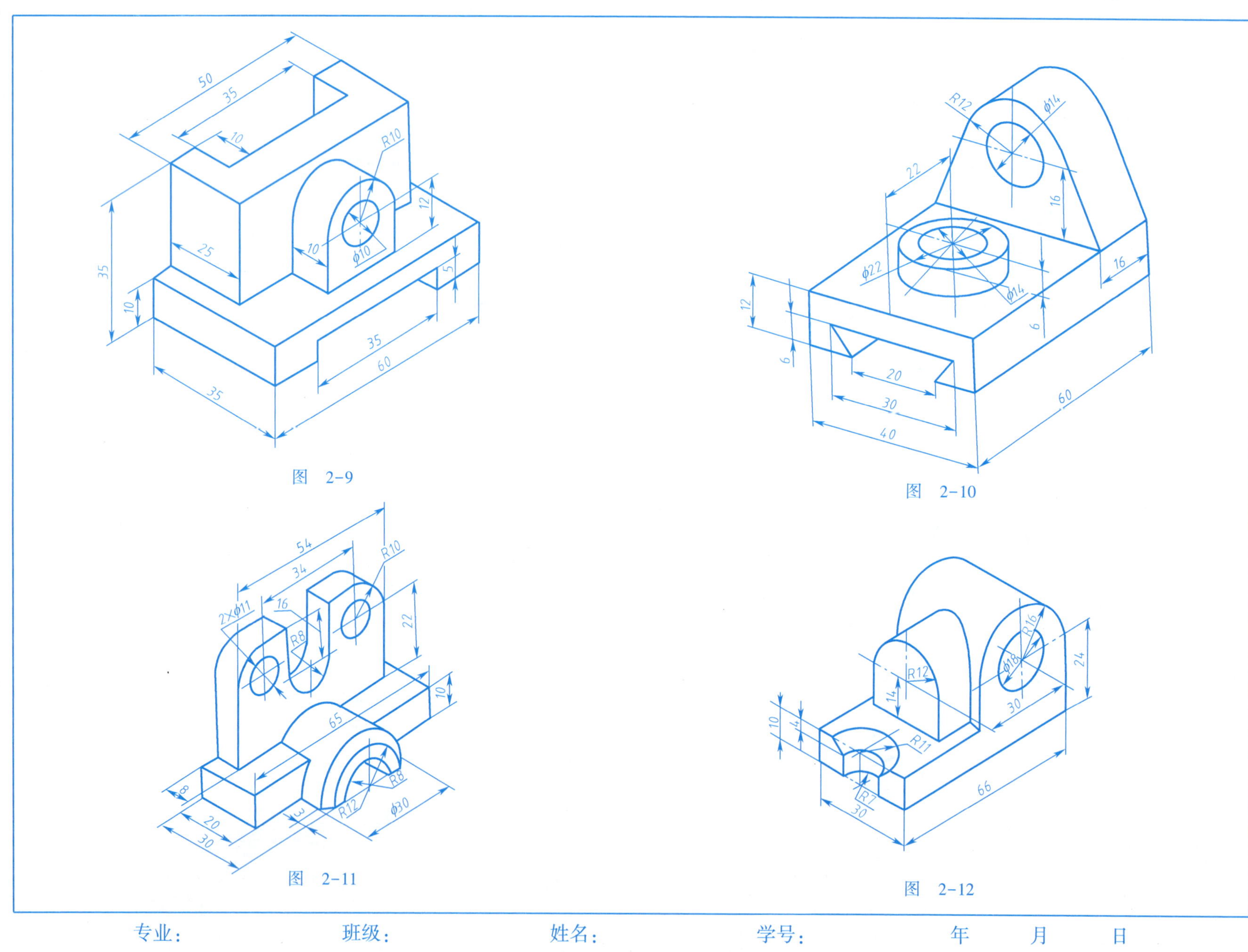

图 2-9

图 2-10

图 2-11

图 2-12

专业：　　班级：　　姓名：　　学号：　　年　　月　　日

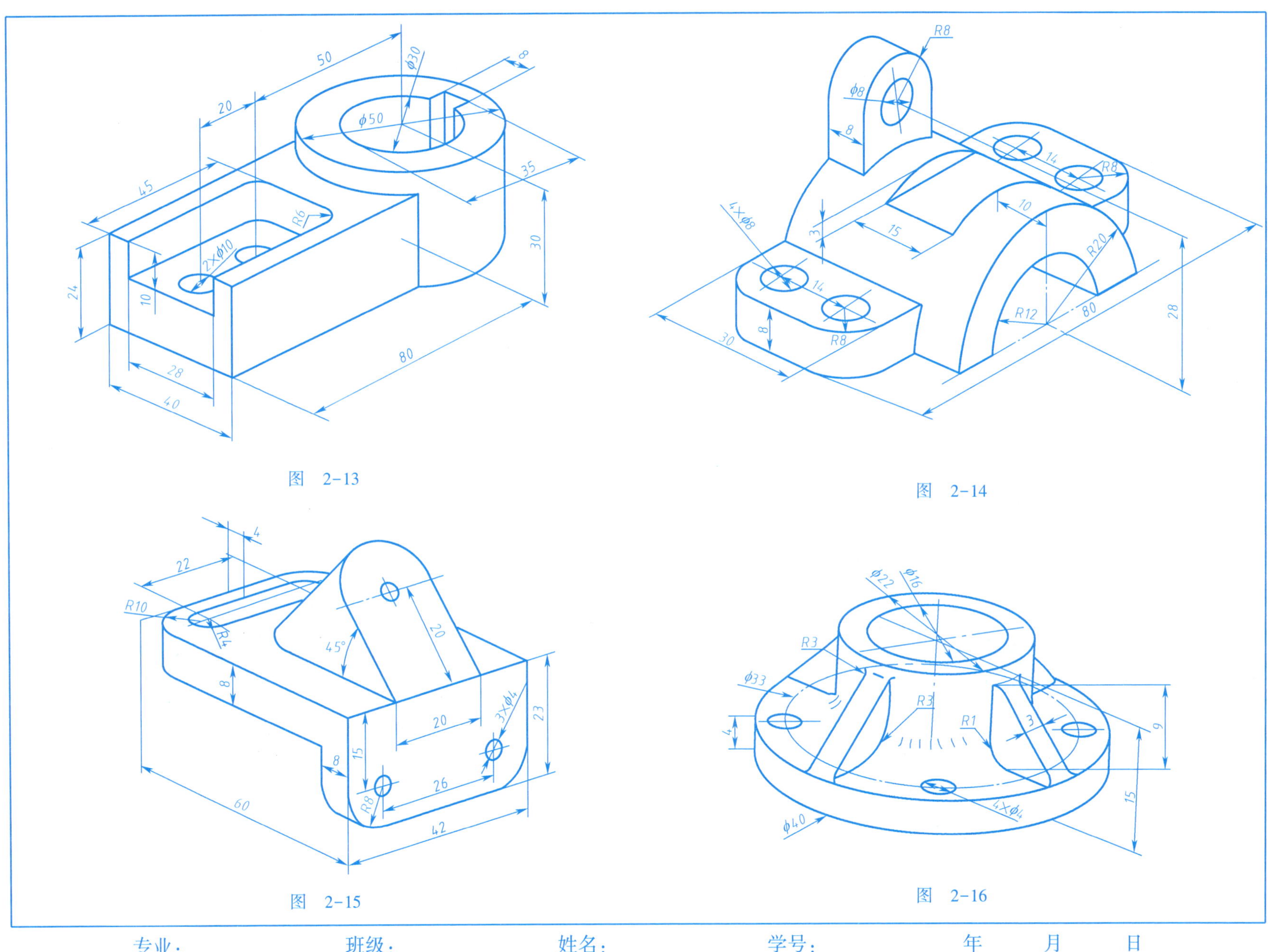

图 2-13

图 2-14

图 2-15

图 2-16

专业：　　　　班级：　　　　姓名：　　　　学号：　　　　年　　月　　日

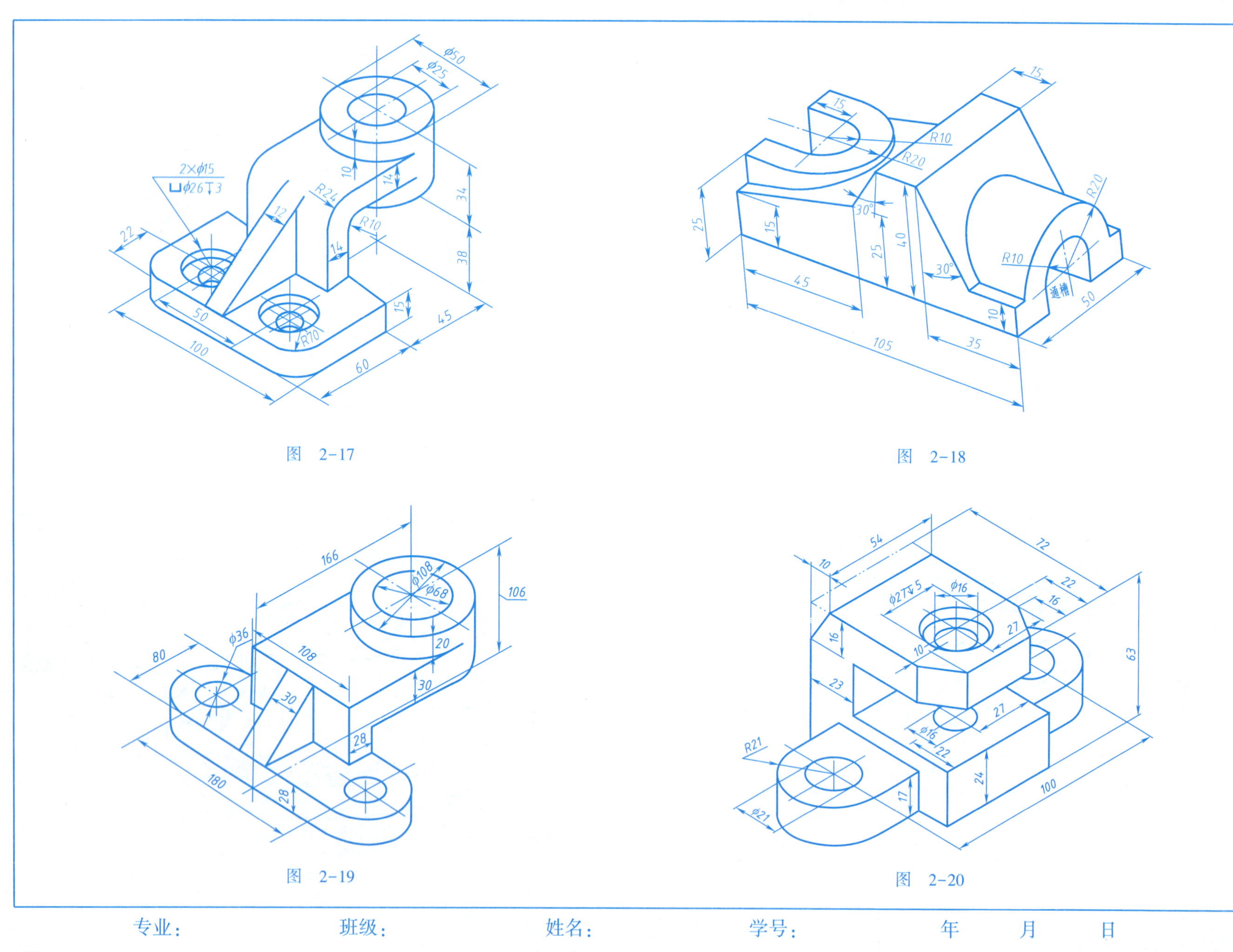

图 2-17

图 2-18

图 2-19

图 2-20

专业： 班级： 姓名： 学号： 年 月 日

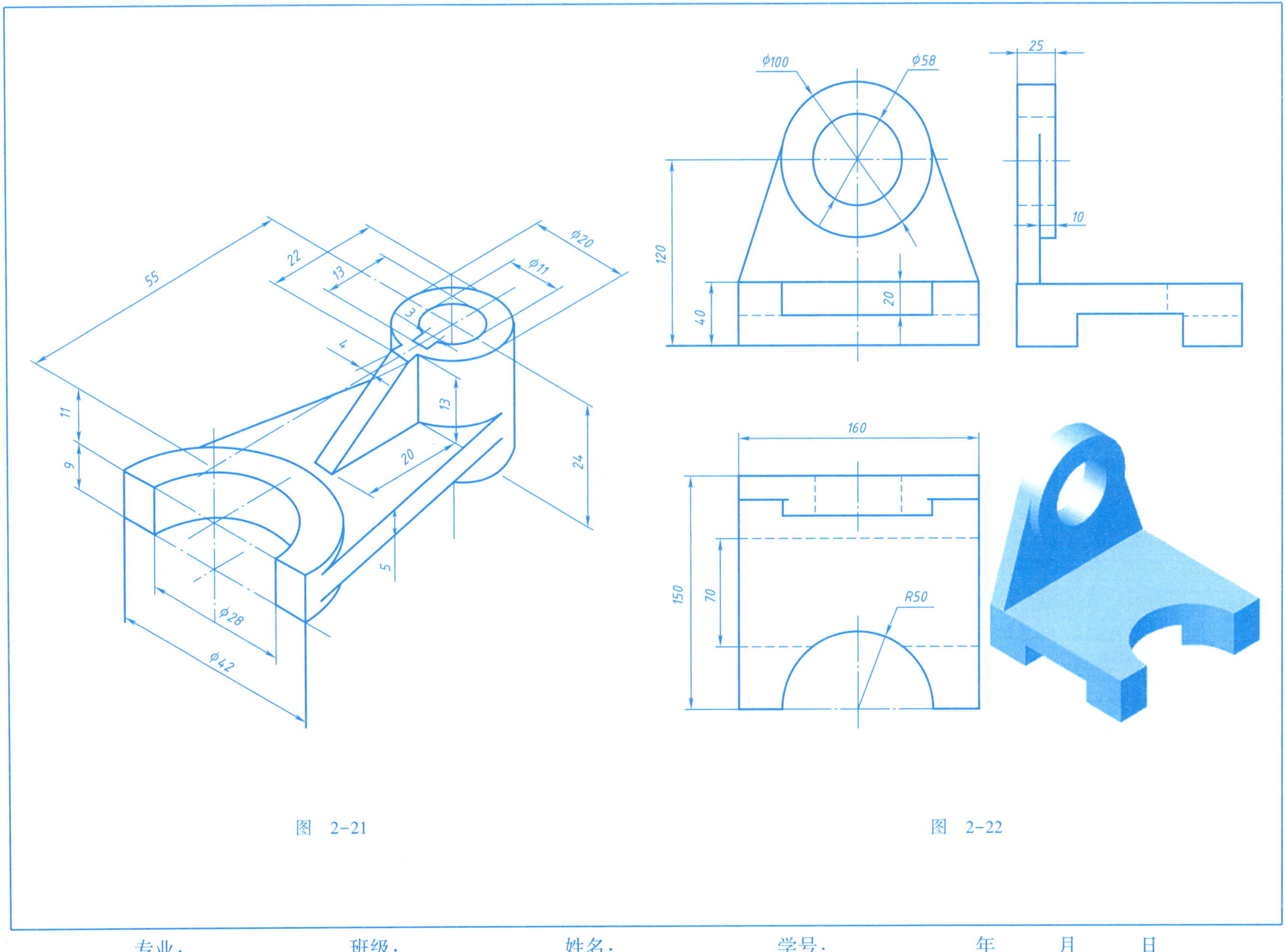

图 2-21

图 2-22

专业：　　　　班级：　　　　姓名：　　　　学号：　　　　年　　月　　日

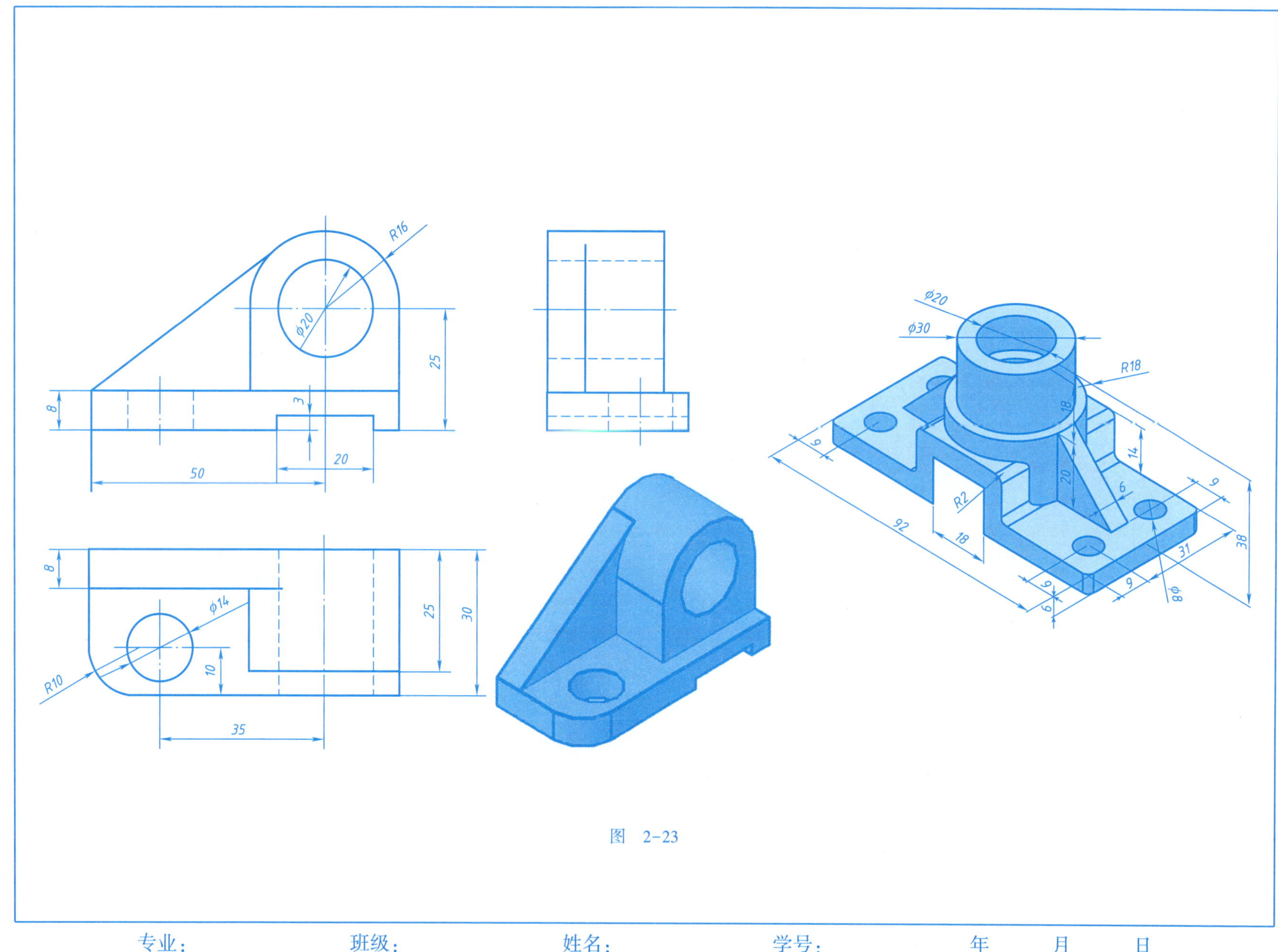

图 2-23

专业：　　班级：　　姓名：　　学号：　　年　月　日

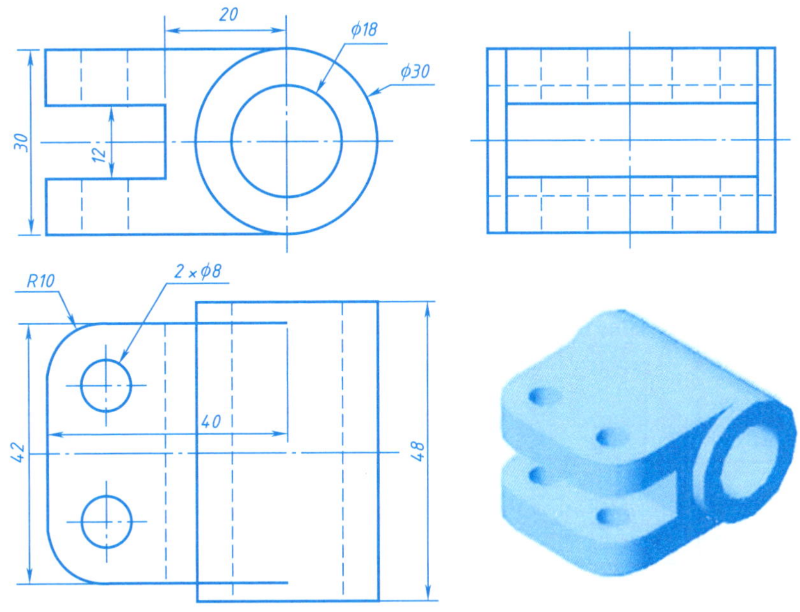

图 2-24

专业： 班级： 姓名： 学号： 年 月 日

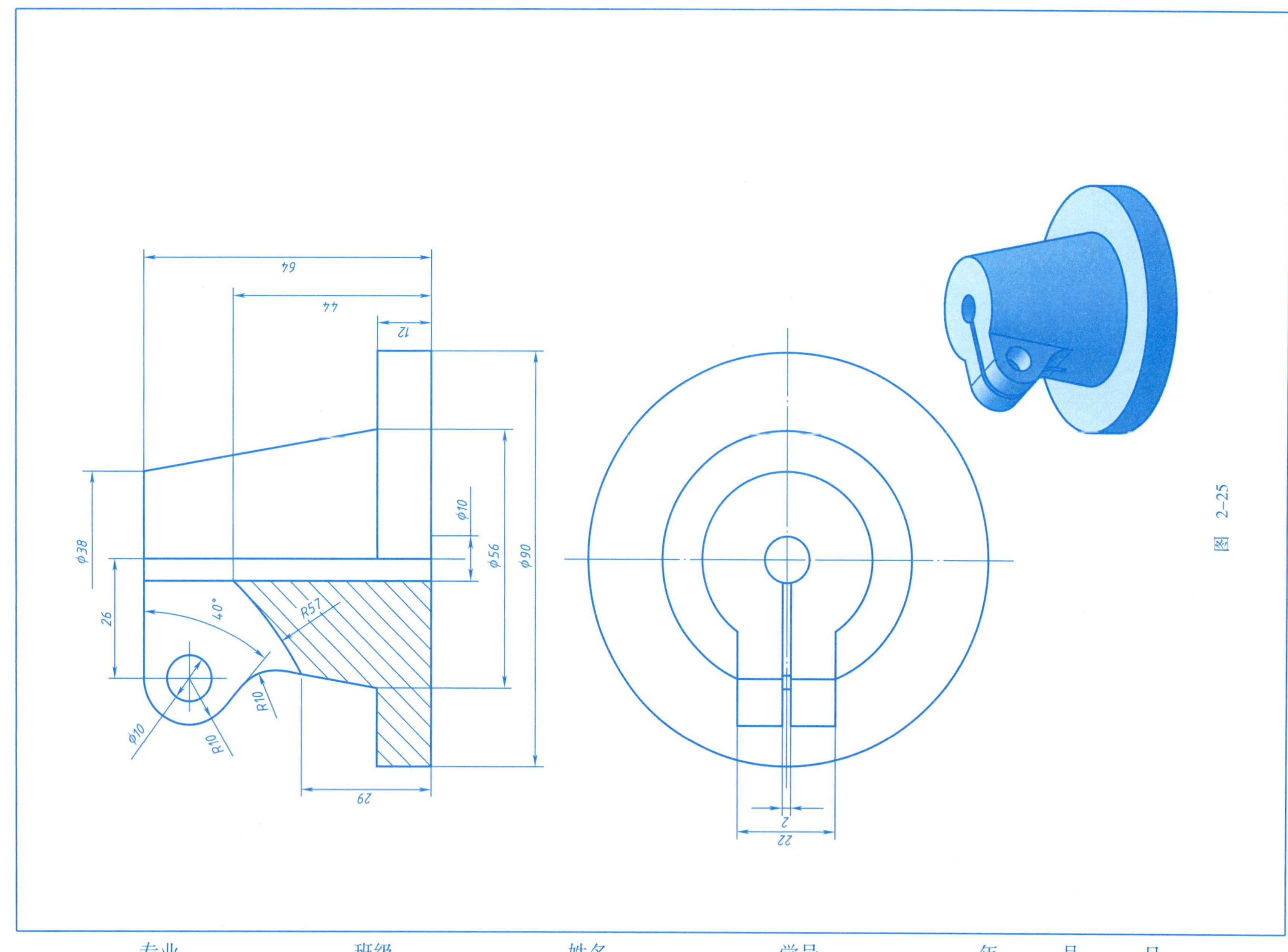

图 2-25

专业：　　班级：　　姓名：　　学号：　　年　月　日

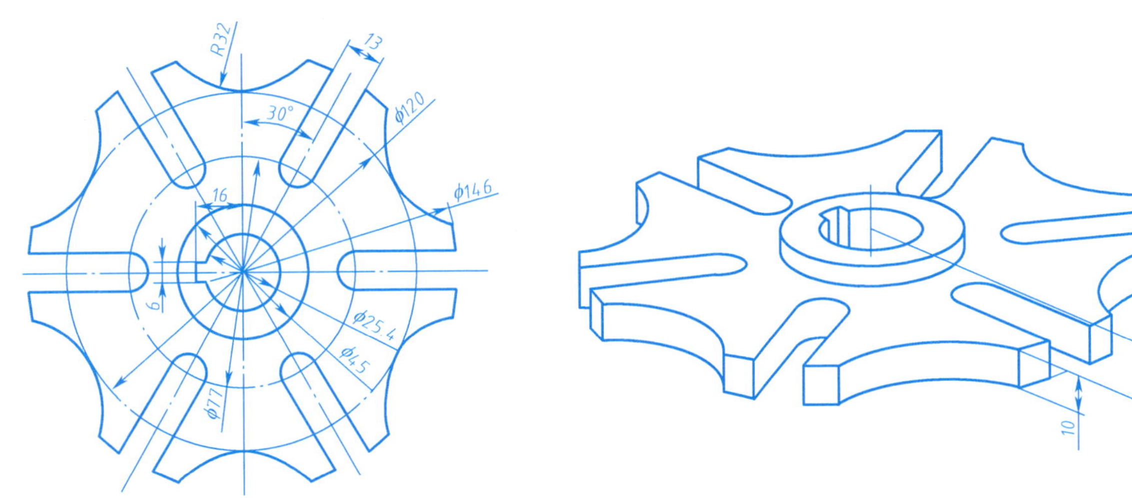

图 2-26

专业：　　班级：　　姓名：　　学号：　　年　月　日

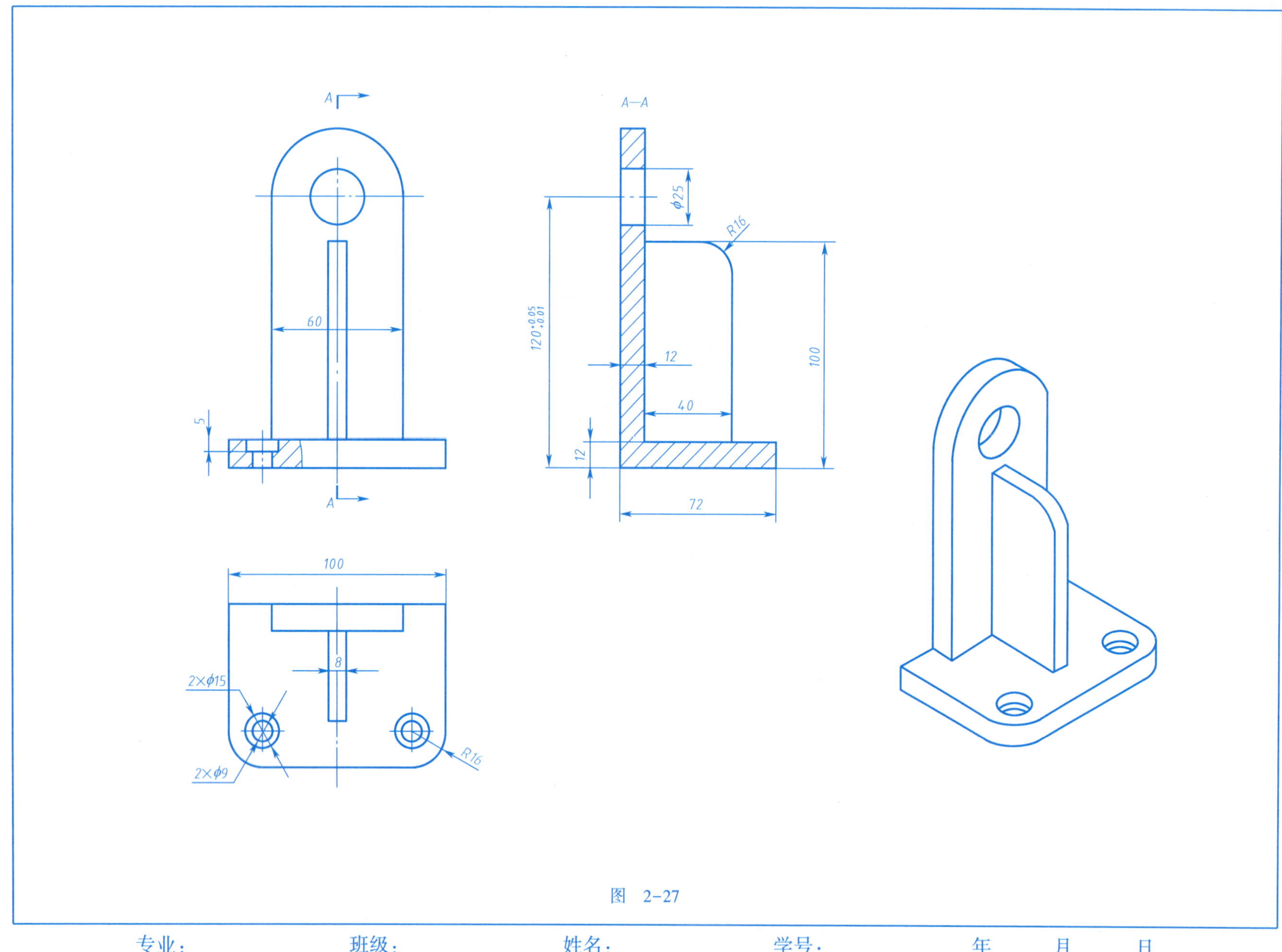

图 2-27

专业：　　　班级：　　　姓名：　　　学号：　　　年　　月　　日

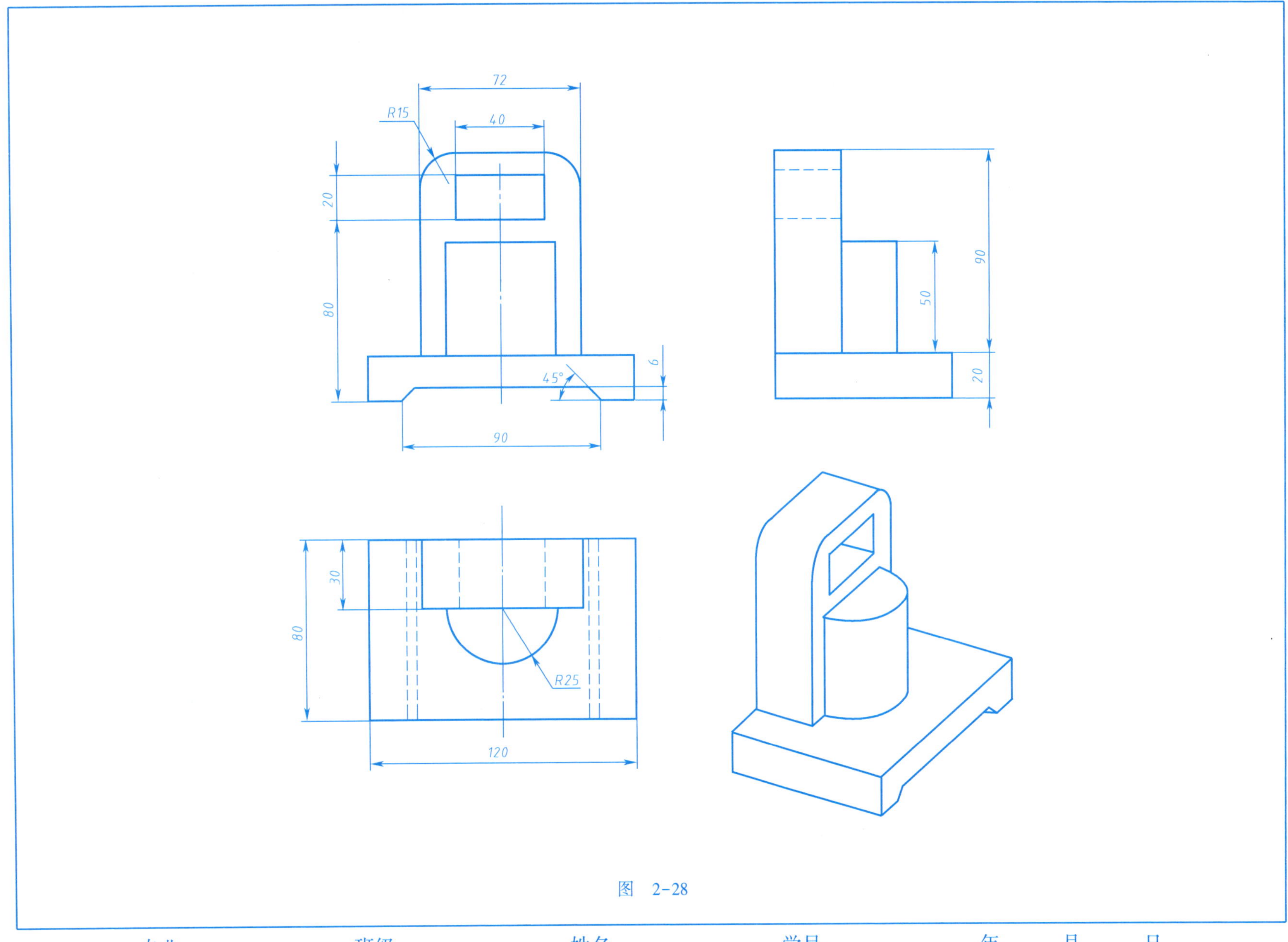

图 2-28

专业： 班级： 姓名： 学号： 年 月 日

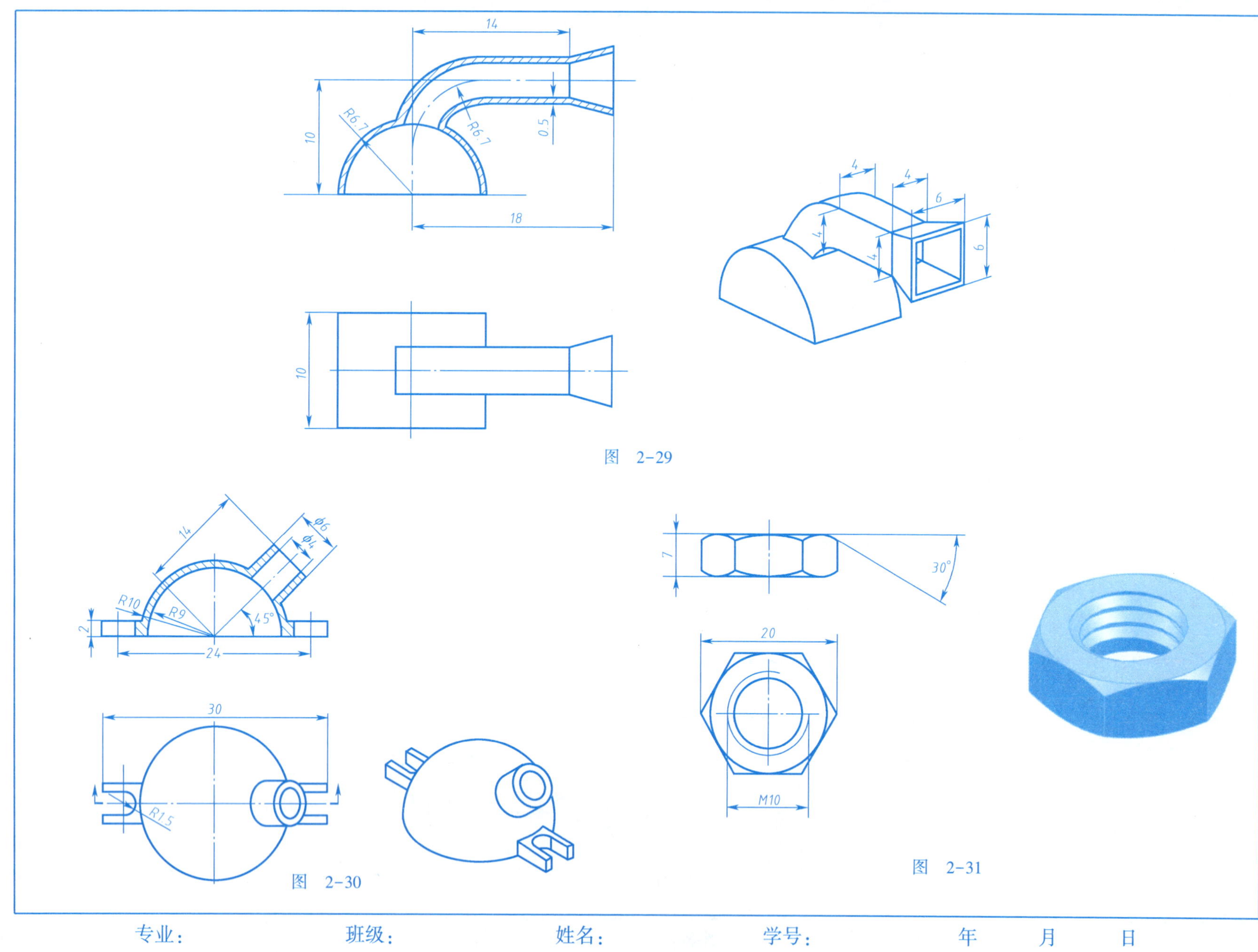

图 2-29

图 2-30

图 2-31

专业：　　班级：　　姓名：　　学号：　　年　月　日

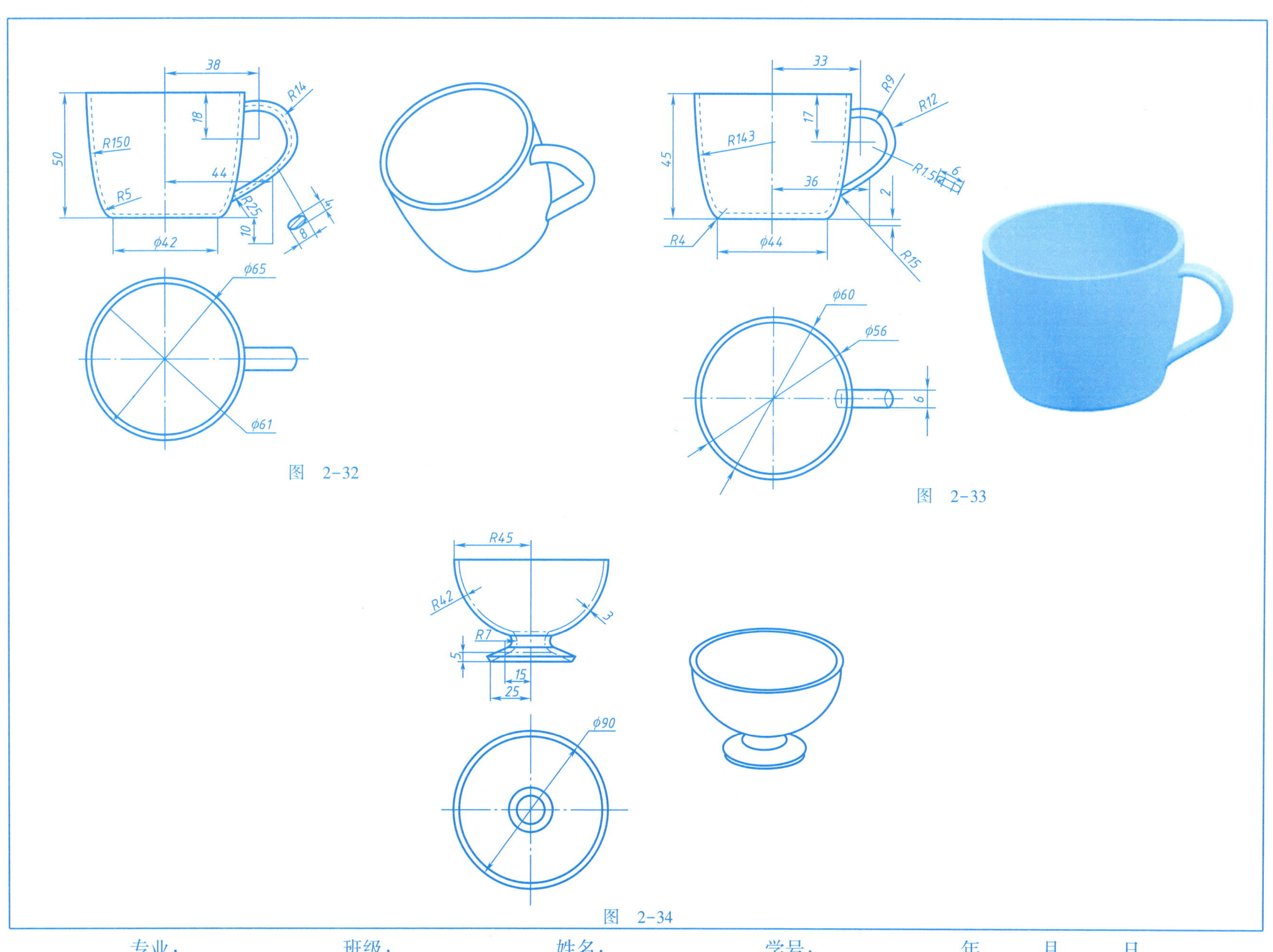

图 2-32

图 2-33

图 2-34

专业： 班级： 姓名： 学号： 年 月 日

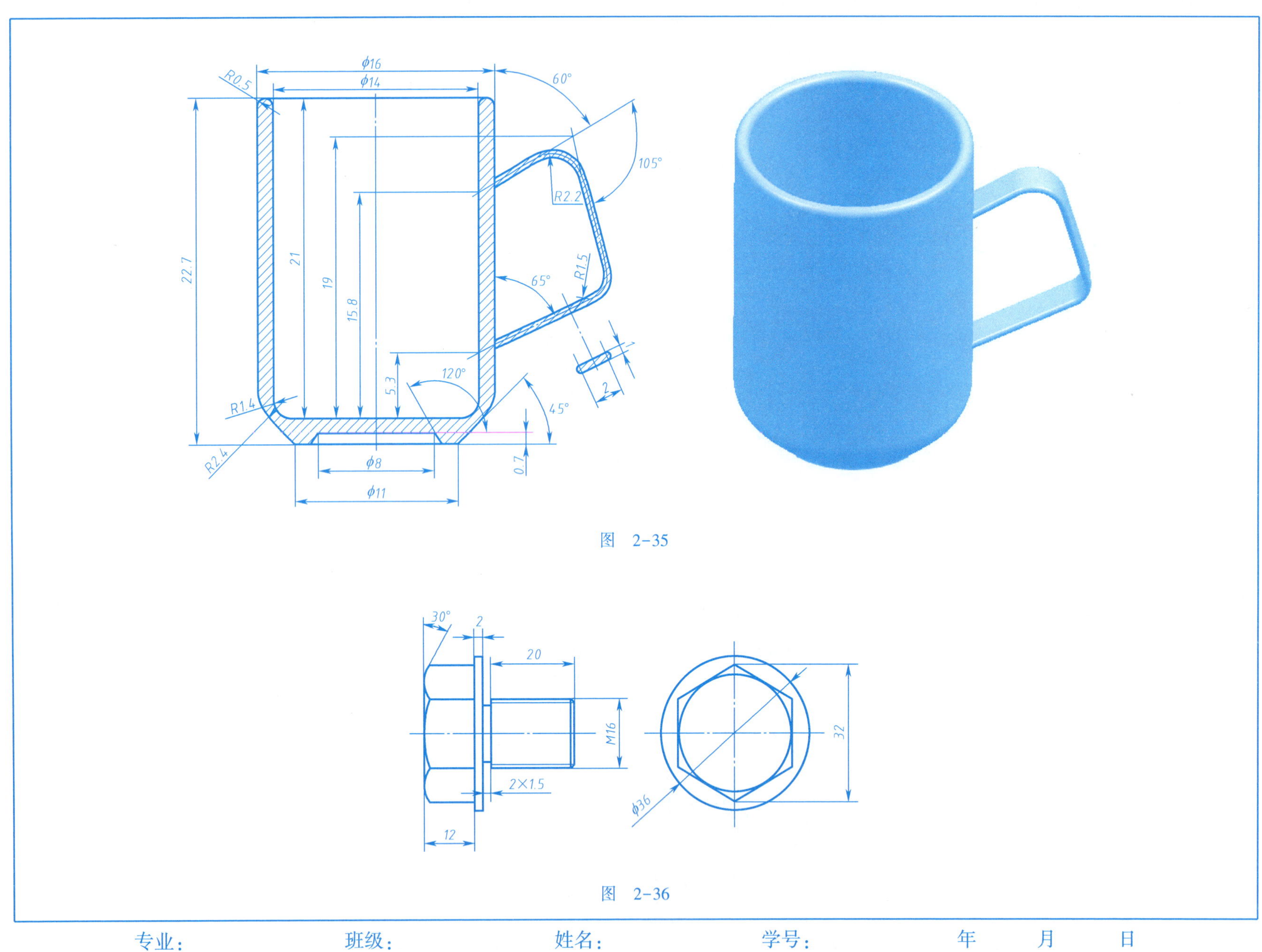

图 2-35

图 2-36

专业： 班级： 姓名： 学号： 年 月 日

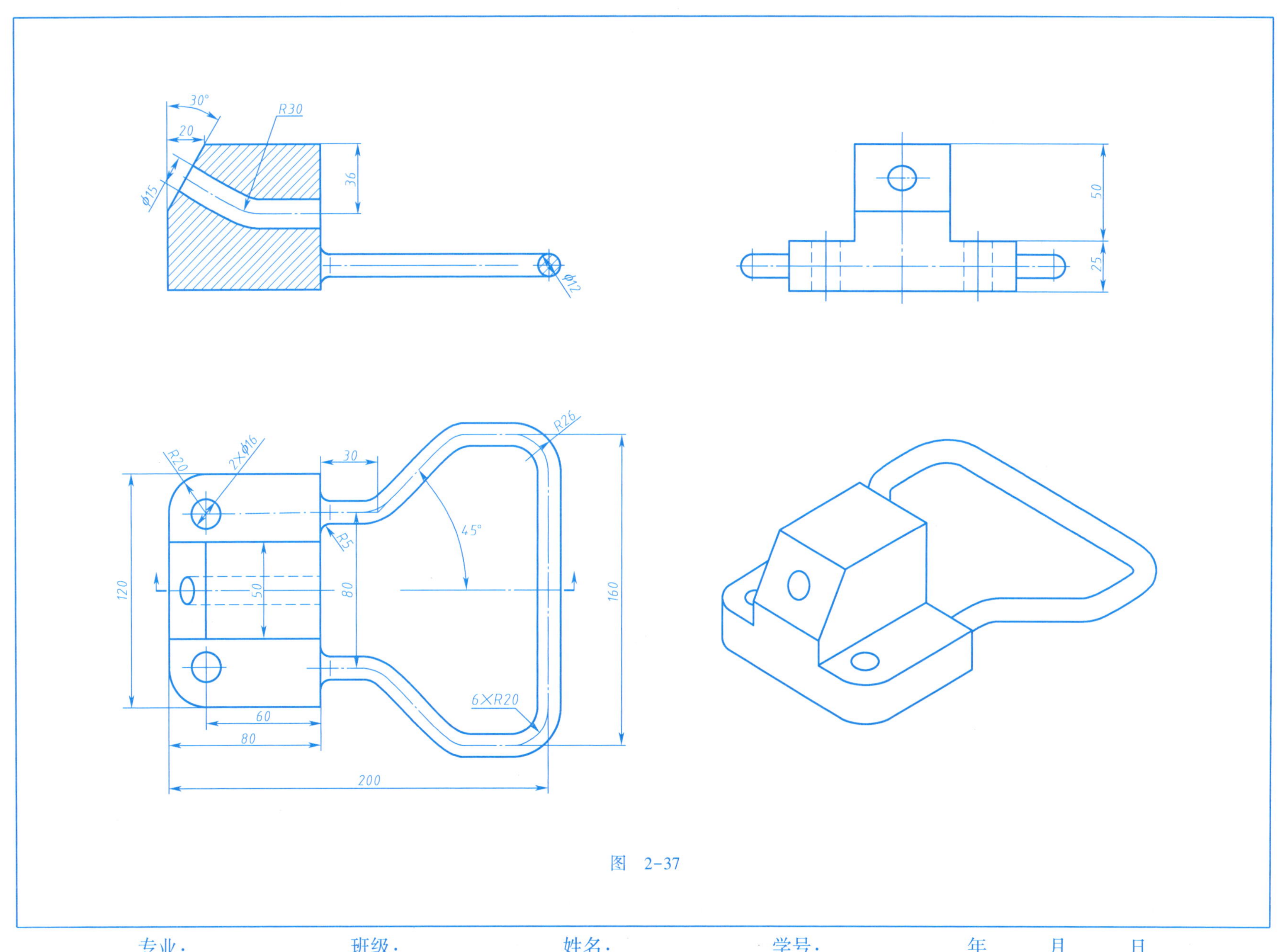

图 2-37

专业： 班级： 姓名： 学号： 年 月 日

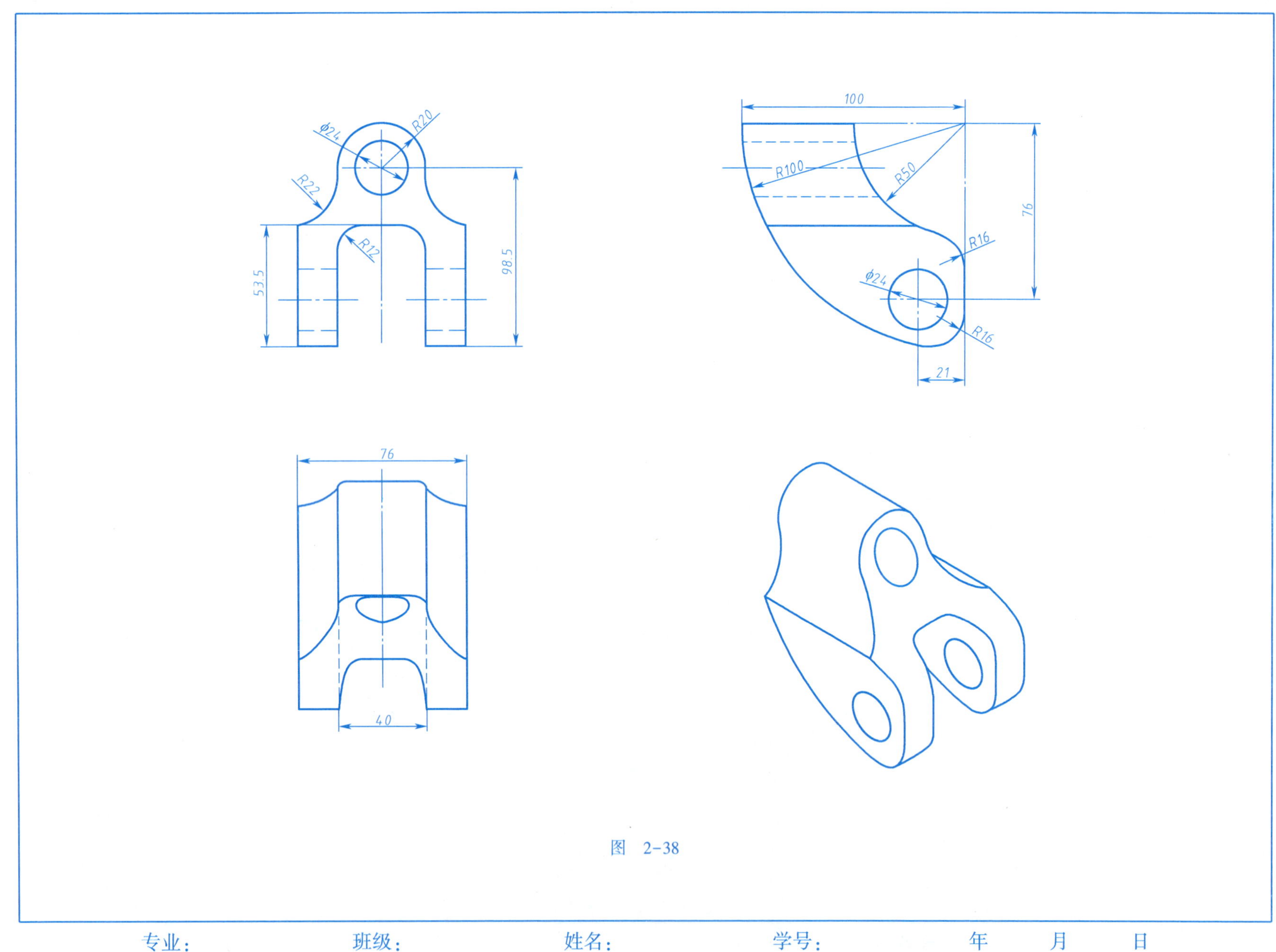

图 2-38

专业：　　班级：　　姓名：　　学号：　　年　月　日

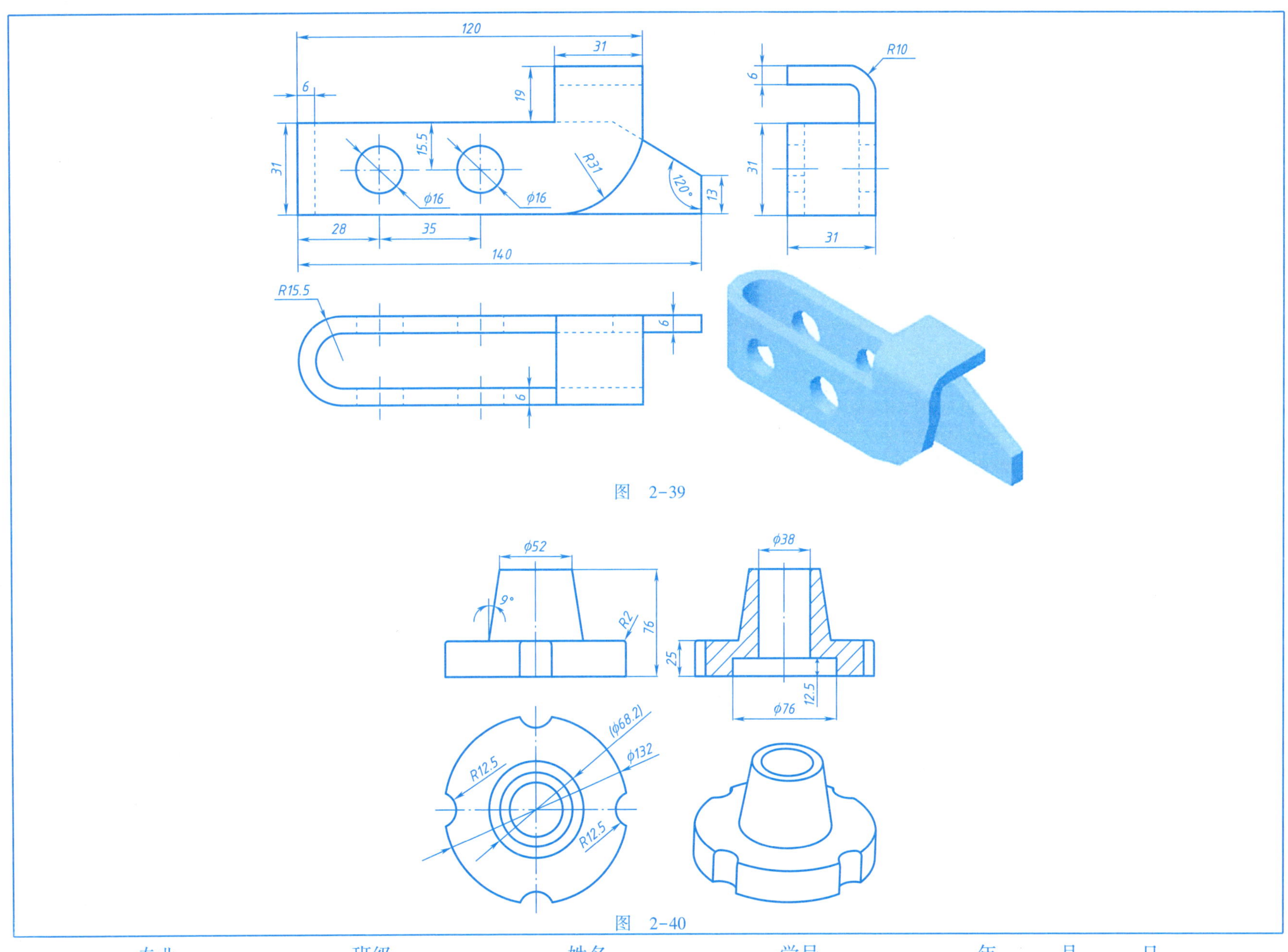

图 2-39

图 2-40

专业：　　班级：　　姓名：　　学号：　　年　月　日

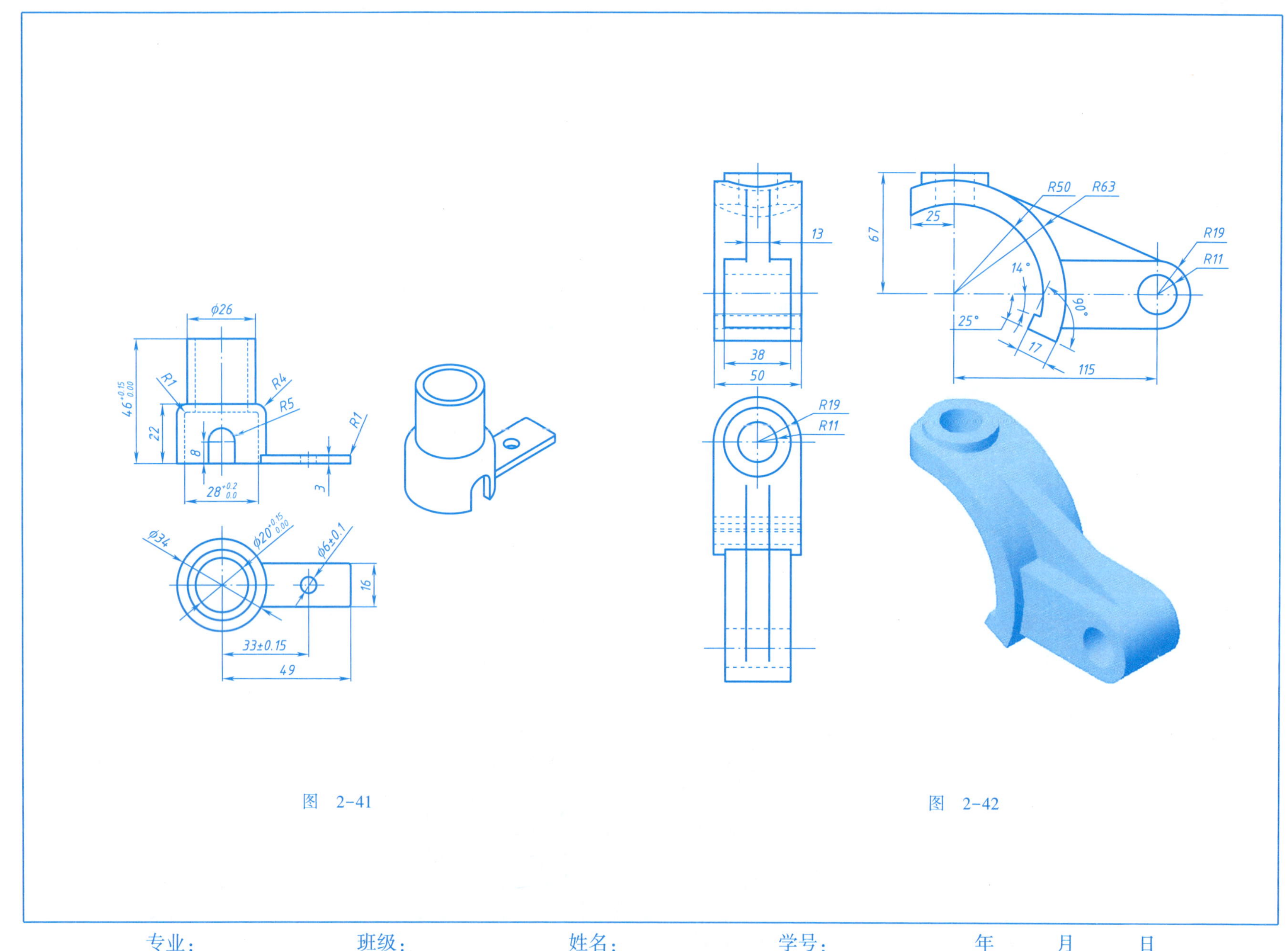

图 2-41

图 2-42

专业：　　班级：　　姓名：　　学号：　　年　　月　　日

2.2 技能提升训练

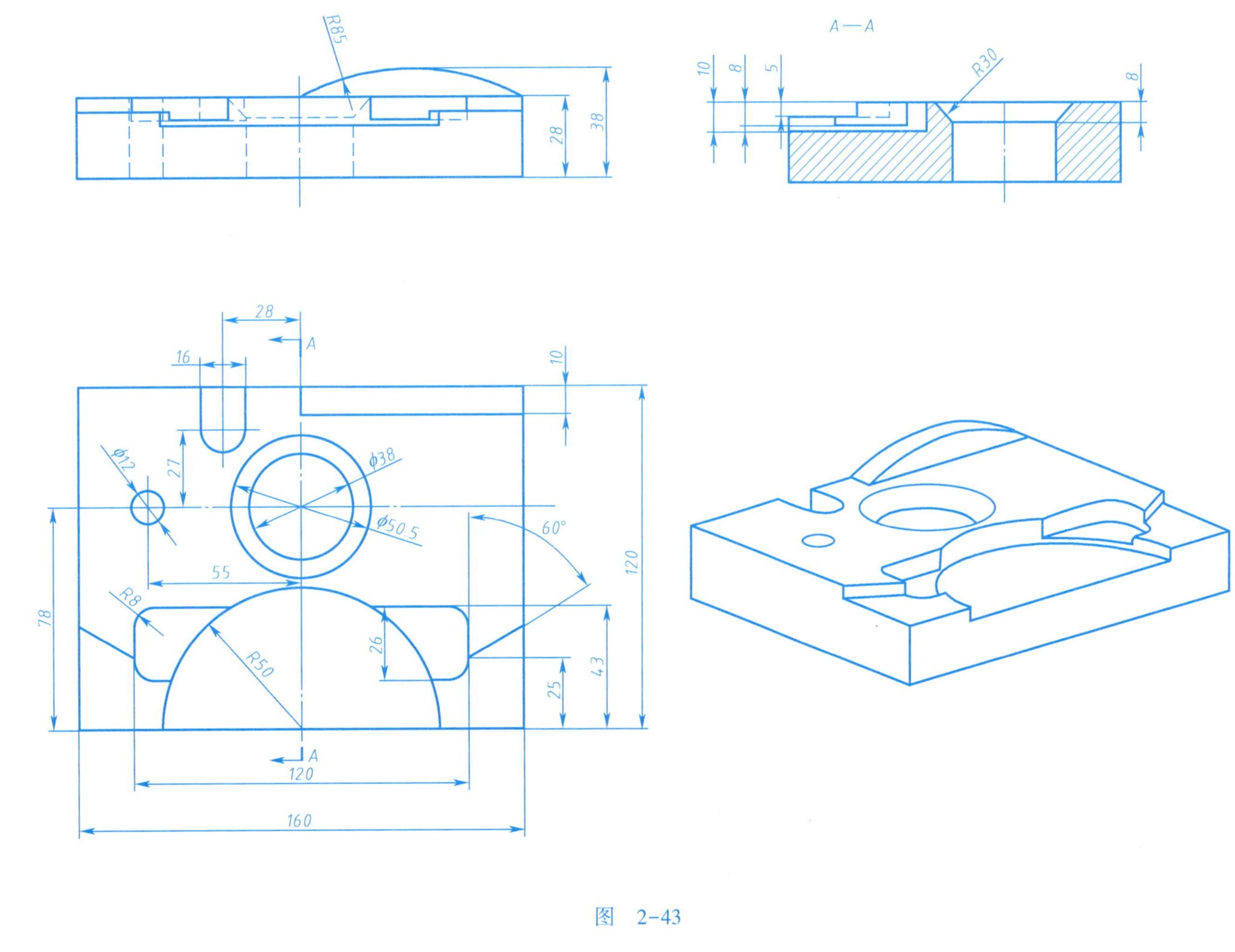

图 2-43

专业： 班级： 姓名： 学号： 年 月 日

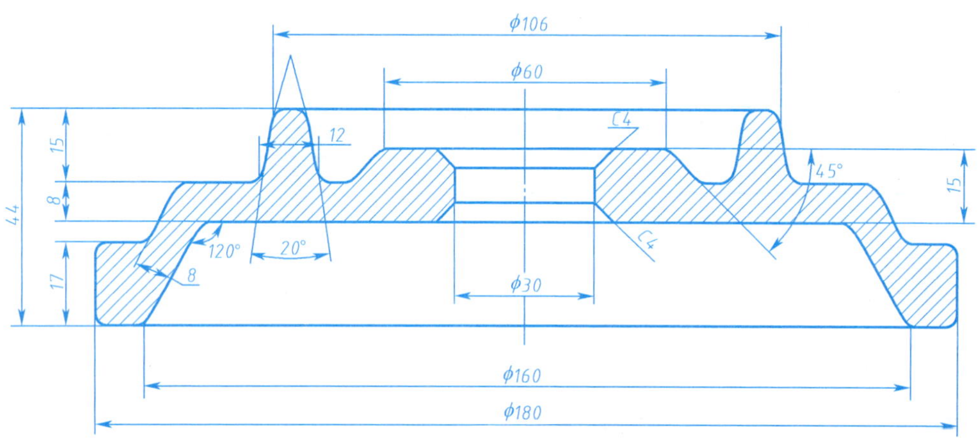

未注圆角R3。

图 2-44

专业： 班级： 姓名： 学号： 年 月 日

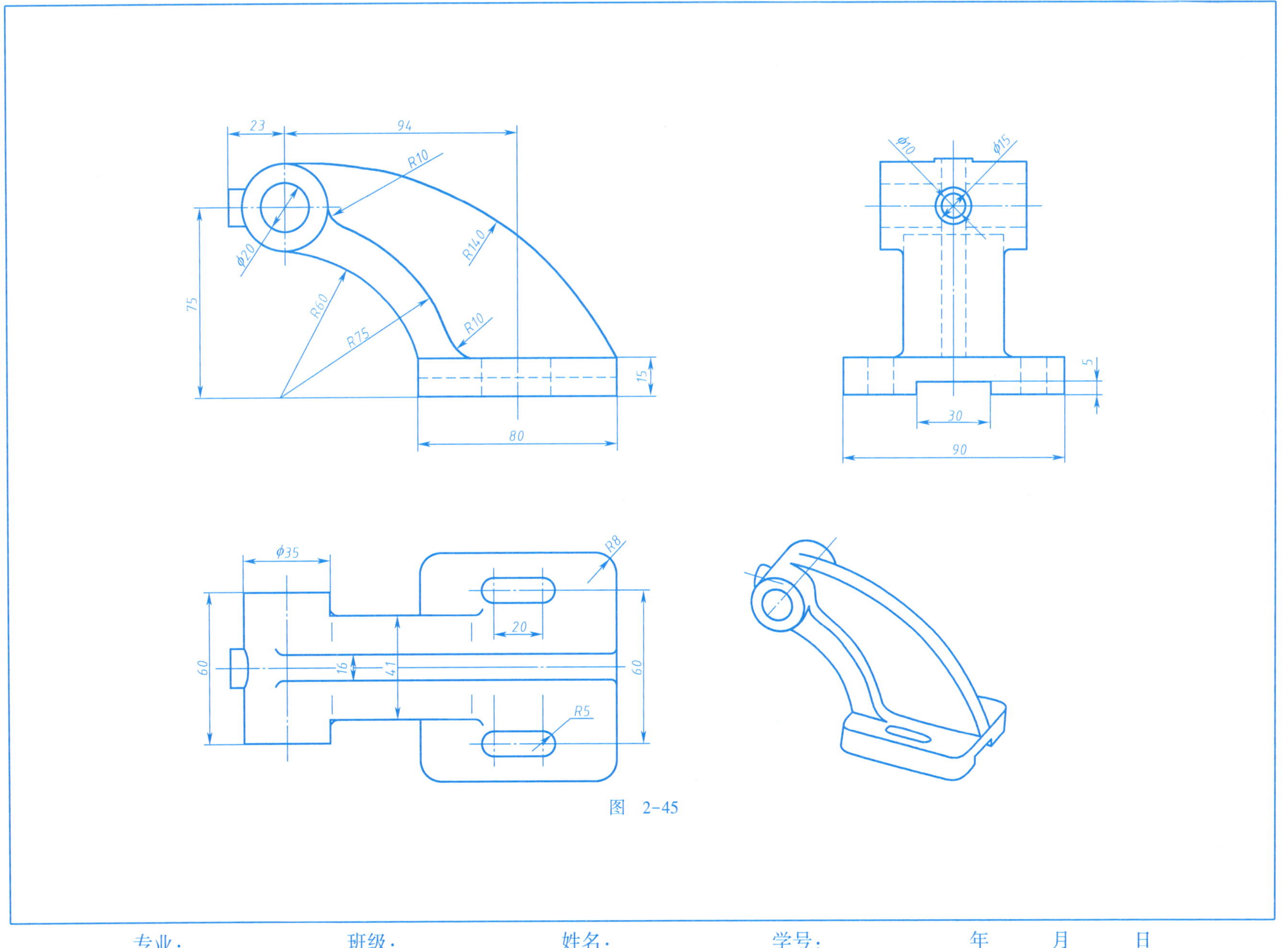

图 2-45

专业：　　　班级：　　　姓名：　　　学号：　　　年　　月　　日

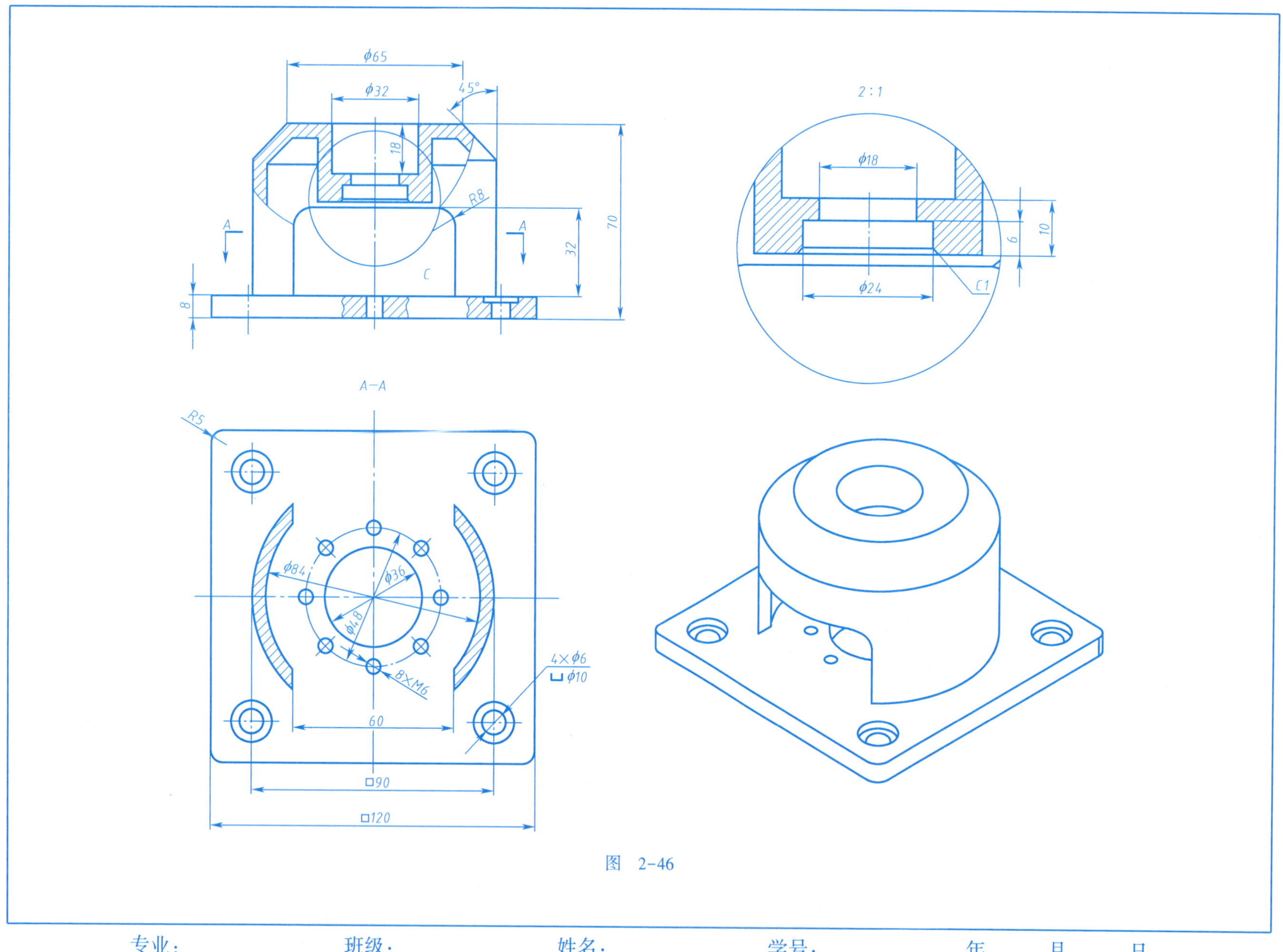

图 2-46

专业： 班级： 姓名： 学号： 年 月 日

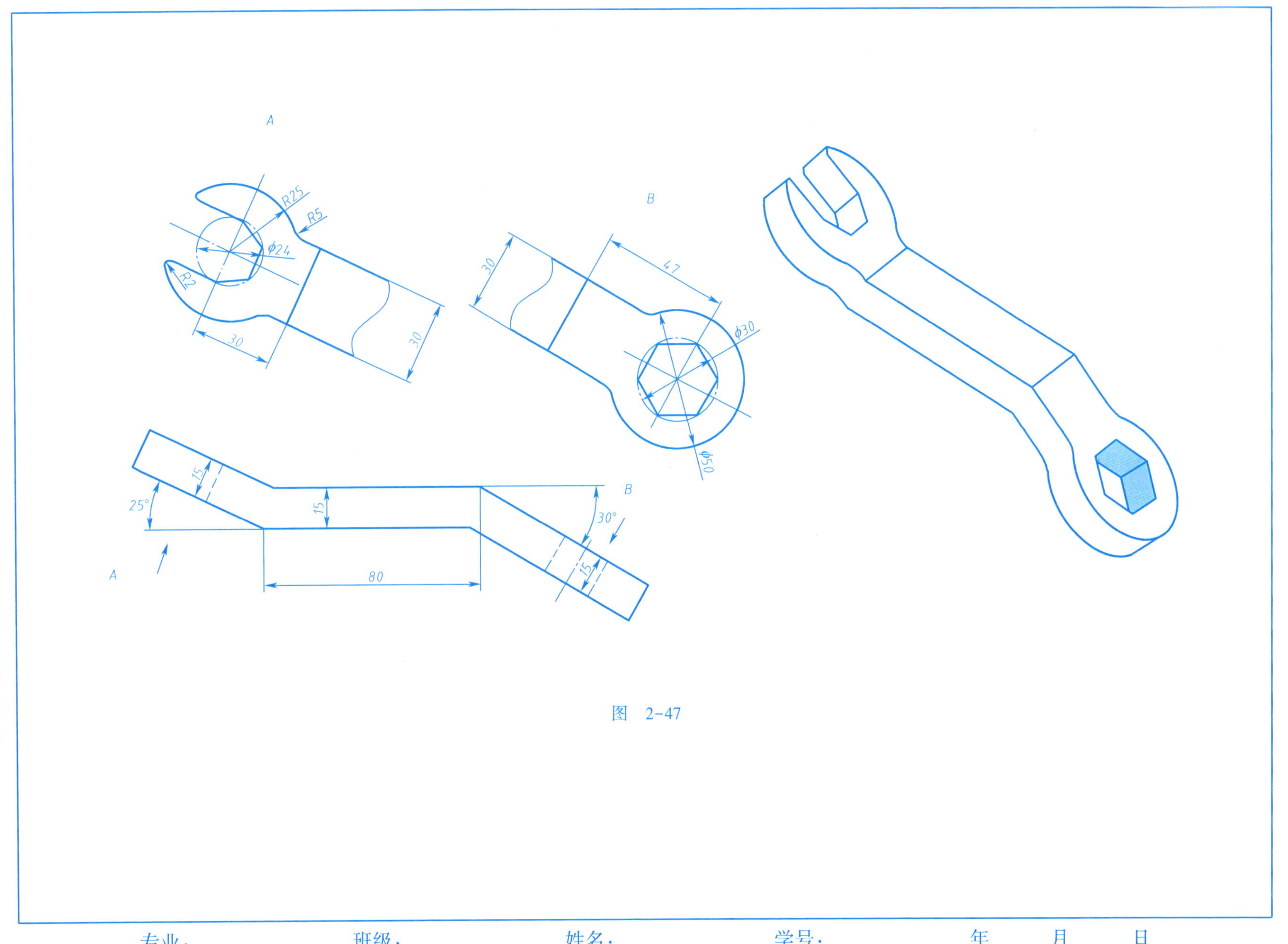

图 2-47

专业：　　班级：　　姓名：　　学号：　　年　月　日

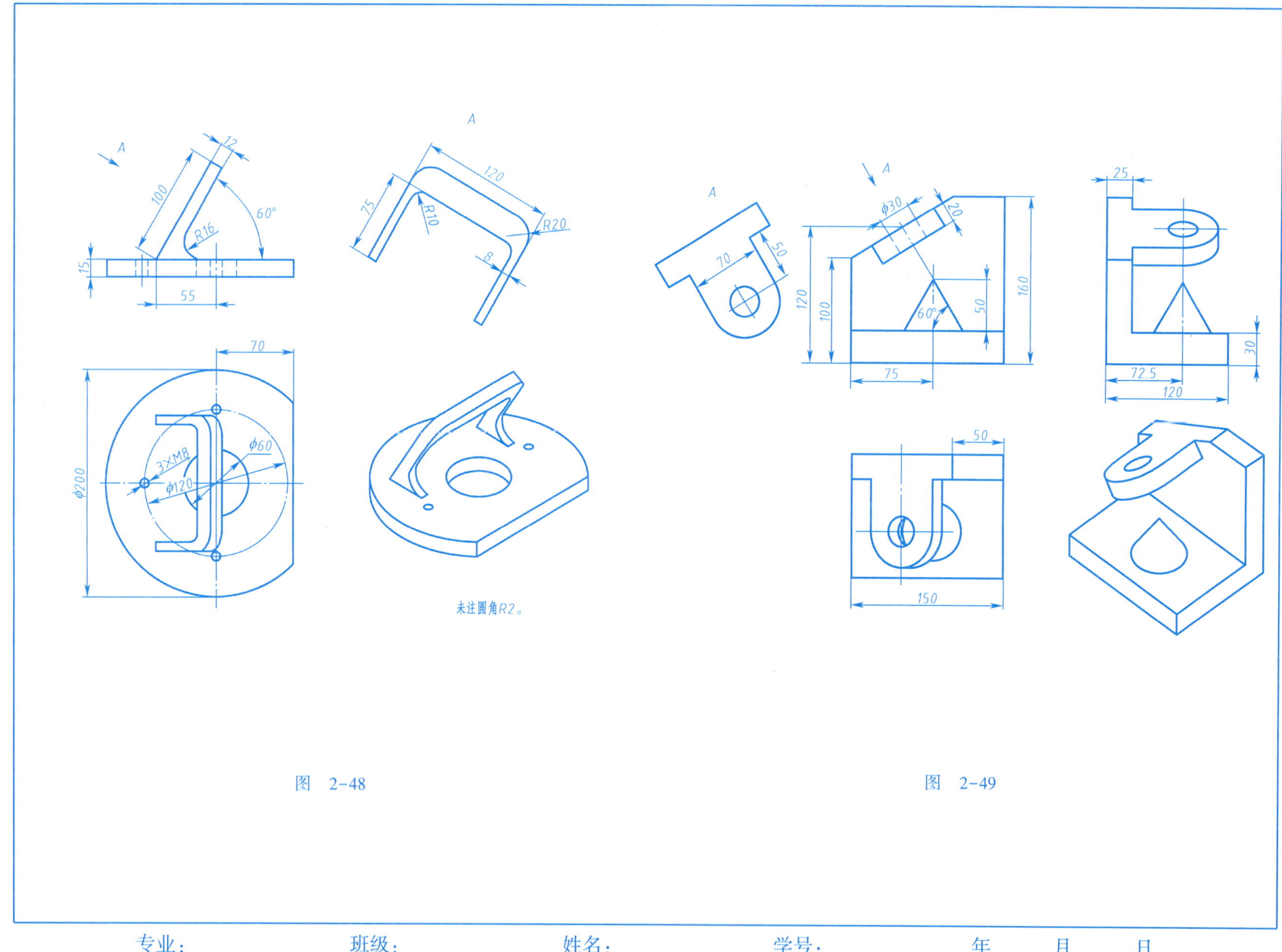

图 2-48

图 2-49

专业： 班级： 姓名： 学号： 年 月 日

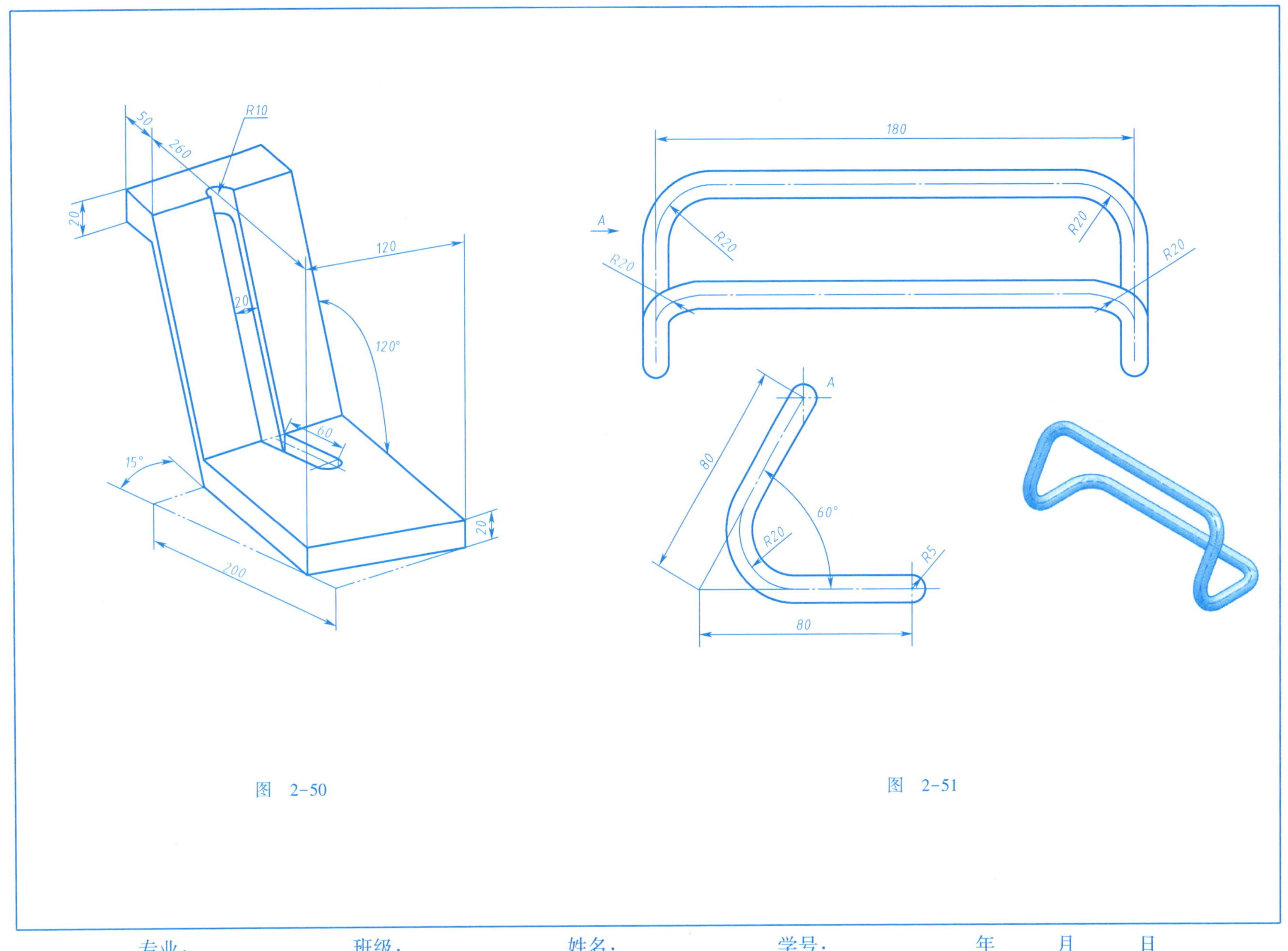

图 2-50

图 2-51

专业： 班级： 姓名： 学号： 年 月 日

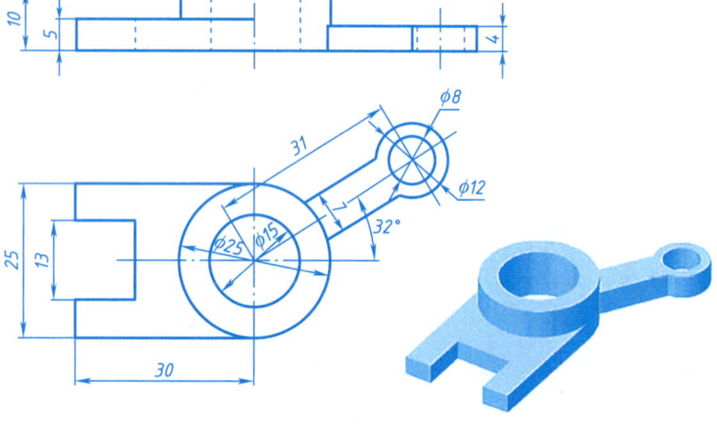

图 2-52

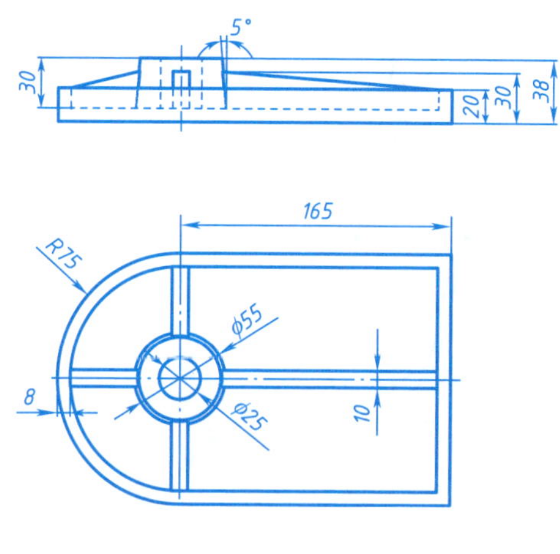

图 2-53

专业：　　班级：　　姓名：　　学号：　　年　月　日

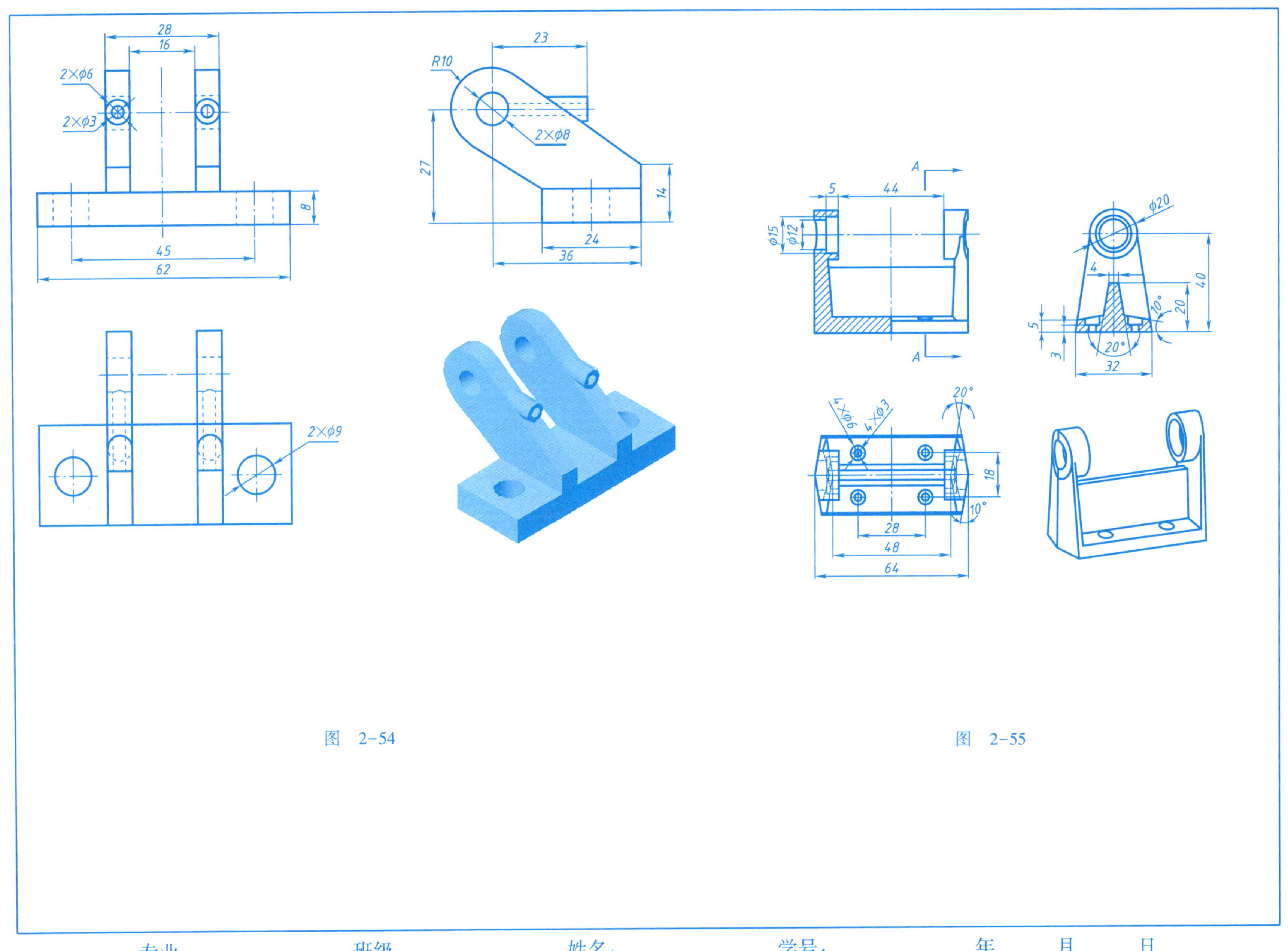

图 2-54

图 2-55

专业： 班级： 姓名： 学号： 年 月 日

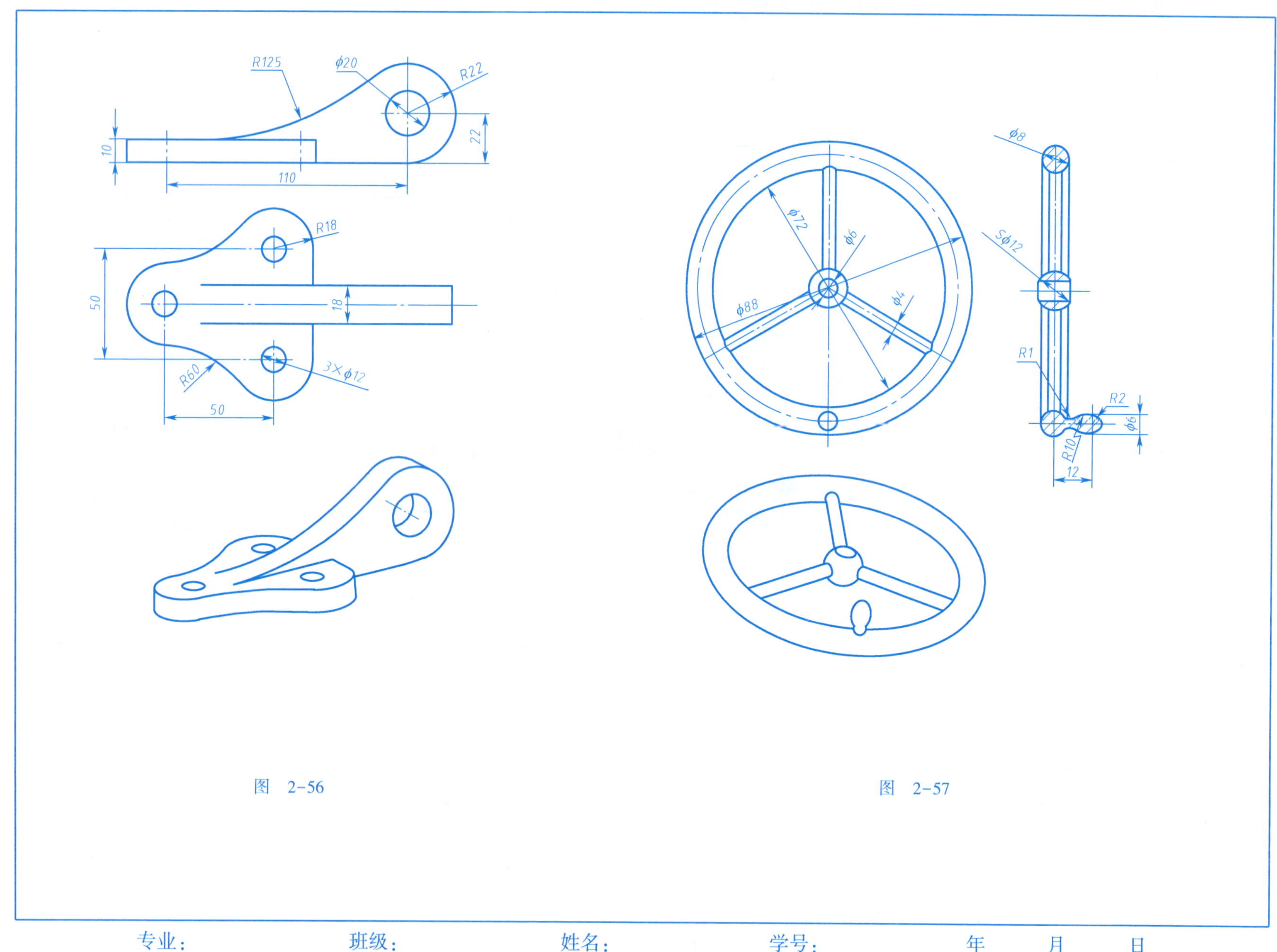

图 2-56

图 2-57

专业： 班级： 姓名： 学号： 年 月 日

A—A
R12.5
R120
R5
250
30
φ60
φ20
50
10
A
A
107
54
24
230
R64
R32
43
26
42
9
107
257
R32
φ150
φ64
204
4×φ32
257
φ21
21

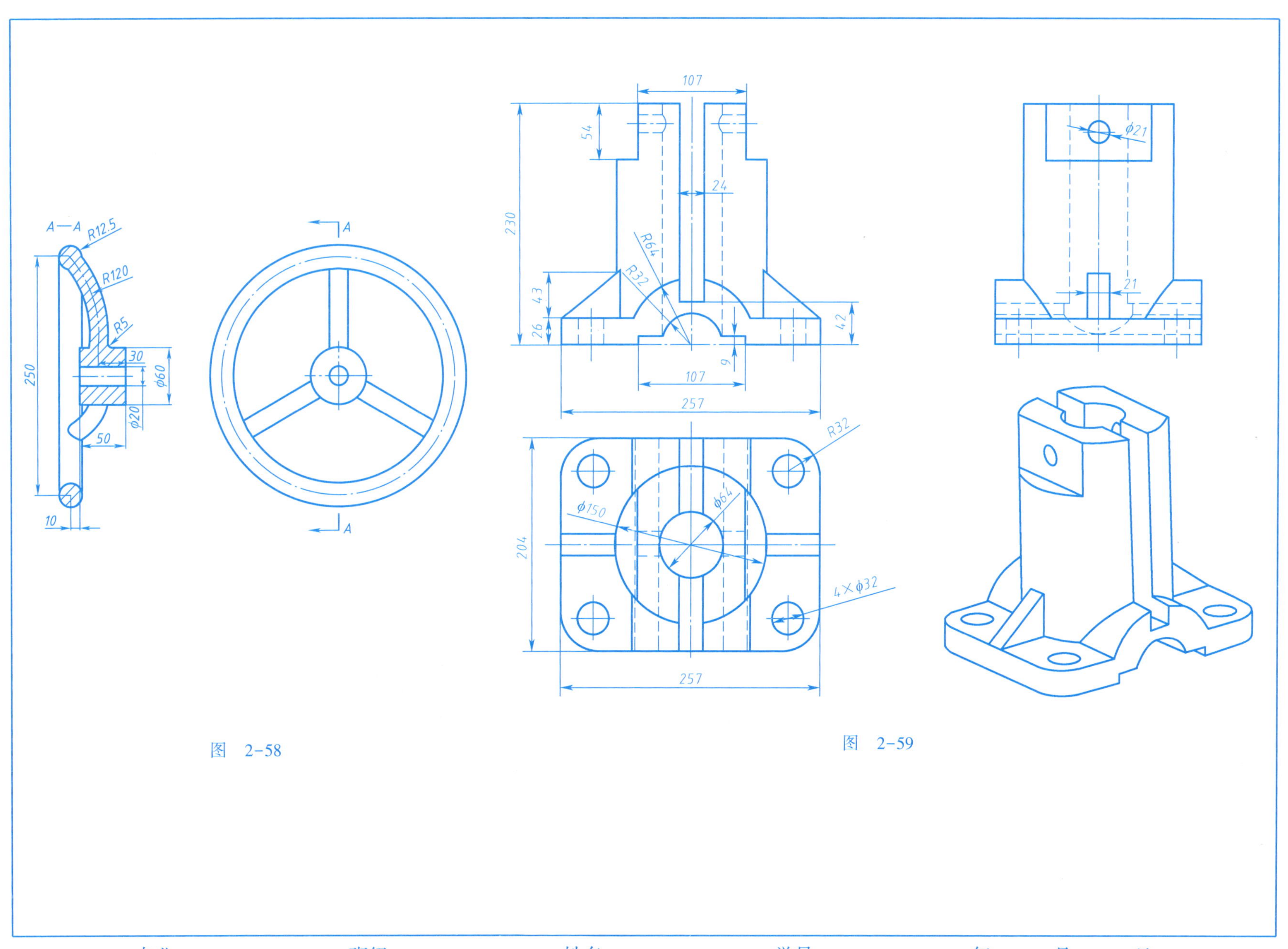

图 2-58

图 2-59

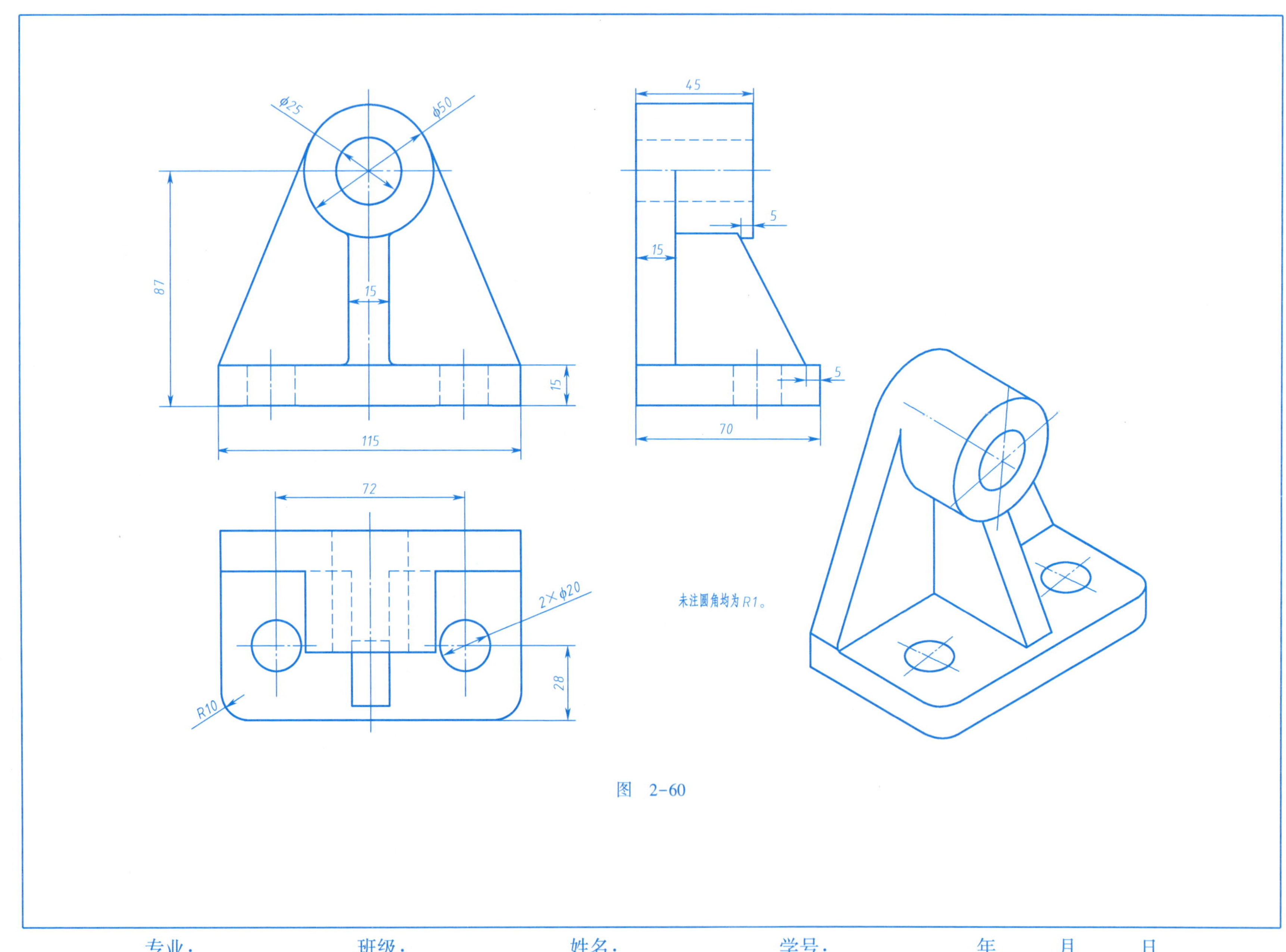

图 2-60

专业：　　班级：　　姓名：　　学号：　　年　　月　　日

通槽
13
20
18
30
R8
15
50
2×φ8
32
14
4×φ7
R5
18
通槽
10
4
20
60
26
R5
φ36
φ50
44
38
70
φ40
φ30
40
48.8
7
4×φ8
10
φ100
70
40
60

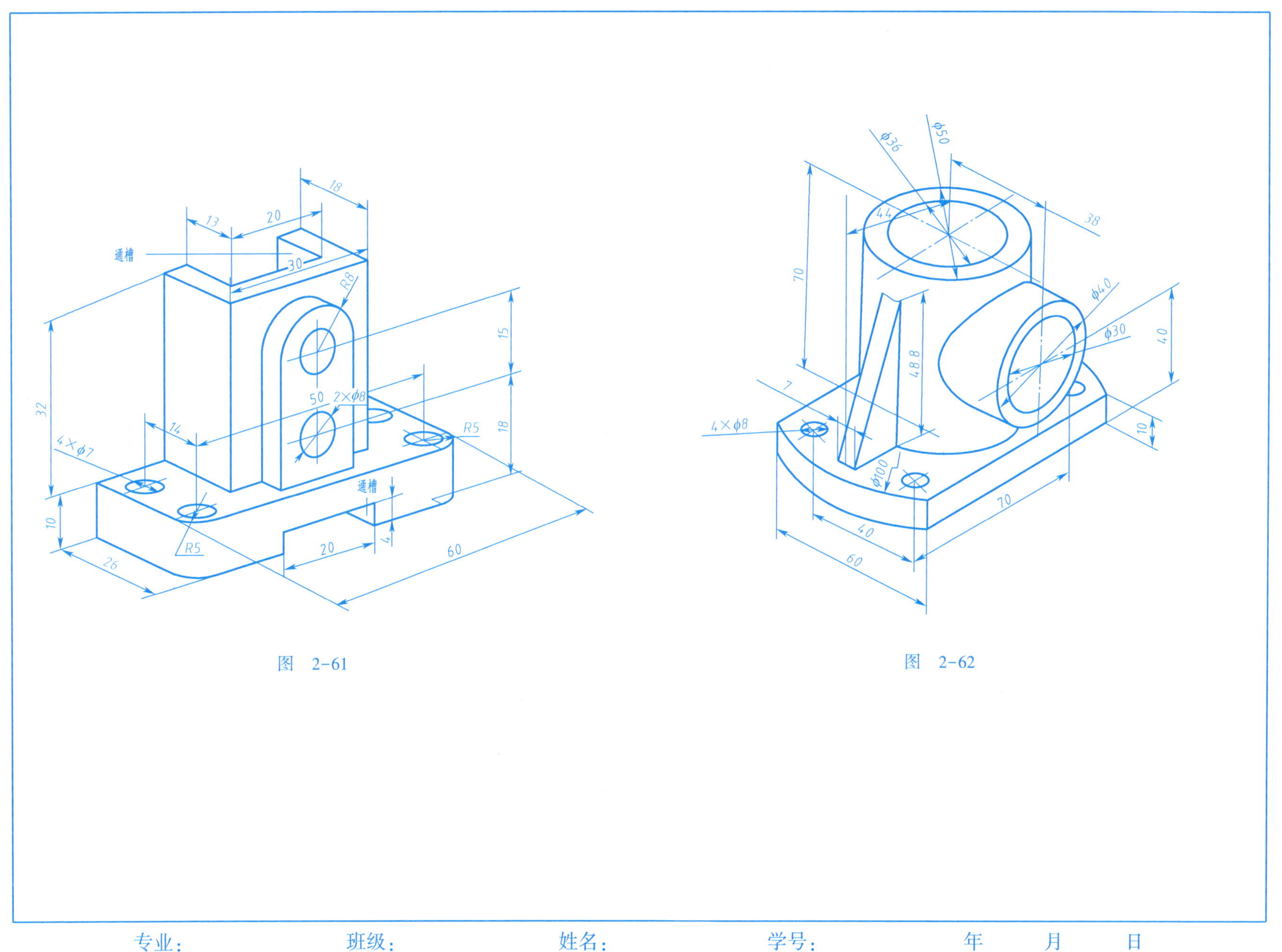

图 2-61

图 2-62

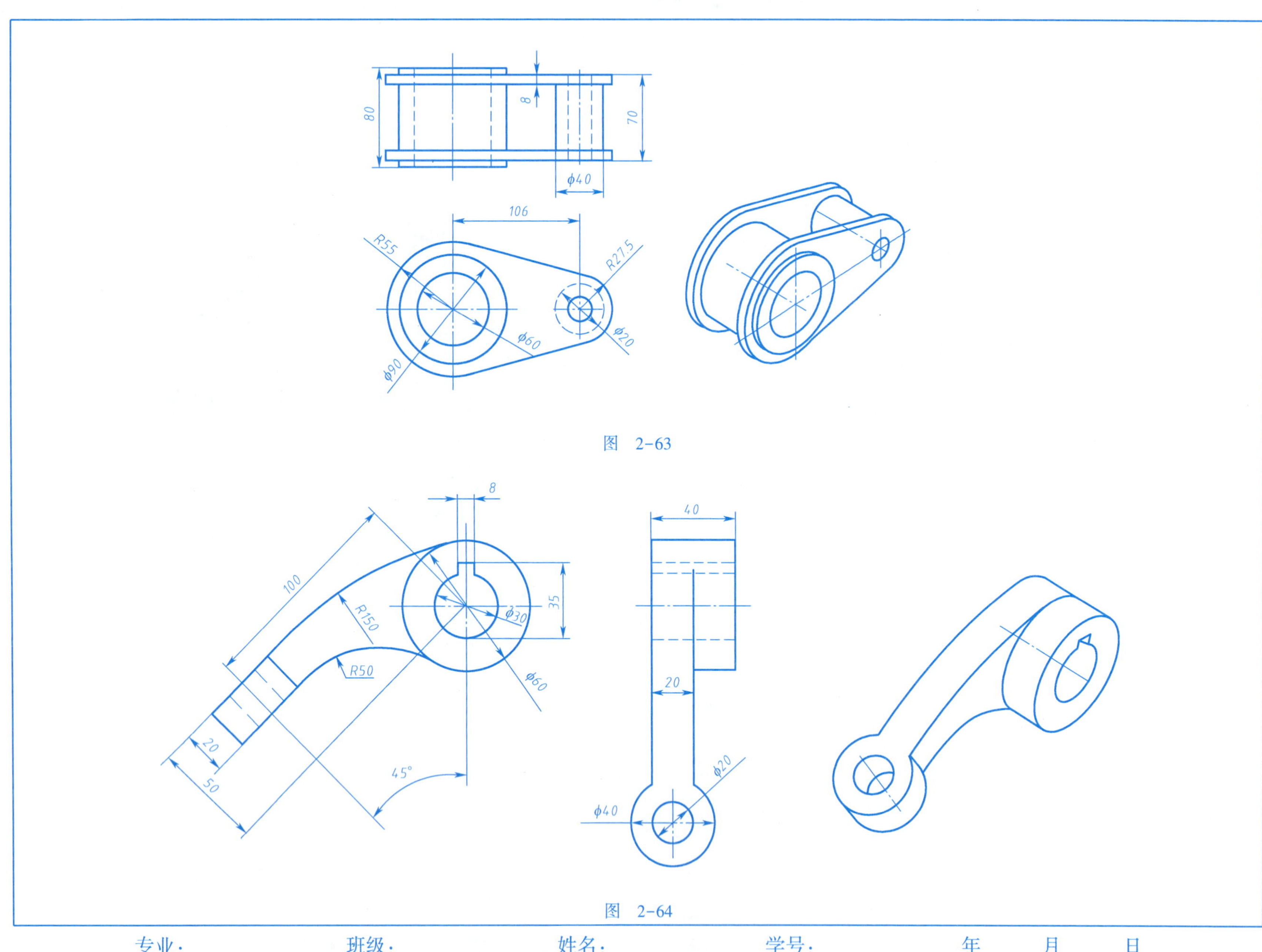

图 2-63

图 2-64

专业： 班级： 姓名： 学号： 年 月 日

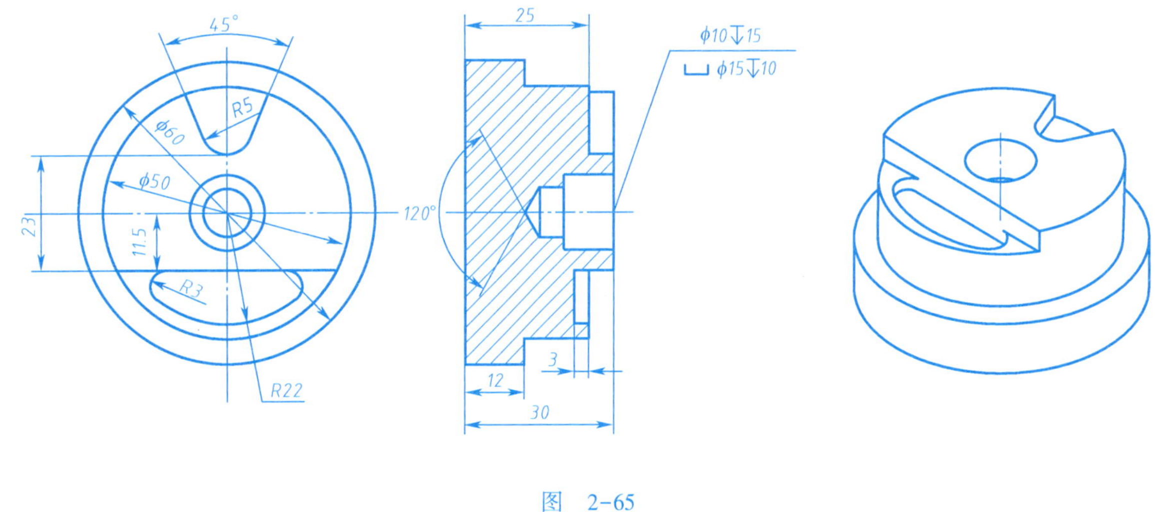

图 2-65

专业： 班级： 姓名： 学号： 年 月 日

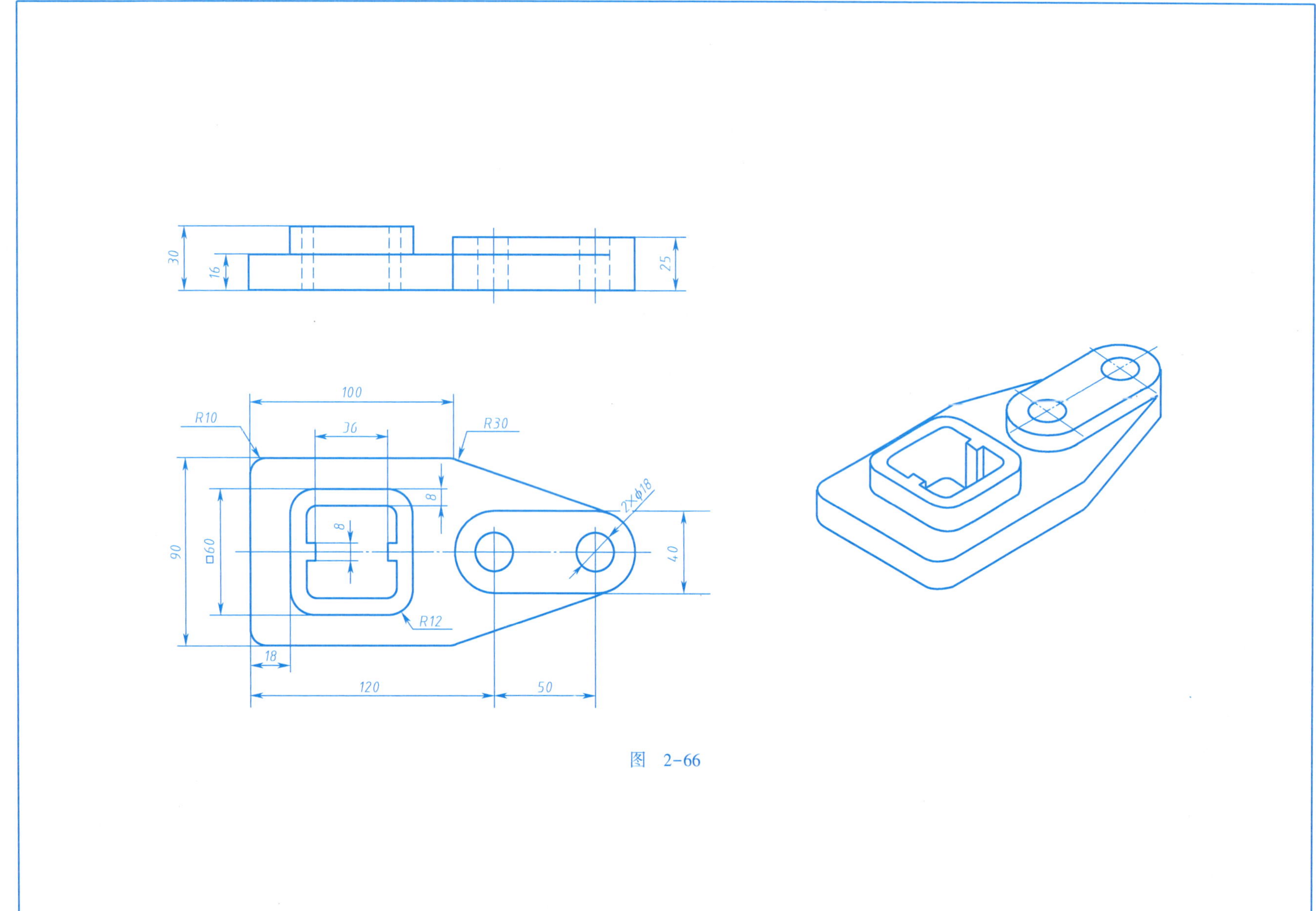

图 2-66

专业：　　　班级：　　　姓名：　　　学号：　　　年　月　日

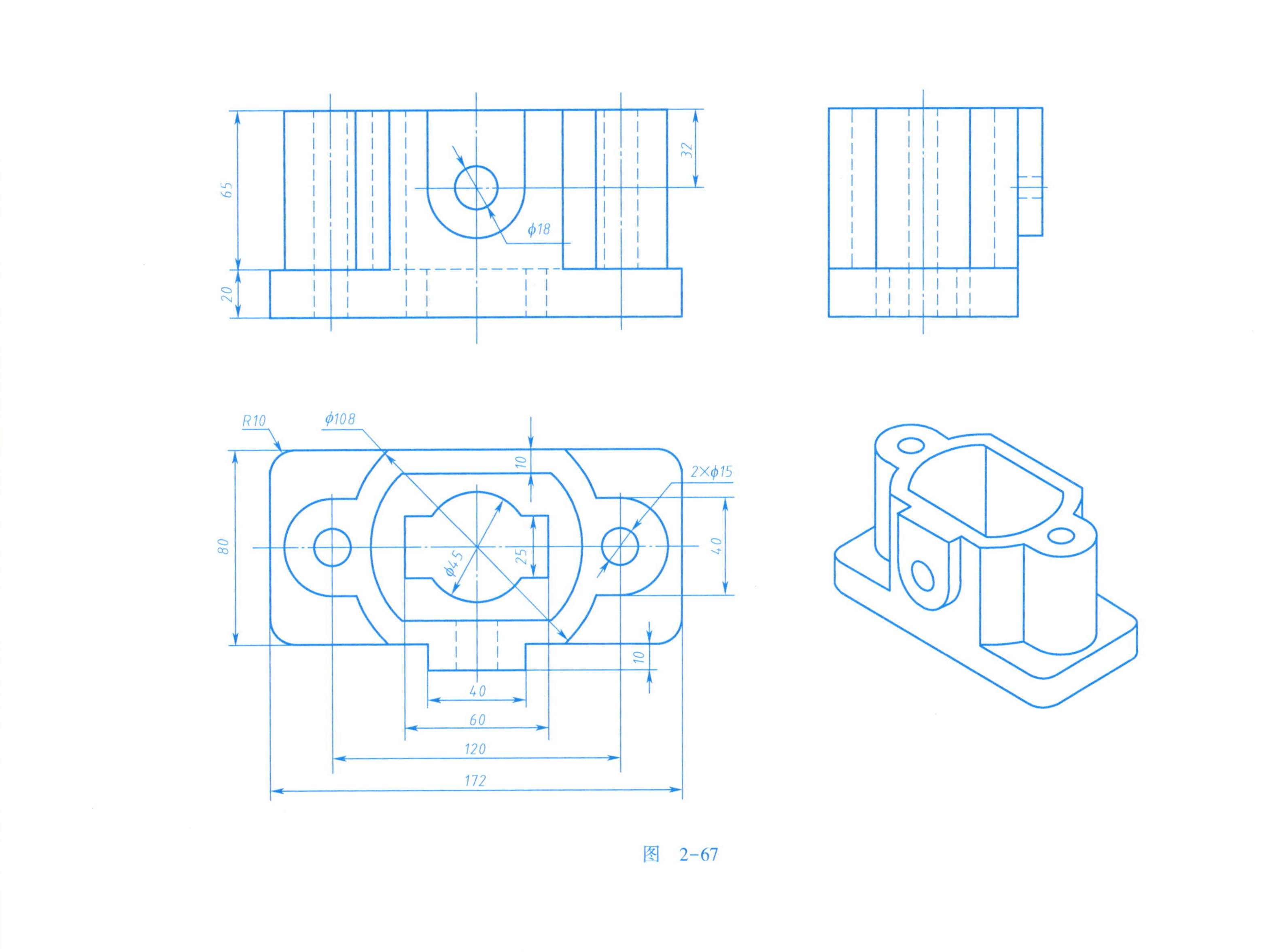

图 2-67

专业： 班级： 姓名： 学号： 年 月 日

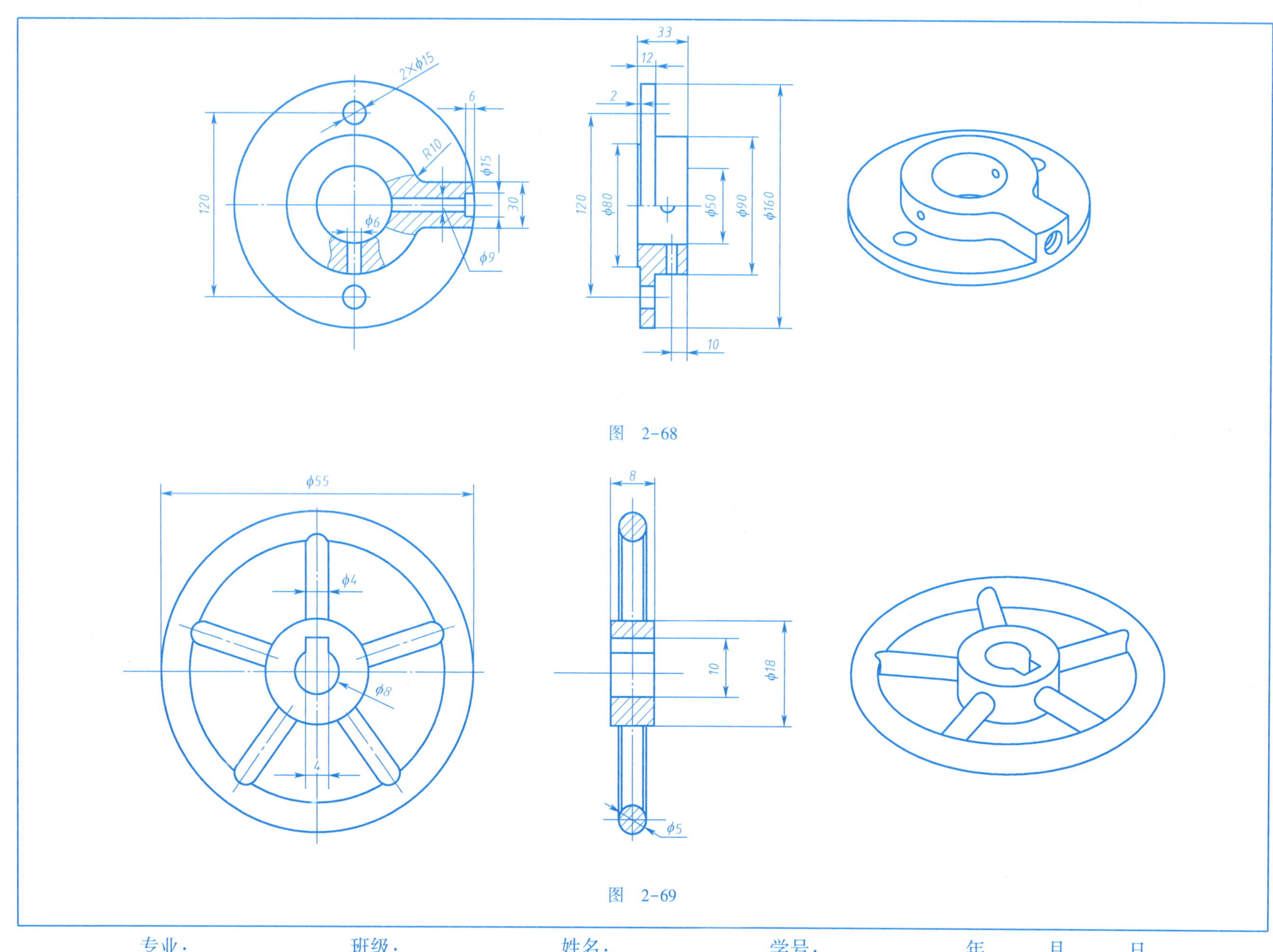

图 2-68

图 2-69

专业：　　班级：　　姓名：　　学号：　　年　月　日

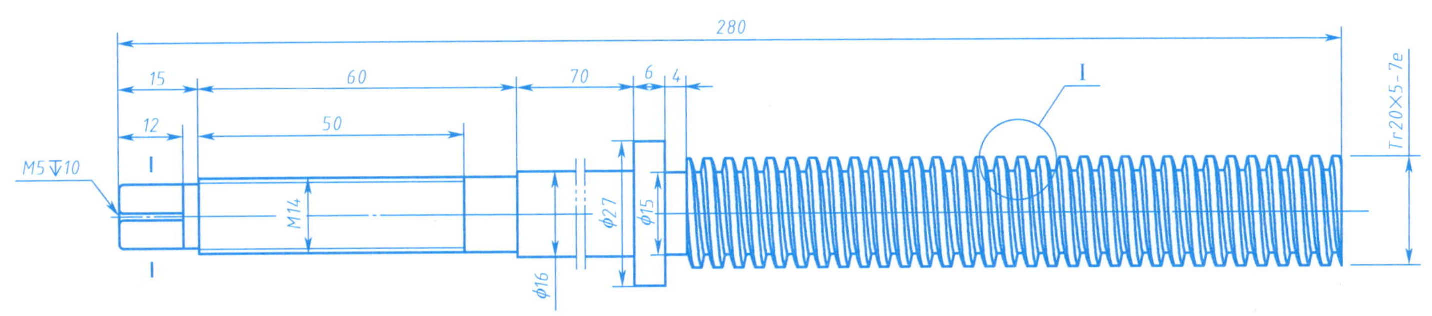

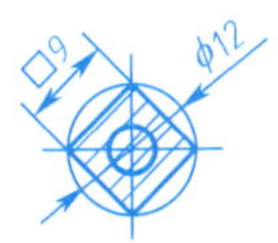

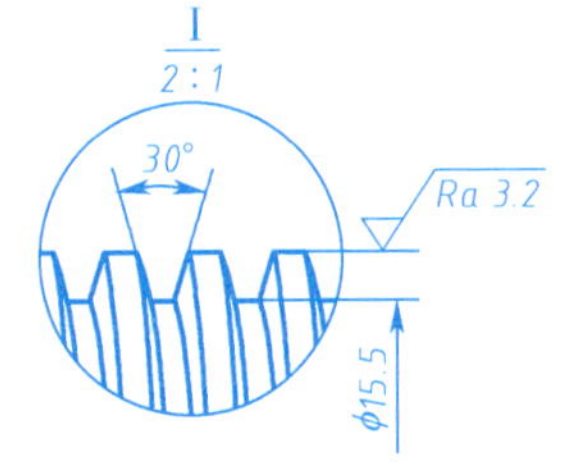

图 2-70

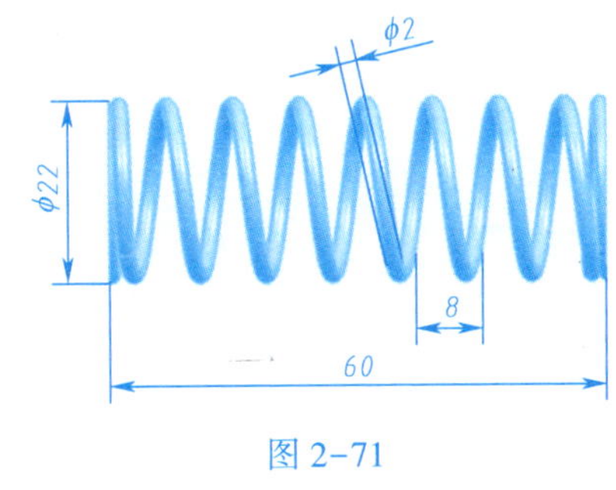

图 2-71

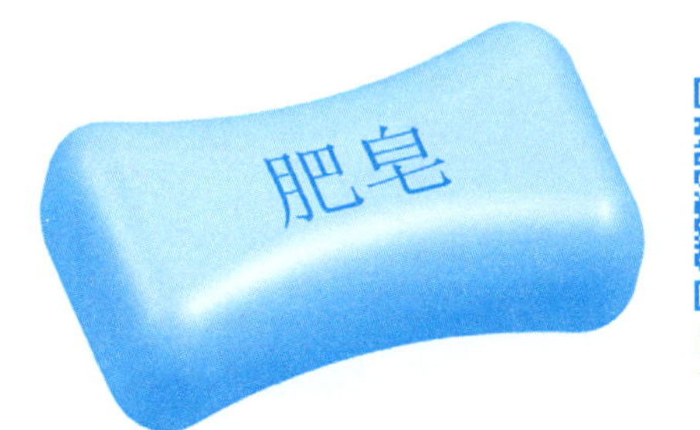

图 2-72 （根据形状建模，结构相似，尺寸自拟）

专业：　　班级：　　姓名：　　学号：　　年　　月　　日

图 2-73 （根据形状建模，结构相似，尺寸自拟）

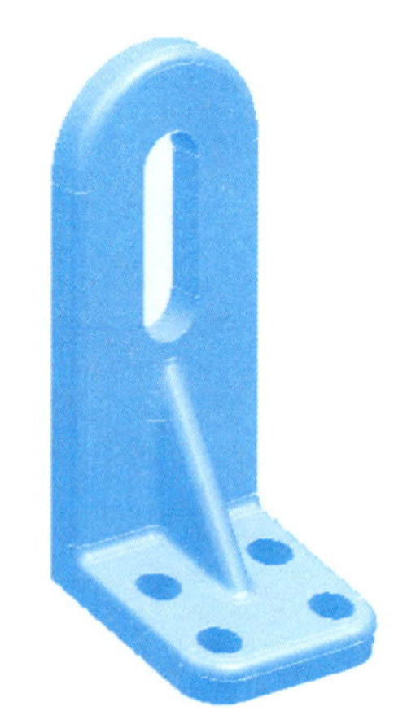

图 2-74 （根据形状建模，结构相似，尺寸自拟）

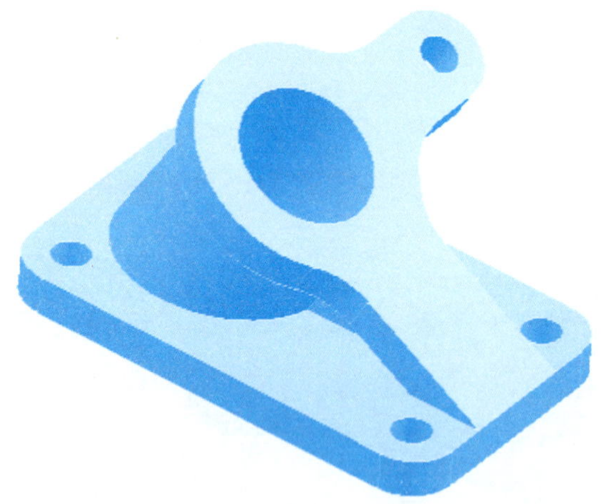

图 2-75 （根据形状建模，结构相似，尺寸自拟）

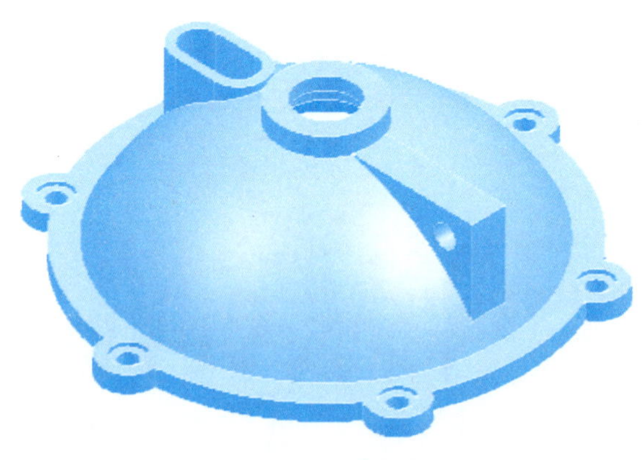

图 2-76 （根据形状建模，结构相似，尺寸自拟）

专业：　　班级：　　姓名：　　学号：　　年　月　日

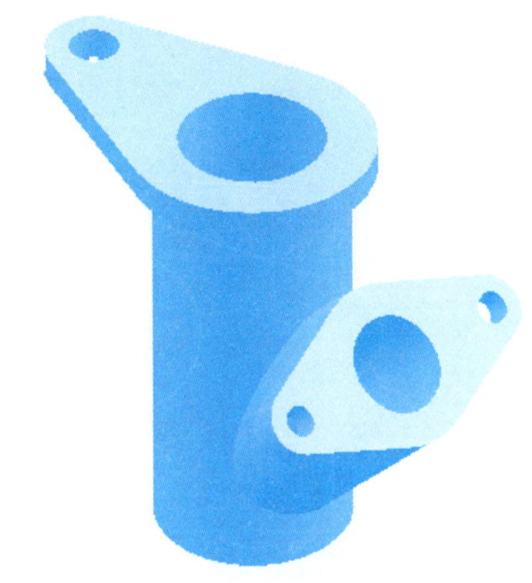

图 2-77 （根据形状建模，结构相似，尺寸自拟）

图 2-78 （根据形状建模，结构相似，尺寸自拟）

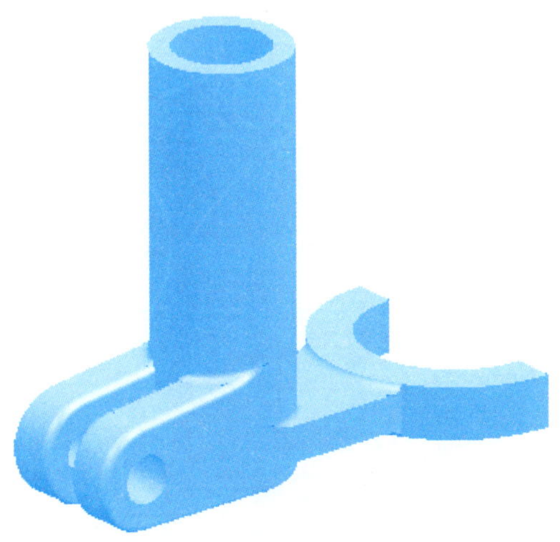

图 2-79 （根据形状建模，结构相似，尺寸自拟）

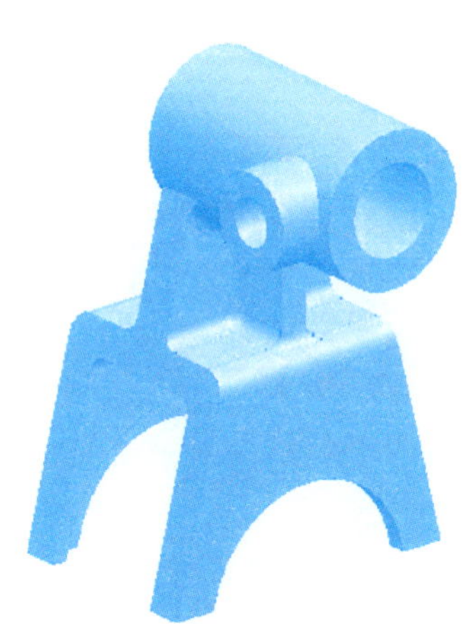

图 2-80 （根据形状建模，结构相似，尺寸自拟）

专业：　　班级：　　姓名：　　学号：　　年　　月　　日

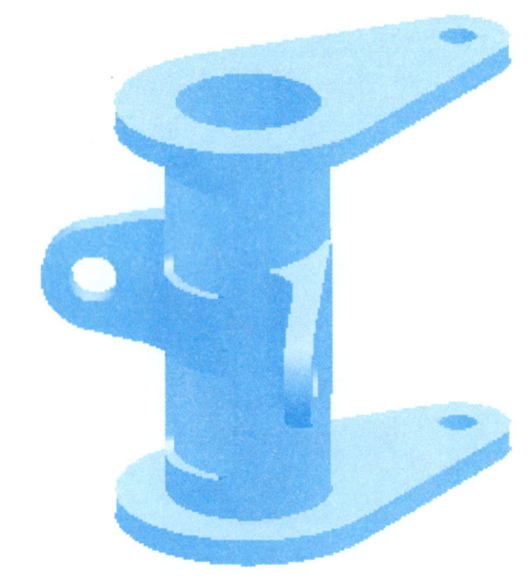

图 2-81 （根据形状建模，结构相似，尺寸自拟）

图 2-82 （根据形状建模，结构相似，尺寸自拟）

图 2-83 （根据形状建模，结构相似，尺寸自拟）

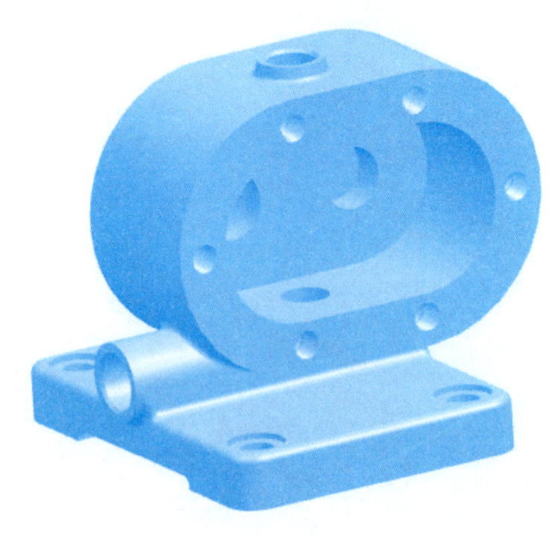

图 2-84 （根据形状建模，结构相似，尺寸自拟）

专业：　　班级：　　姓名：　　学号：　　年　月　日

3.1 基础技能训练

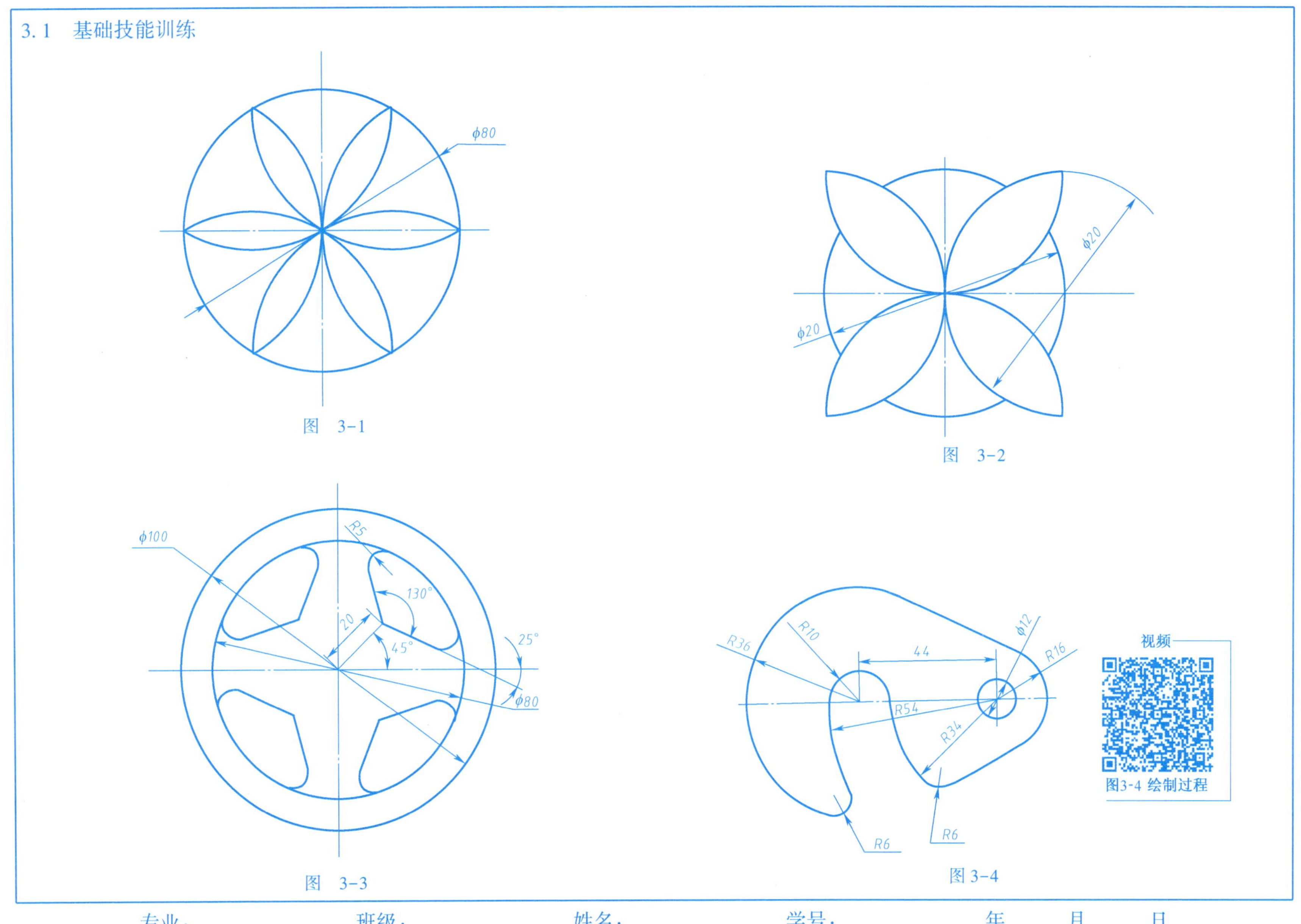

专业：　　班级：　　姓名：　　学号：　　年　月　日

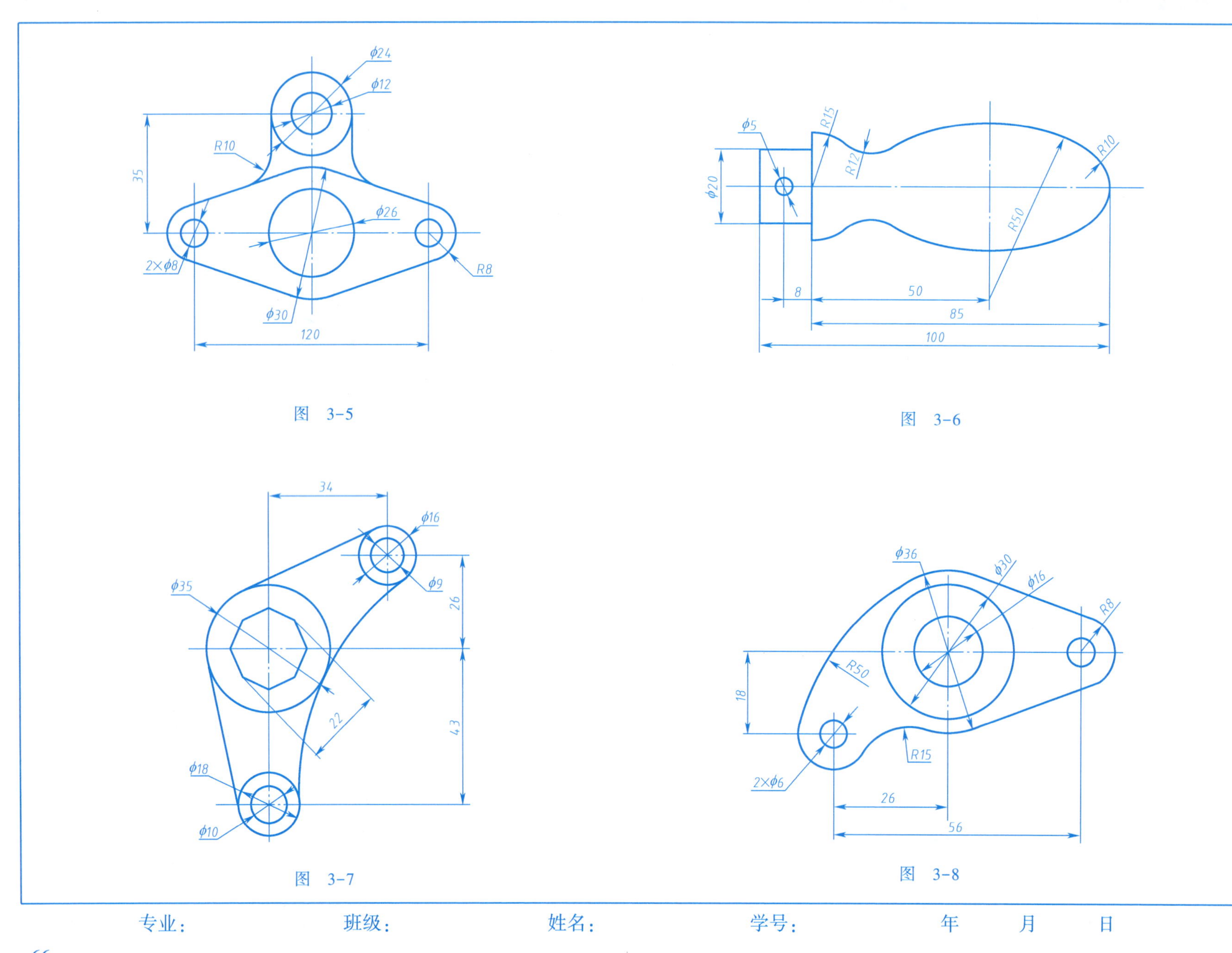

专业：　　　　班级：　　　　姓名：　　　　学号：　　　　年　　月　　日

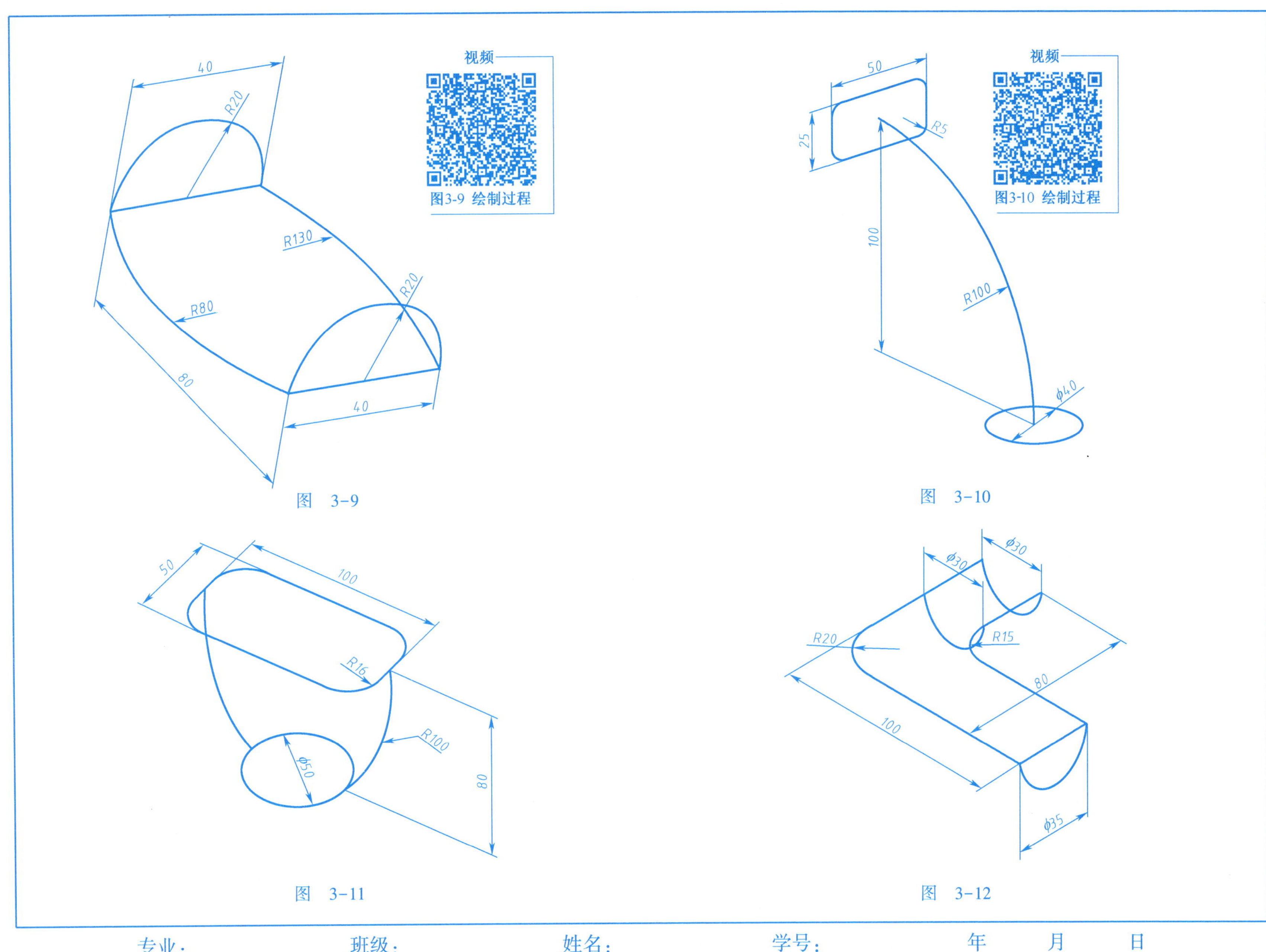

图 3-9

图 3-10

图 3-11

图 3-12

专业： 班级： 姓名： 学号： 年 月 日

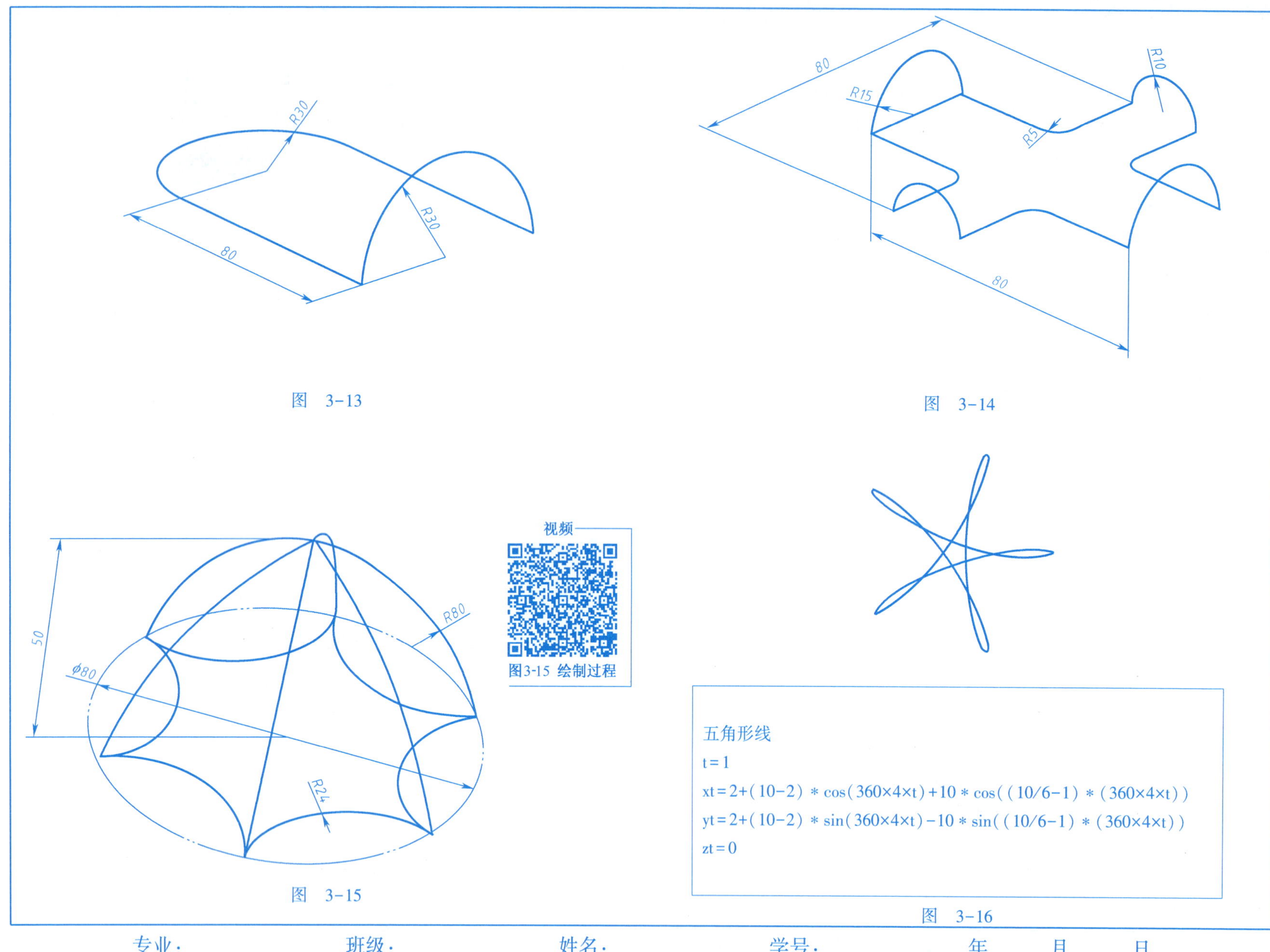

图 3-13

图 3-14

图 3-15

图 3-16

专业： 班级： 姓名： 学号： 年 月 日

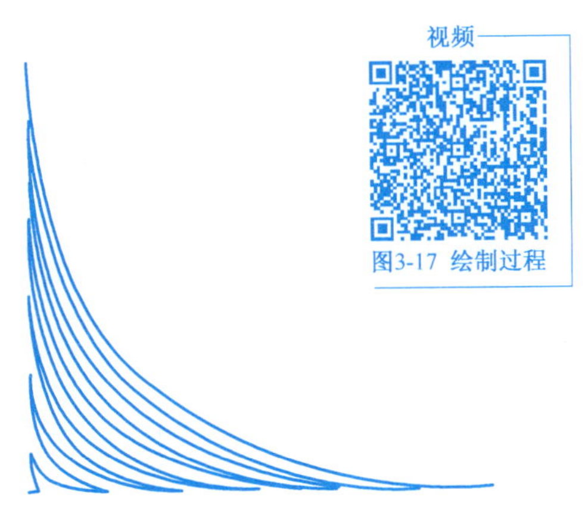

视频

图3-17 绘制过程

热带鱼

a=3

t=1

xt=[a*(cos(t*360*3)^4]*t

yt=[a*(sin(t*360*3)^4]*t

zt=0

图 3-17

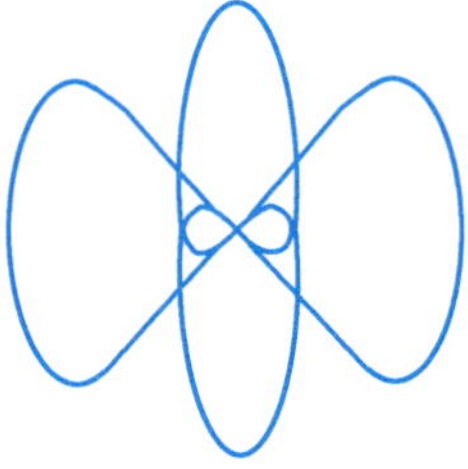

小飞机

t=1

xt=cos(t*360)+cos(3*t*360)

yt=sin(t*360)+sin(5*t*360)

zt=0

图 3-18

专业： 班级： 姓名： 学号： 年 月 日

3.2 技能提升训练

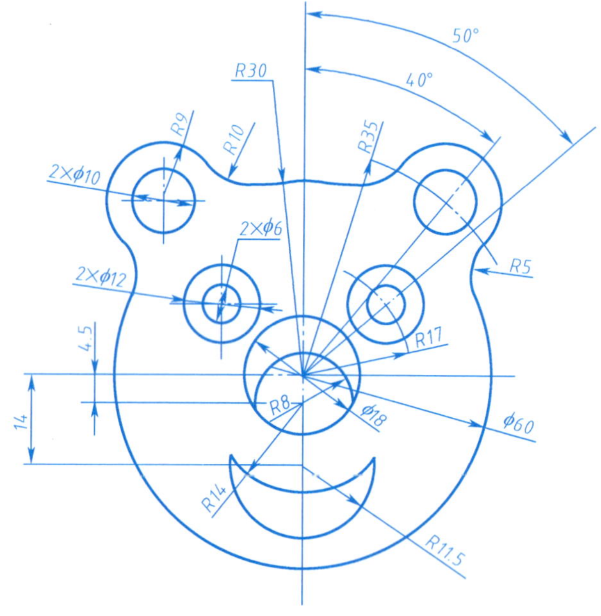

图 3-19

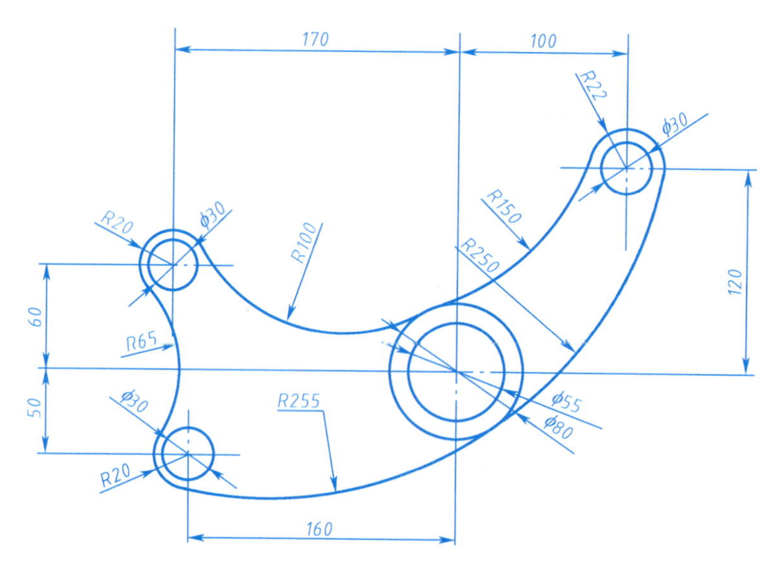

图 3-20

专业： 班级： 姓名： 学号： 年 月 日

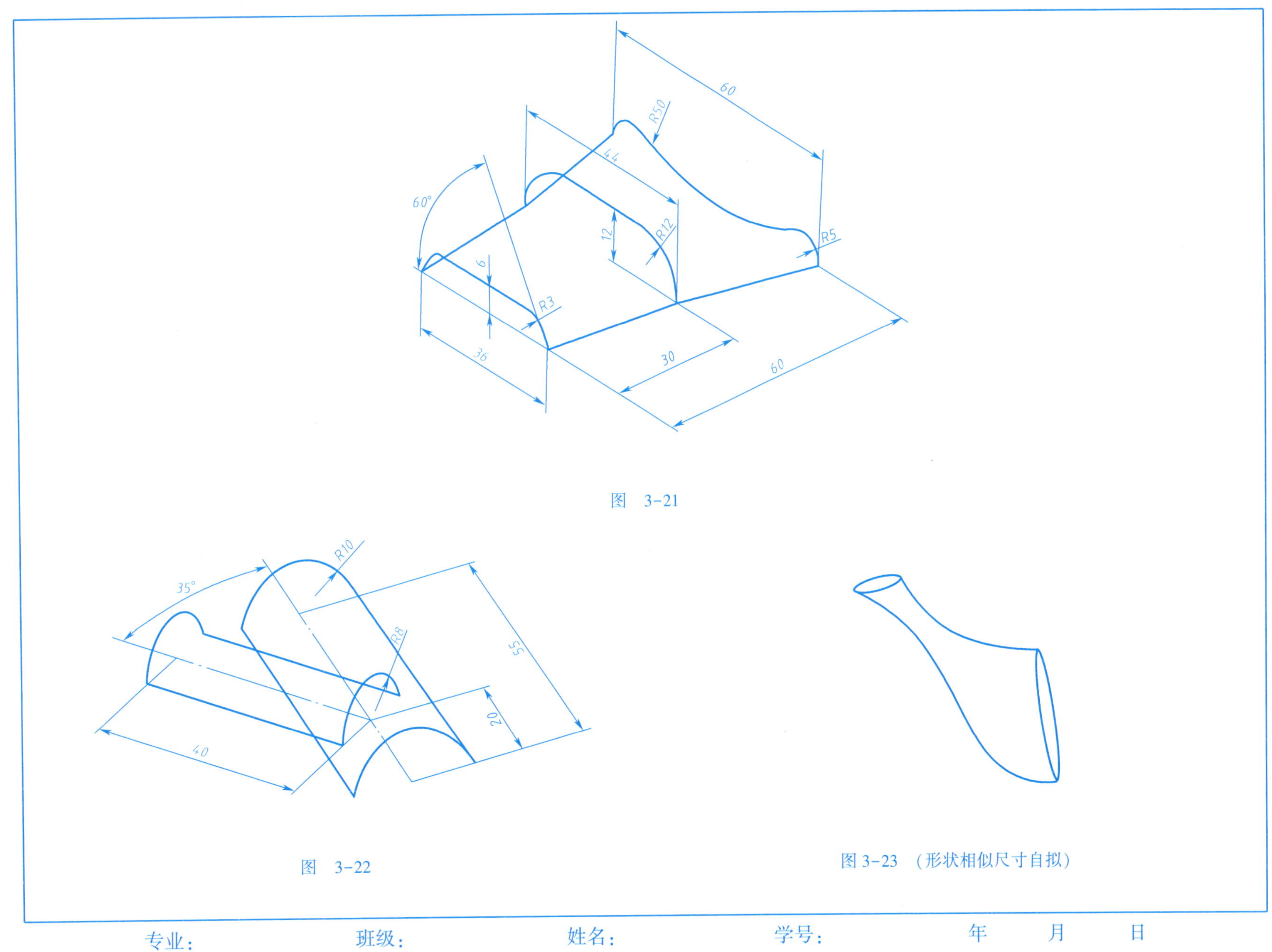

图 3-21

图 3-22

图 3-23 （形状相似尺寸自拟）

专业：　　班级：　　姓名：　　学号：　　年　月　日

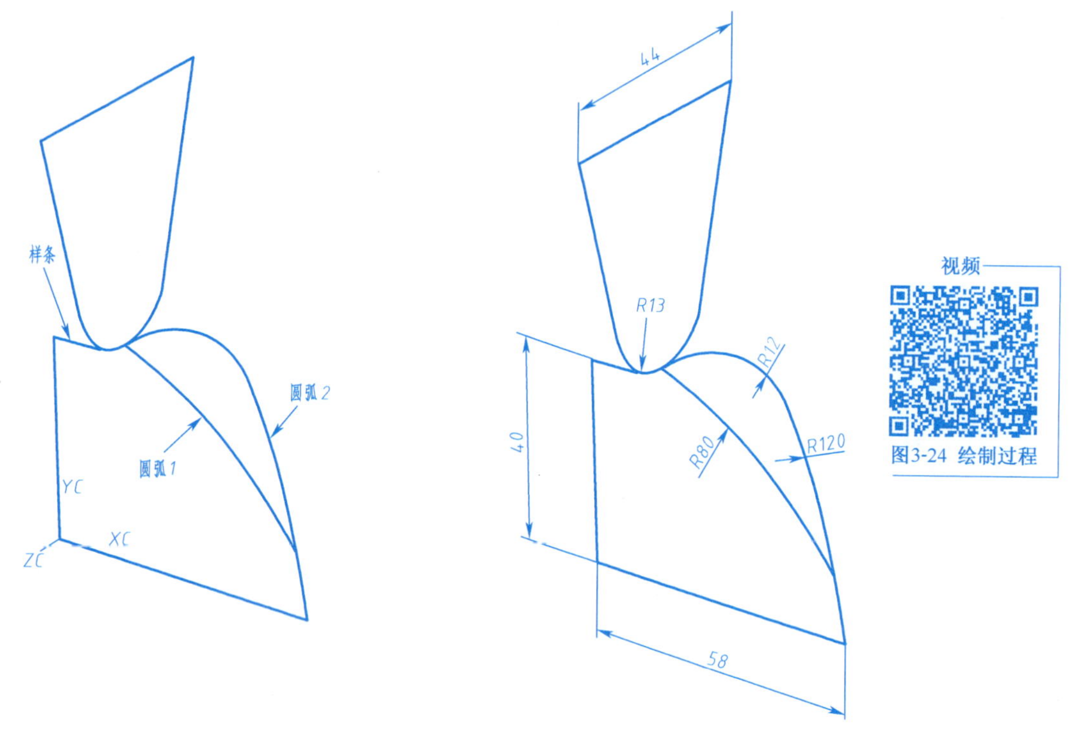

图 3-24

已知：（1）圆弧 1 为起点在(58,10,0)，终点在(16.6,43,0)，半径为 80 的圆弧；

（2）圆弧 2 为起点在(58,0,0)，终点在(42,50.5,0)，半径为 120 的圆弧；

（3）样条为一经过下列点的样条曲线：(0,40,0)、(3.88,40.13,0)、(8.36,40.55,0)、(13.5,41.7,0)、(16.6,43,0)、(23.64,47.28,0)、(29.3,49.5,0)、(35.75,50.17,0)、(42,50.5,0)；

（4）在样条和圆弧 2 之间作 *R*12 的圆角。

专业：　　　　班级：　　　　姓名：　　　　学号：　　　　年　　月　　日

3.3 技能巩固训练

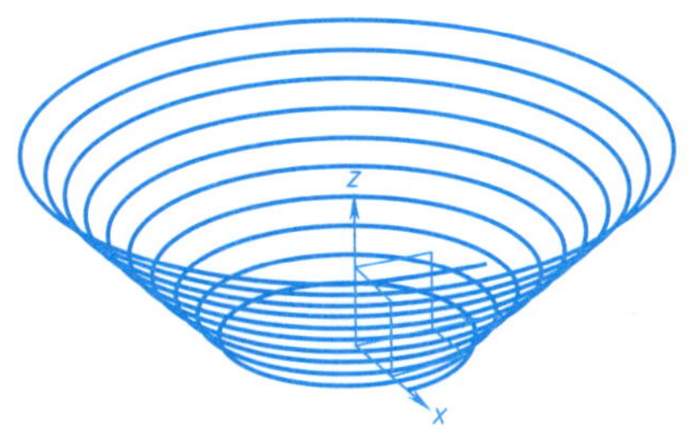

塔形螺旋曲线

```
t=0
r= t * 90+50
theta=t * 360 * 10
xt=r * cos(theta)
yt=r * sin(theta)
z=t * 90
```

图 3-25

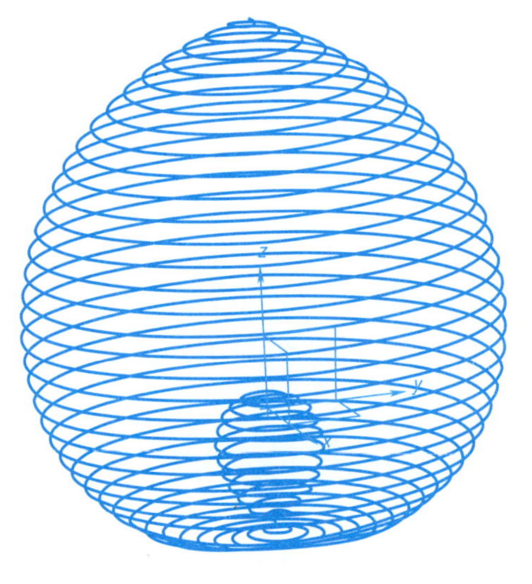

子母桃曲线

```
t=0
r=t^3+t * (t+1)
theta= t * 360
phi=t^2 * 360 * 50
xt=r * sin(theta) * cos(phi)
yt=r * sin(theta) * sin(phi)
zt=r * cos(theta)
```

图 3-26

专业：　　班级：　　姓名：　　学号：　　年　　月　　日

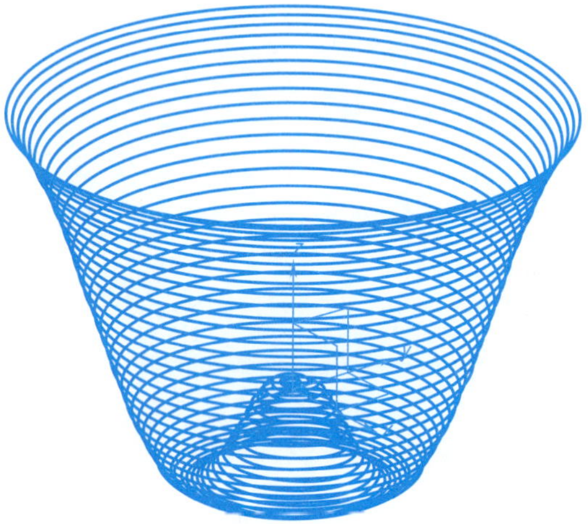

铃铛曲线

t=0

r=t^3+t * (t+1)

theta= t * 360

phi=t^2 * 360 * 50

xt=r * cos(phi)

yt=r * sin(phi)

zt=r * cos(theta)

图 3-27

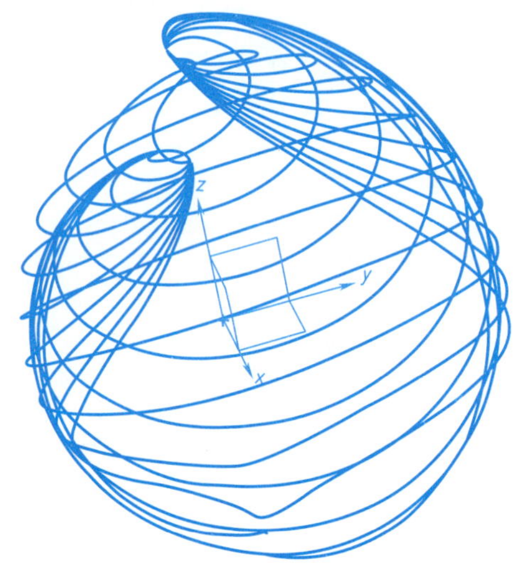

两鱼相望曲线

t=0

phi=t * 360 * 20

theta=t * 180 * cos(t * 360 * 10)

r=40+10 * sin(t * 360 * 10)

xt=r * sin(theta) * cos(phi)

yt=r * sin(theta) * sin(phi)

zt=r * cos(theta)

图 3-28

专业：　　　　班级：　　　　姓名：　　　　学号：　　　　年　　月　　日

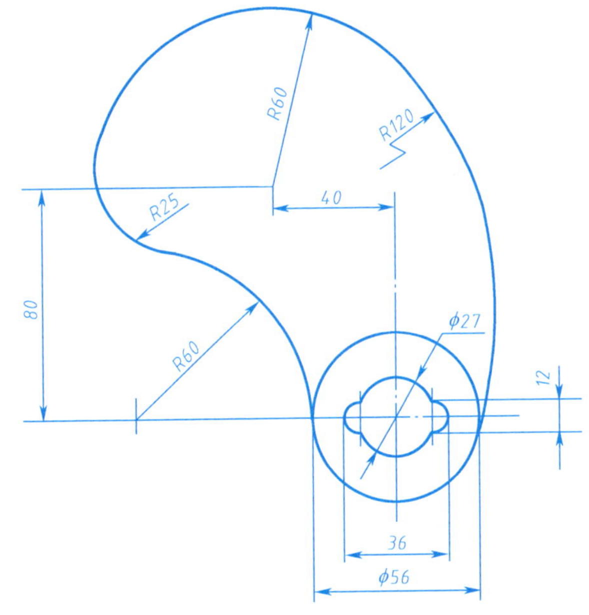

图 3-29

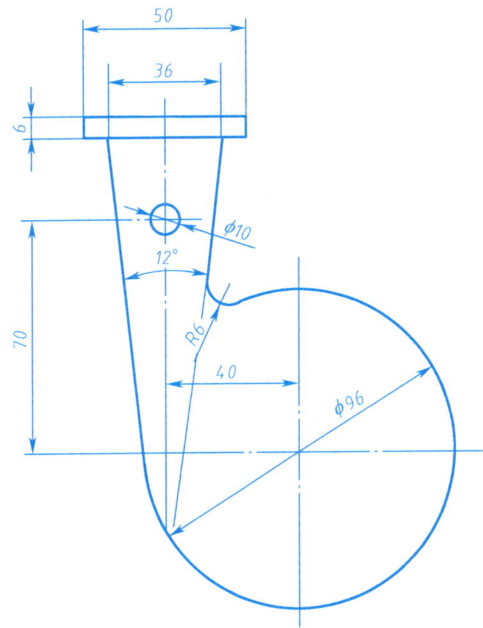

图 3-30

专业：　　班级：　　姓名：　　学号：　　年　月　日

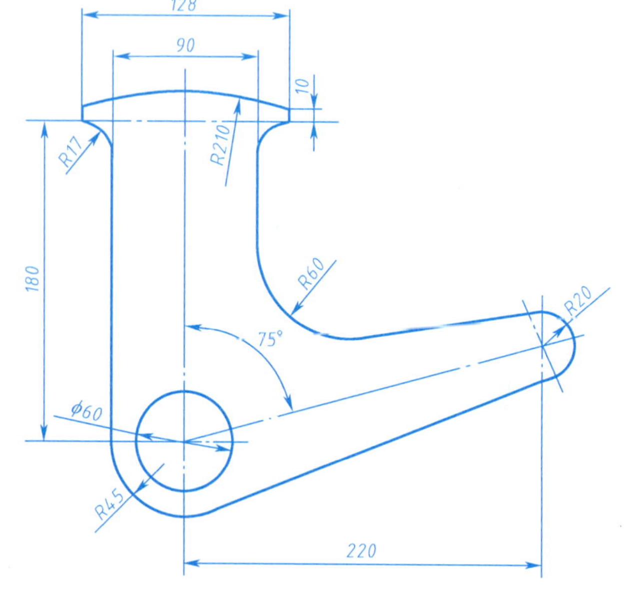

图 3-31

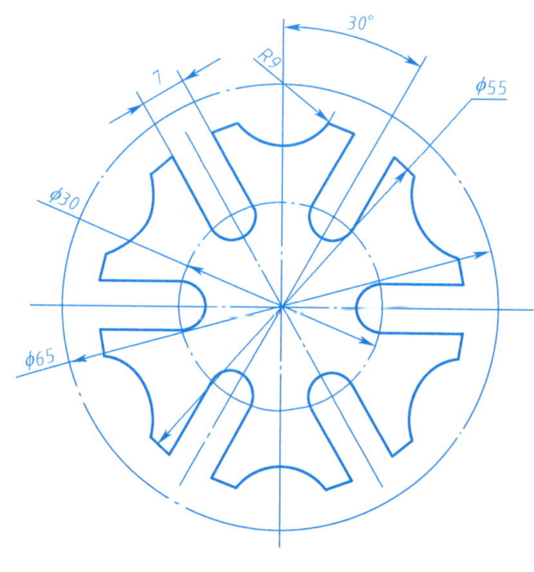

图 3-32

专业：　　　班级：　　　姓名：　　　学号：　　　年　　月　　日

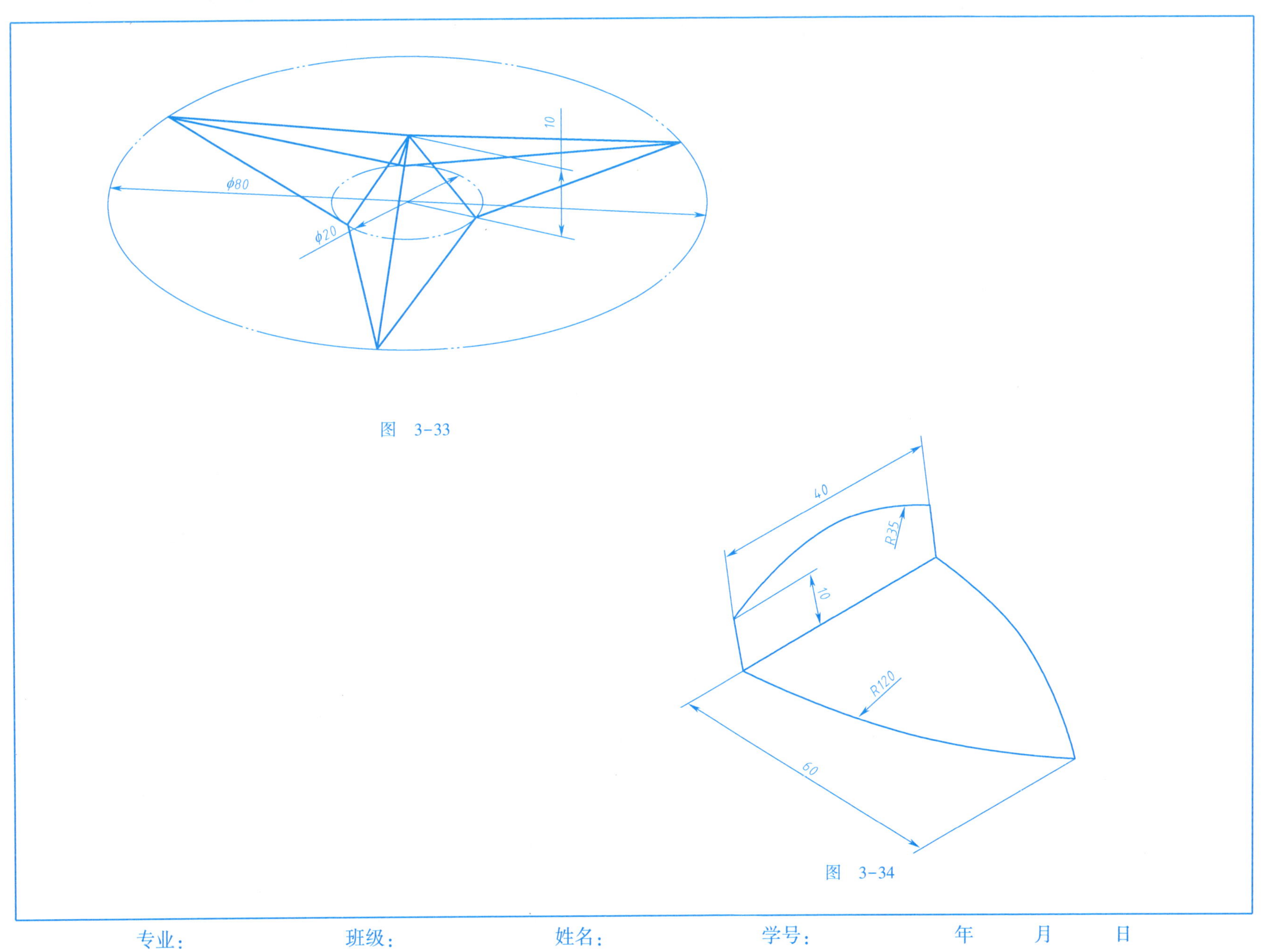

图 3-33

图 3-34

专业：　　班级：　　姓名：　　学号：　　年　　月　　日

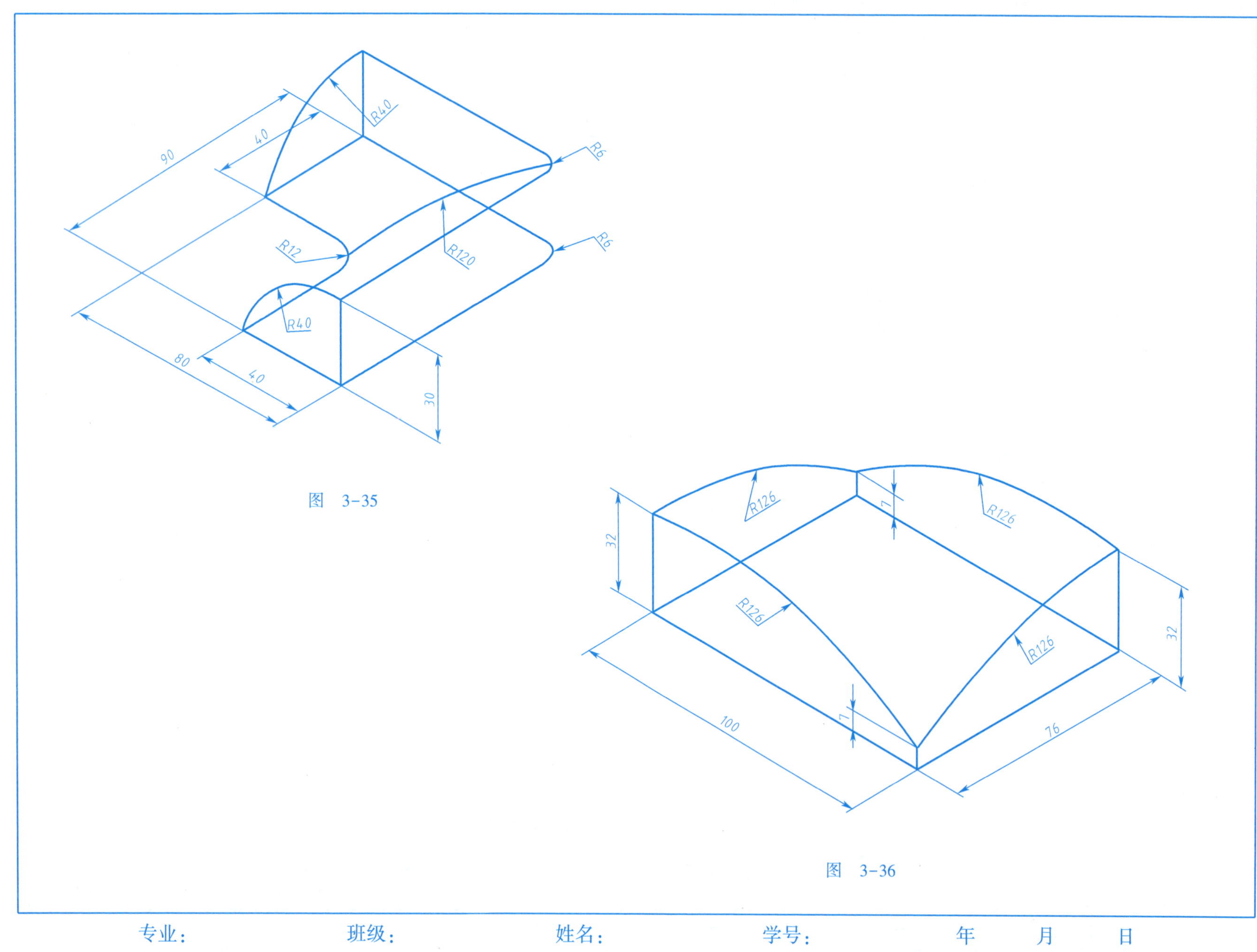

图 3-35

图 3-36

专业： 班级： 姓名： 学号： 年 月 日

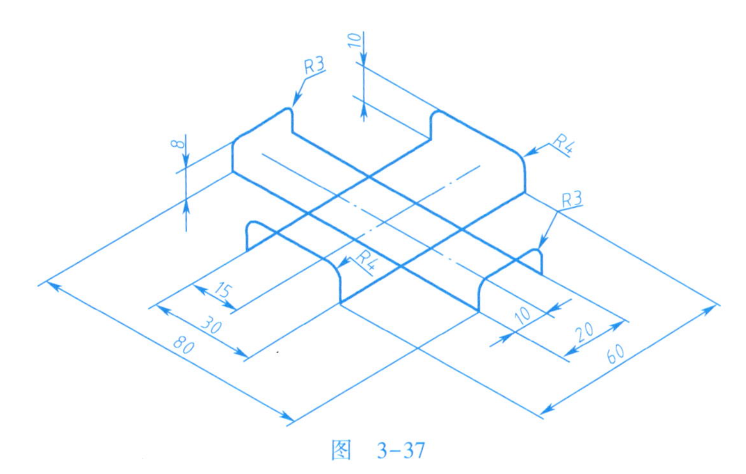

图 3-37

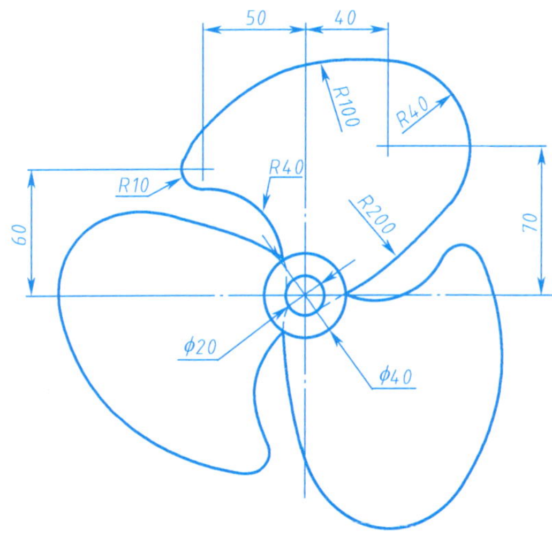

图 3-38

专业：　　班级：　　姓名：　　学号：　　年　　月　　日

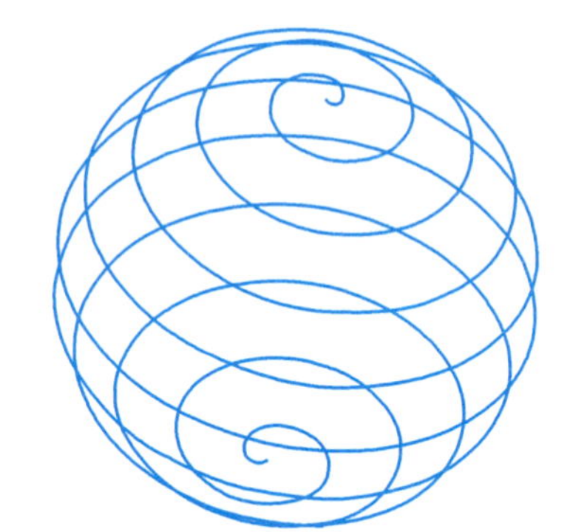

图 3-39

球面螺旋曲线

```
t=1
theta=t * 180
pri=t * 3600
r=40
xt=r * sin(theta) * cos(pri)
yt=r * sin(theta) * sin(pri)
zt=r * cos(theta)
```

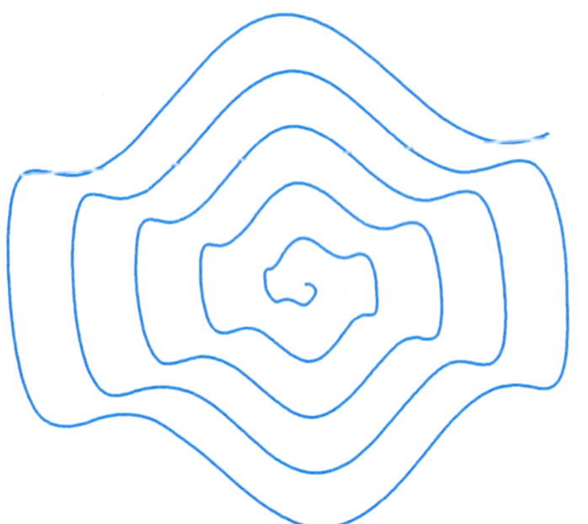

图 3-40

波纹曲线

```
t=1
xt=50 * sin(5 * 360 * t) * t/5
yt=50 * cos(5 * 360 * t) * t/5
zt=10 * sin(25 * 360 * t) * t/5
```

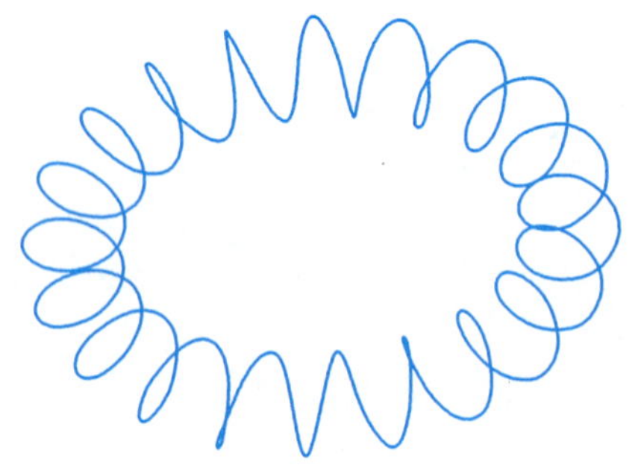

图 3-41

环形弹簧曲线

```
t=1
a=20
b=4
n=20(圈数)
xt=(a+b * sin(t * 360 * n)) * sin(t * 360)
```

专业： 班级： 姓名： 学号： 年 月 日

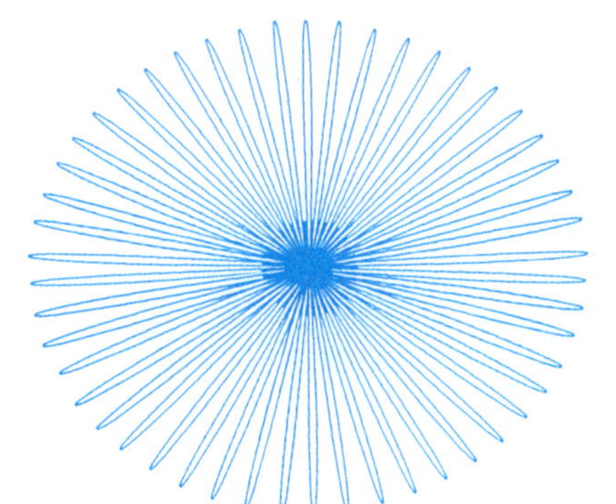

太阳线

t=1

theta=t * 360

r=1.5 * cos(50 * theta)+1

xt=r * cos(theta)

yt=r * sin(theta)

图 3-42

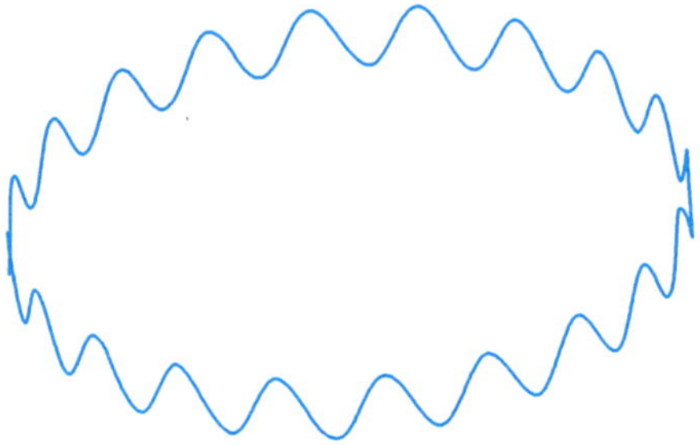

波浪曲线

t=1

a=60

xt=a * sin(360 * t)

vt=a * cos(360 * t)

图 3-43

六叶花形曲线

t=1

theta=t * 360

r=5-(3 * sin(theta * 3))^2

xt=r * cos(theta)

yt=r * sin(theta)

图 3-44

专业：　　班级：　　姓名：　　学号：　　年　　月　　日

4.1 基础技能训练

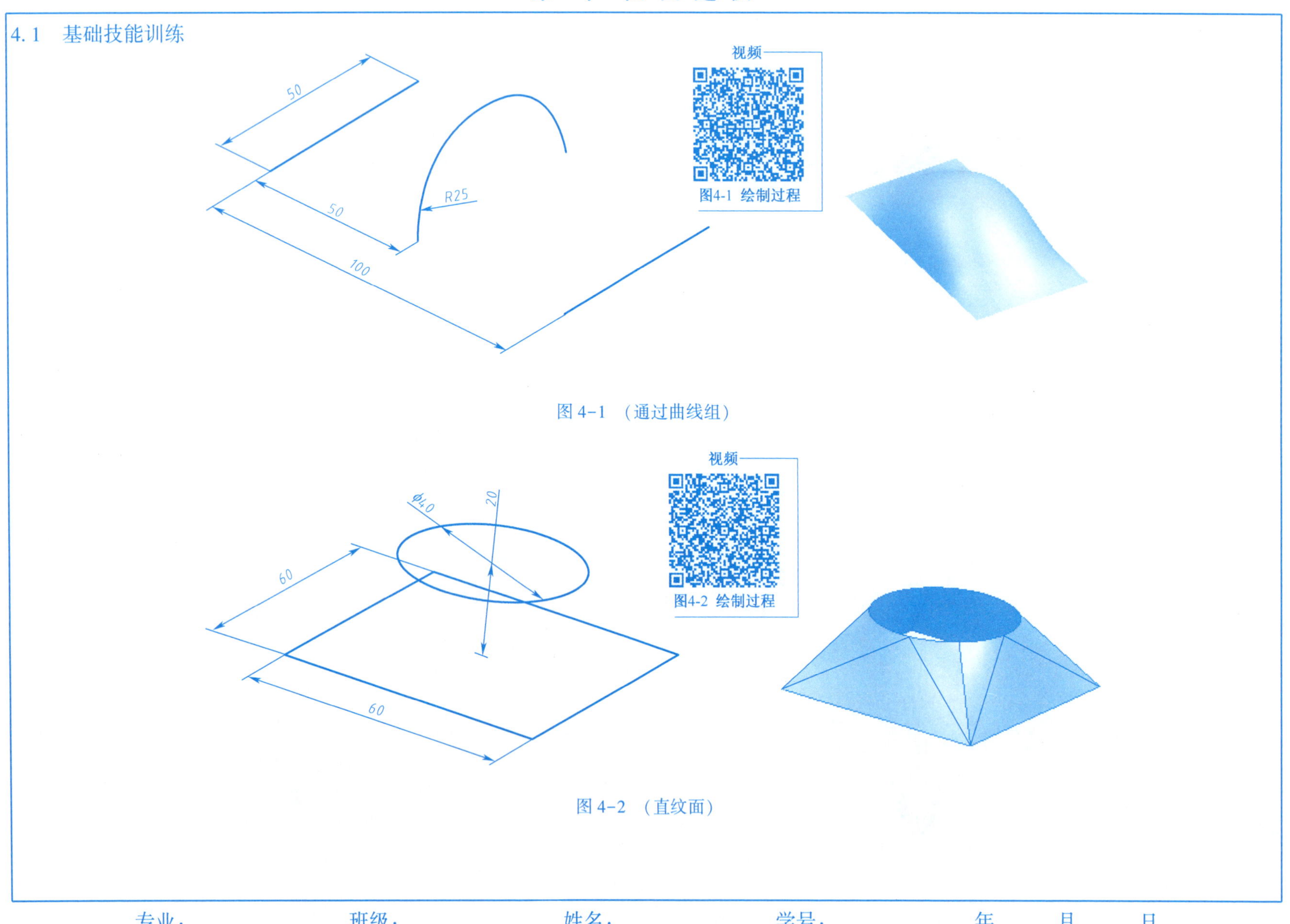

专业： 班级： 姓名： 学号： 年 月 日

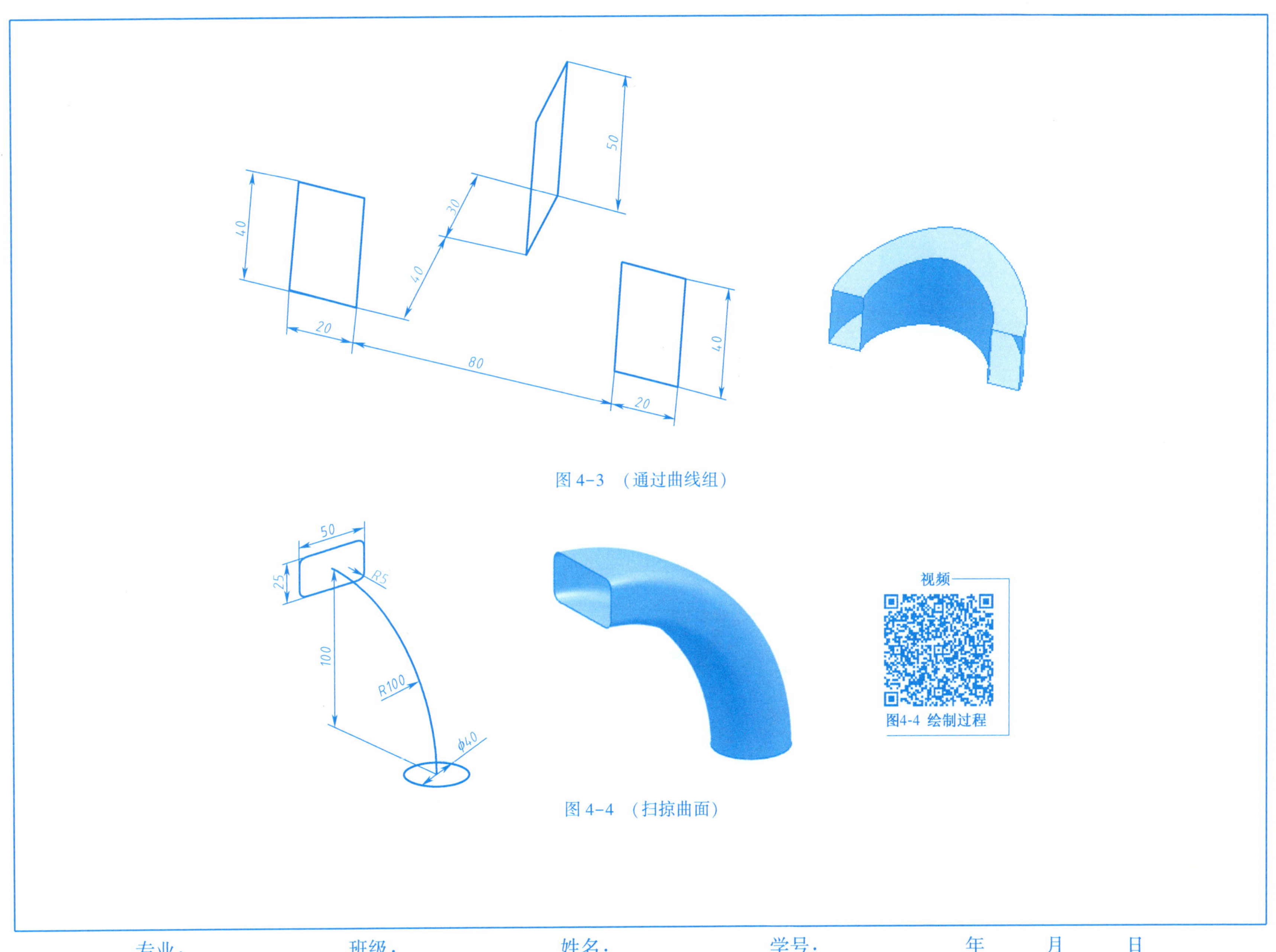

图 4-3 （通过曲线组）

图 4-4 （扫掠曲面）

专业：　　班级：　　姓名：　　学号：　　年　　月　　日

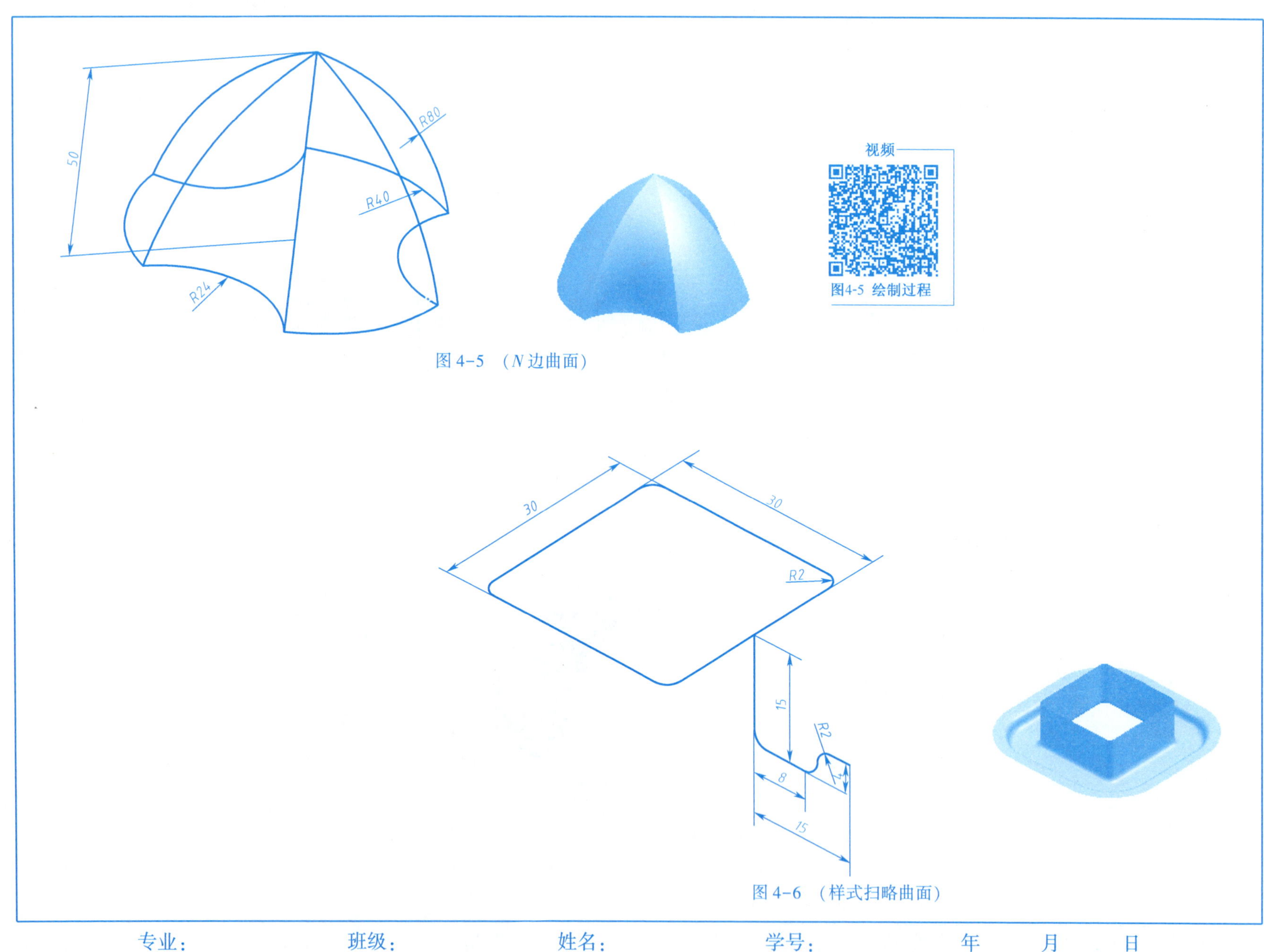

图 4-5 （*N* 边曲面）

图 4-6 （样式扫略曲面）

专业： 班级： 姓名： 学号： 年 月 日

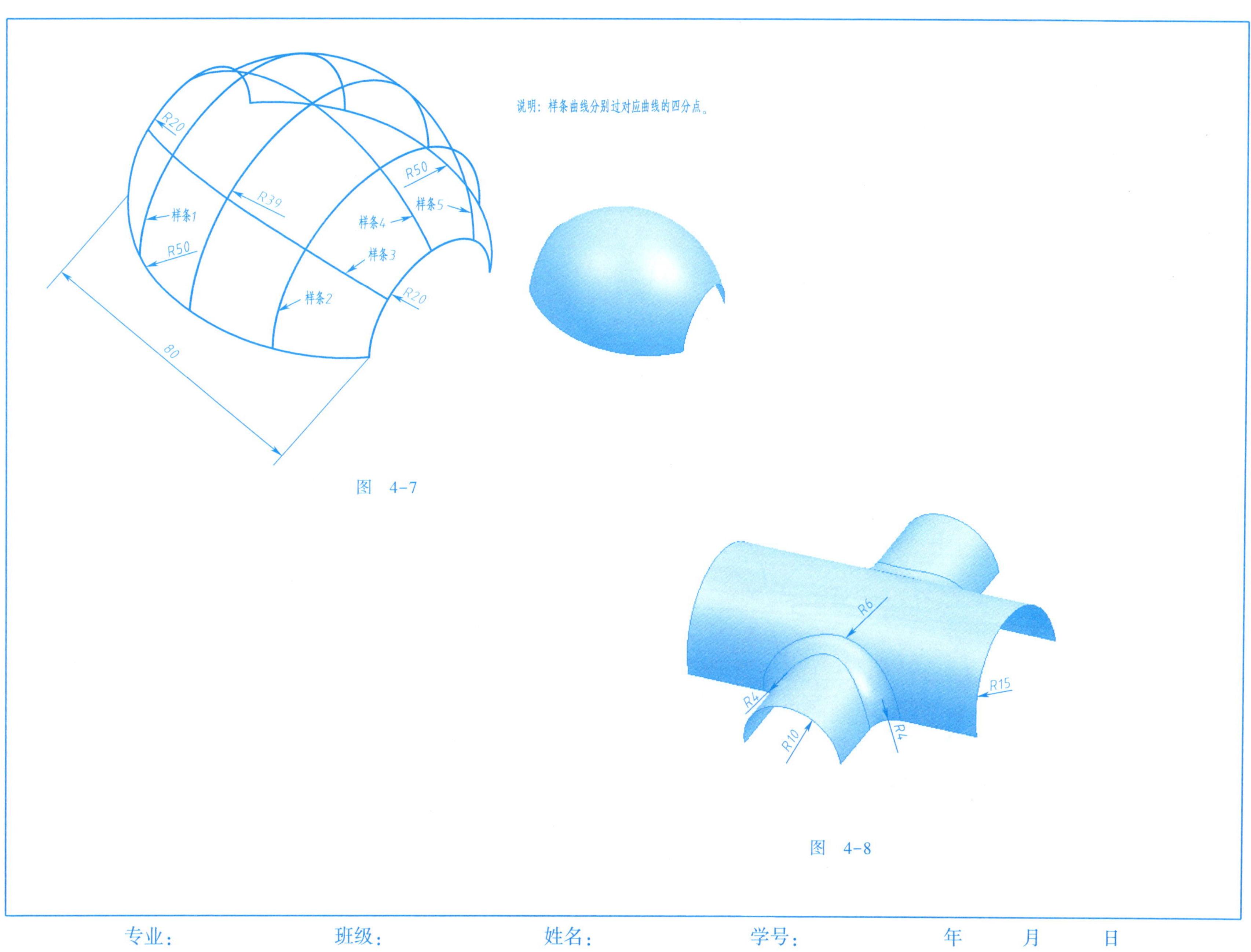

图 4-7

图 4-8

专业： 班级： 姓名： 学号： 年 月 日

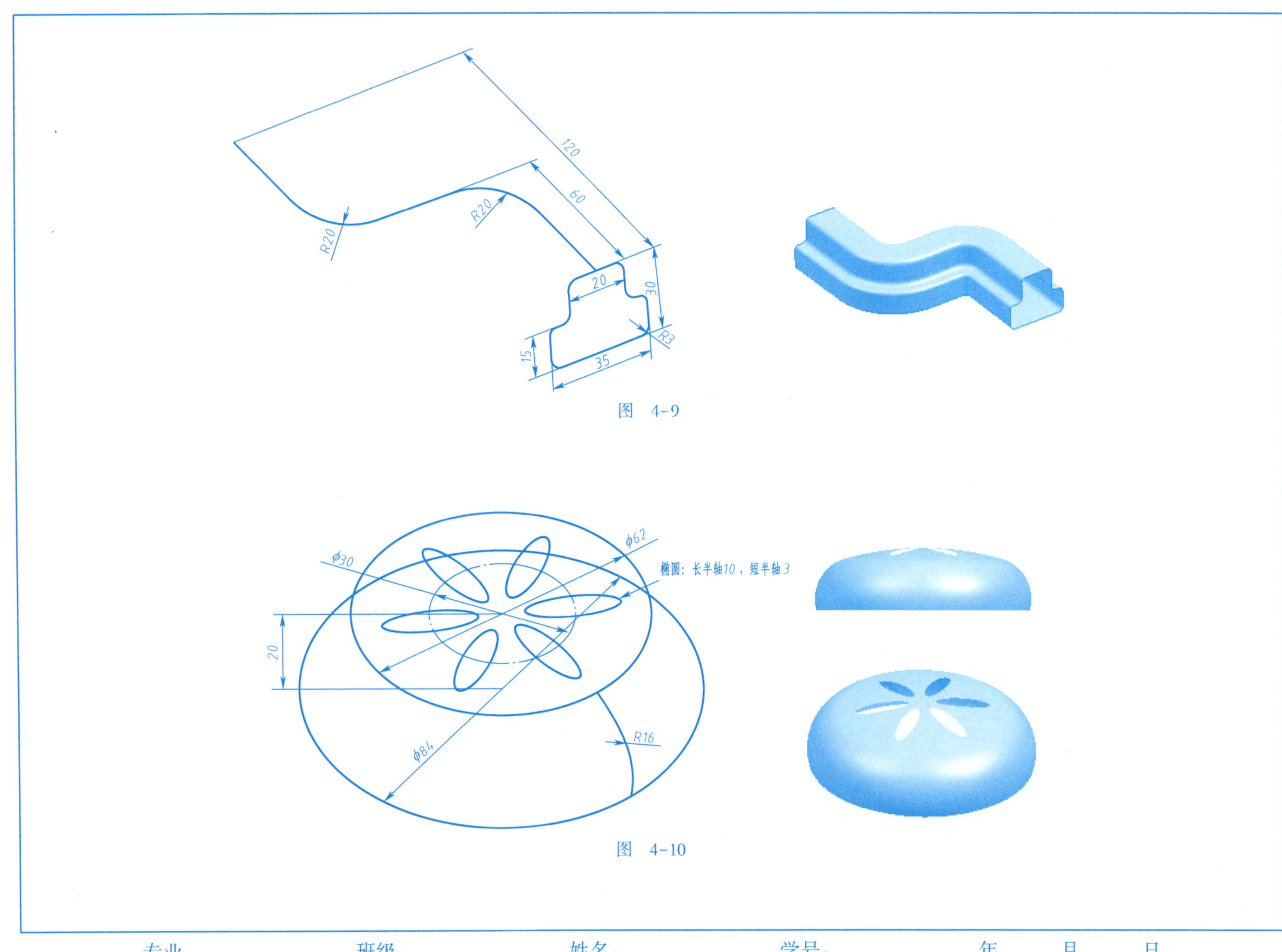

图 4-9

图 4-10

专业：　　班级：　　姓名：　　学号：　　年　月　日

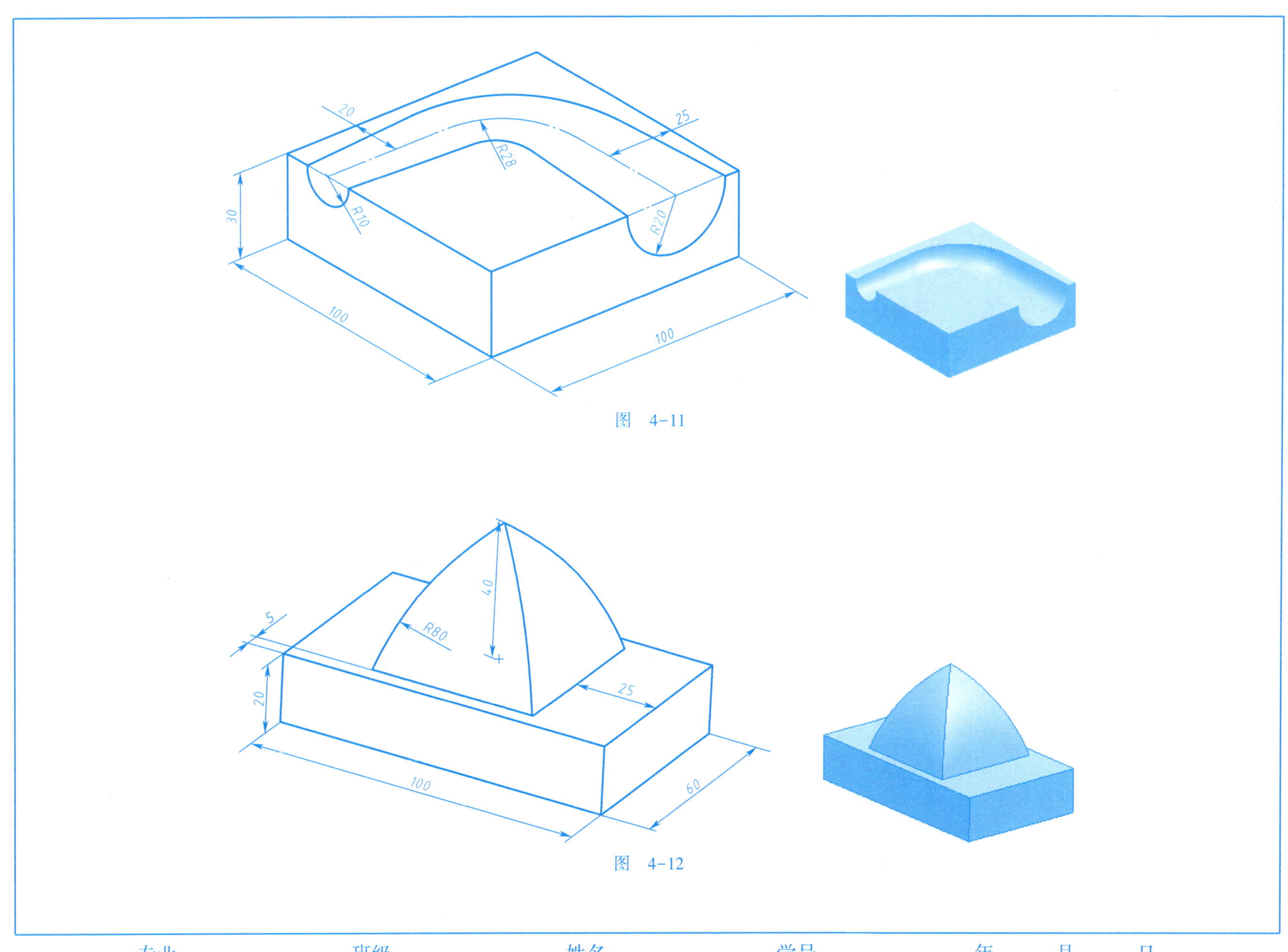

图 4-11

图 4-12

专业：　　班级：　　姓名：　　学号：　　年　月　日

4.2 技能提升训练

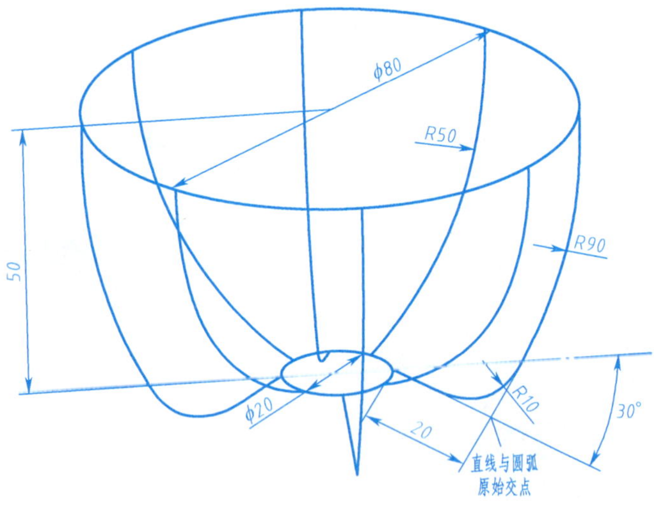

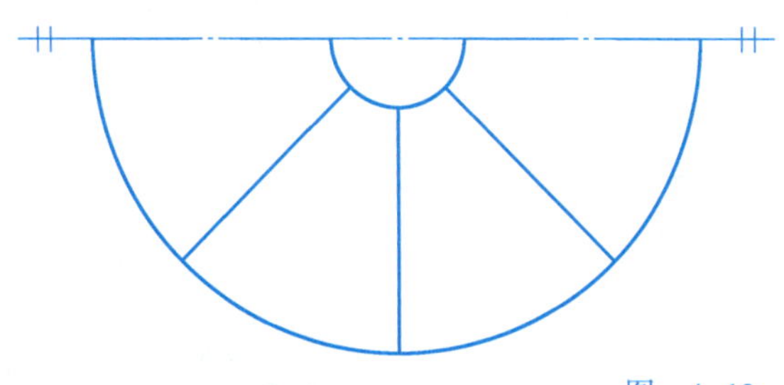

图 4-13

专业： 班级： 姓名： 学号： 年 月 日

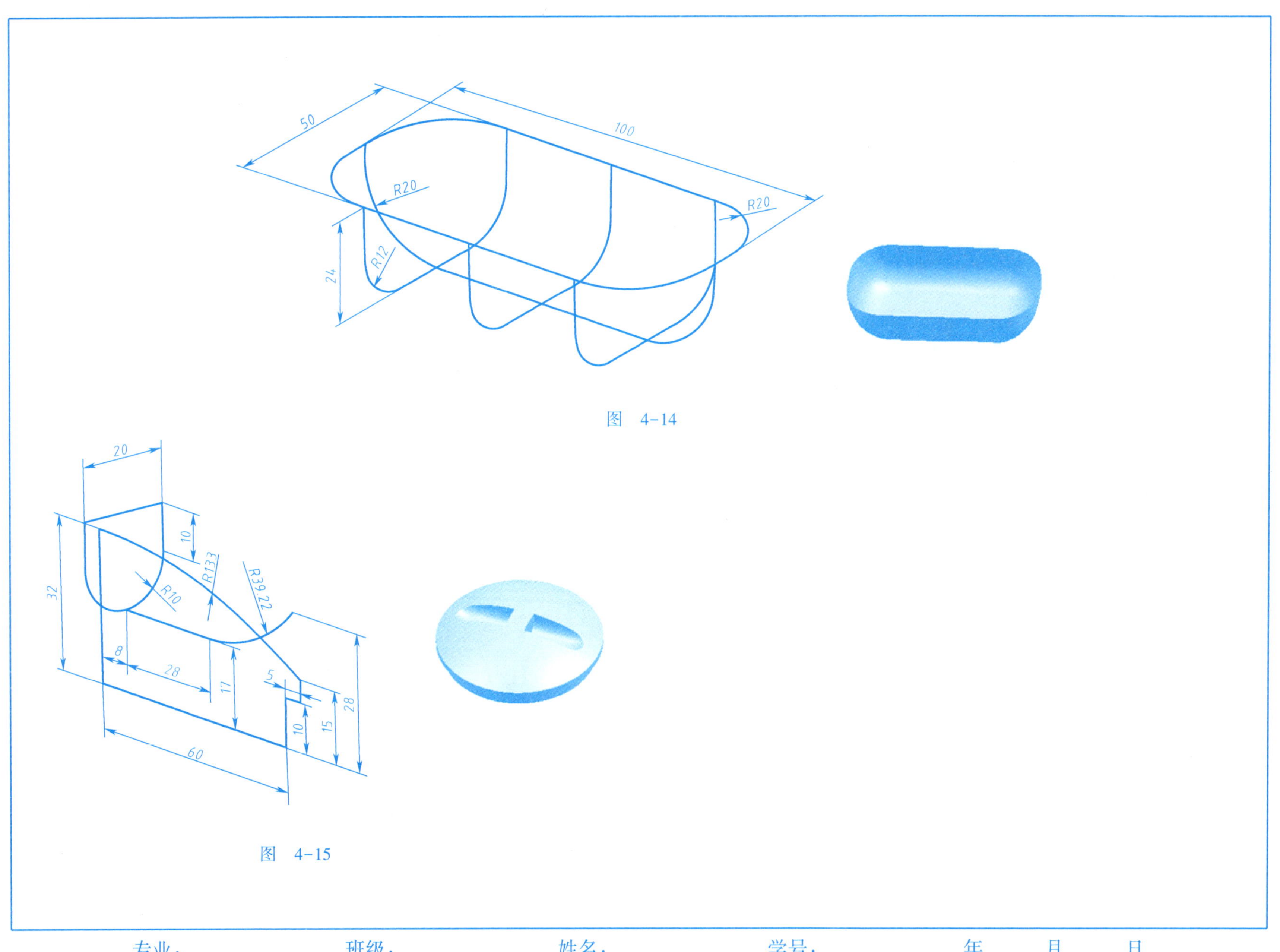

图　4-14

图　4-15

专业：　　　　班级：　　　　姓名：　　　　学号：　　　　年　　月　　日

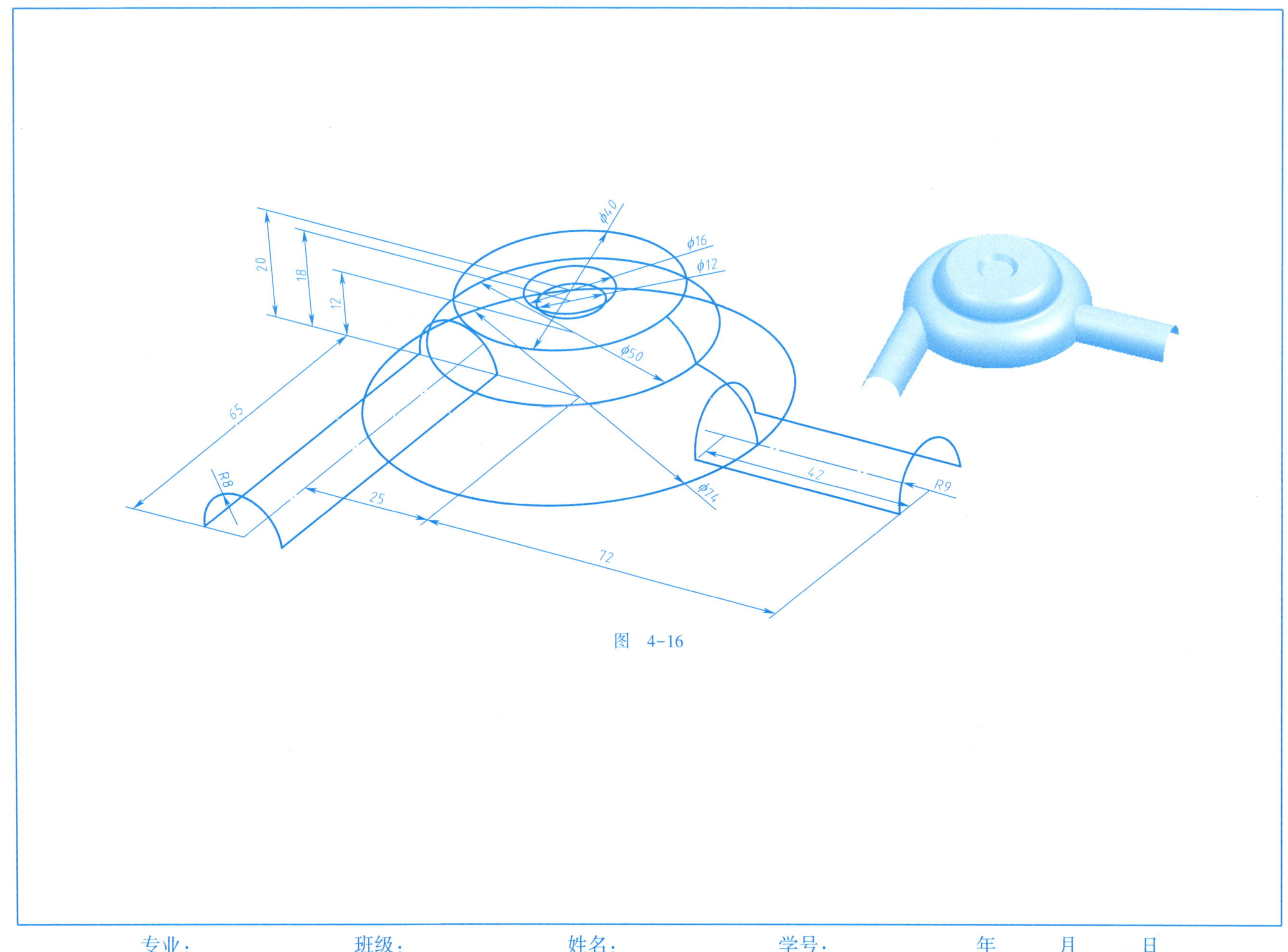

图 4-16

专业： 班级： 姓名： 学号： 年 月 日

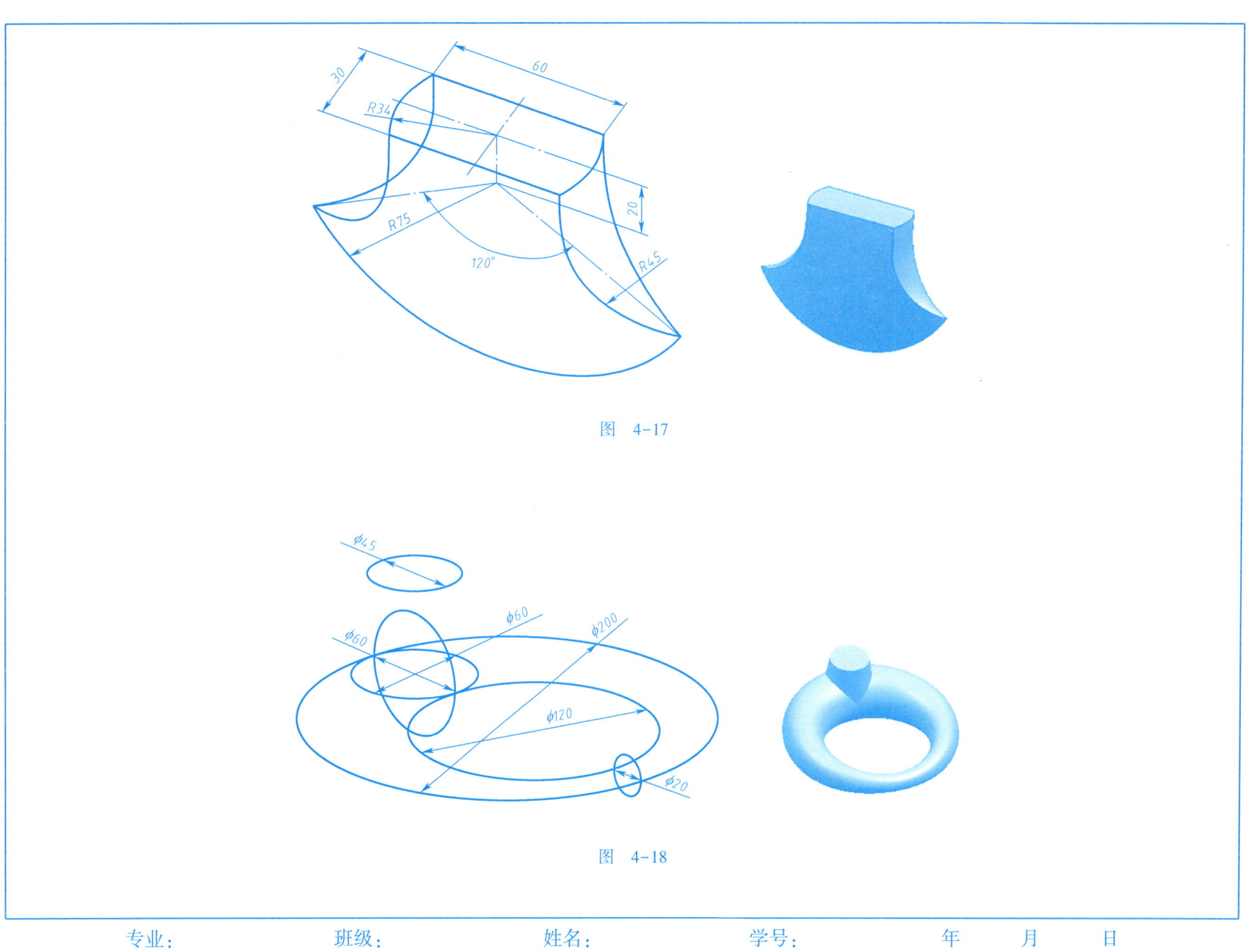

图 4-17

图 4-18

专业： 班级： 姓名： 学号： 年 月 日

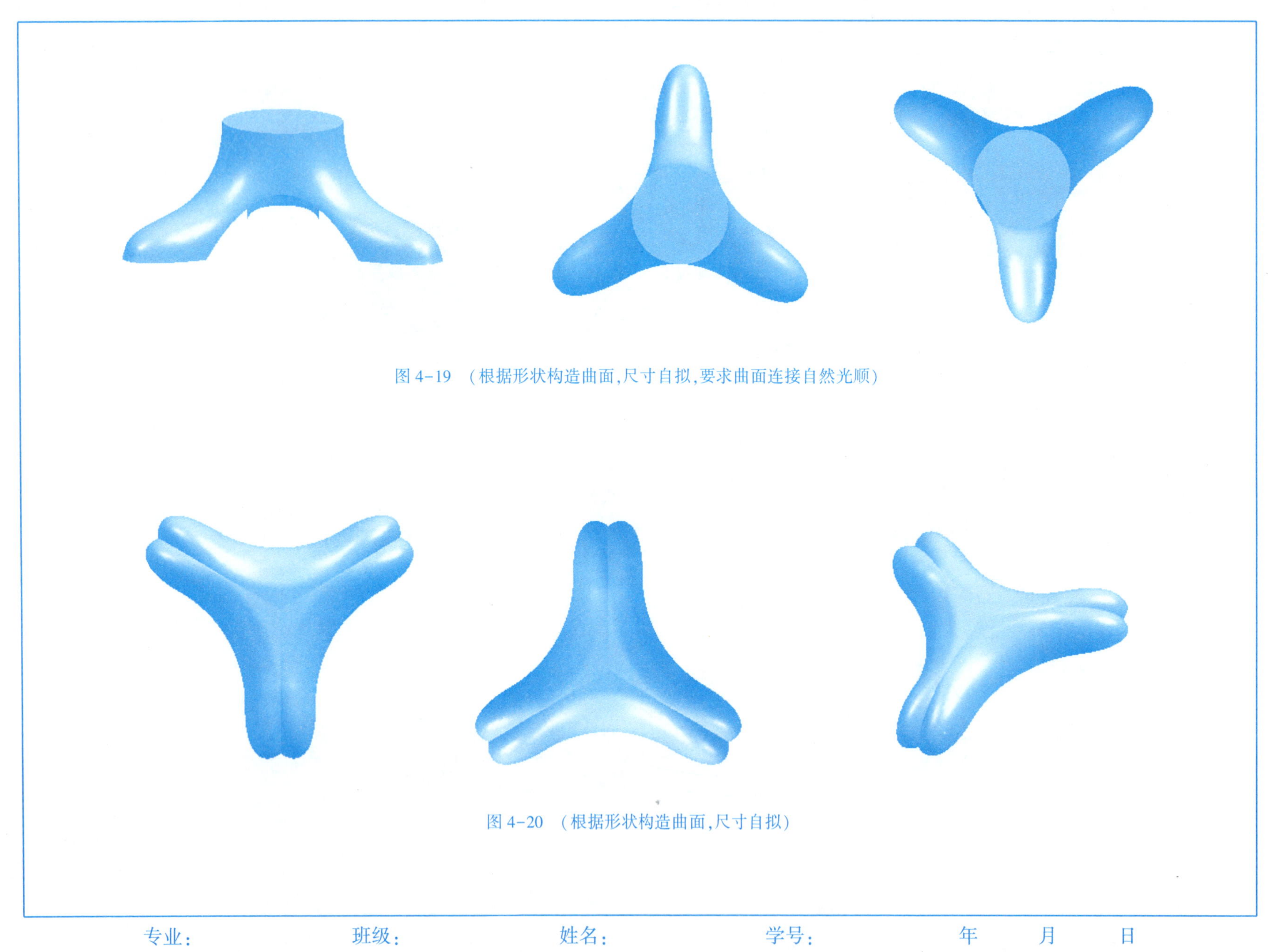

图 4-19 （根据形状构造曲面，尺寸自拟，要求曲面连接自然光顺）

图 4-20 （根据形状构造曲面，尺寸自拟）

专业：　　　　班级：　　　　姓名：　　　　学号：　　　　年　　月　　日

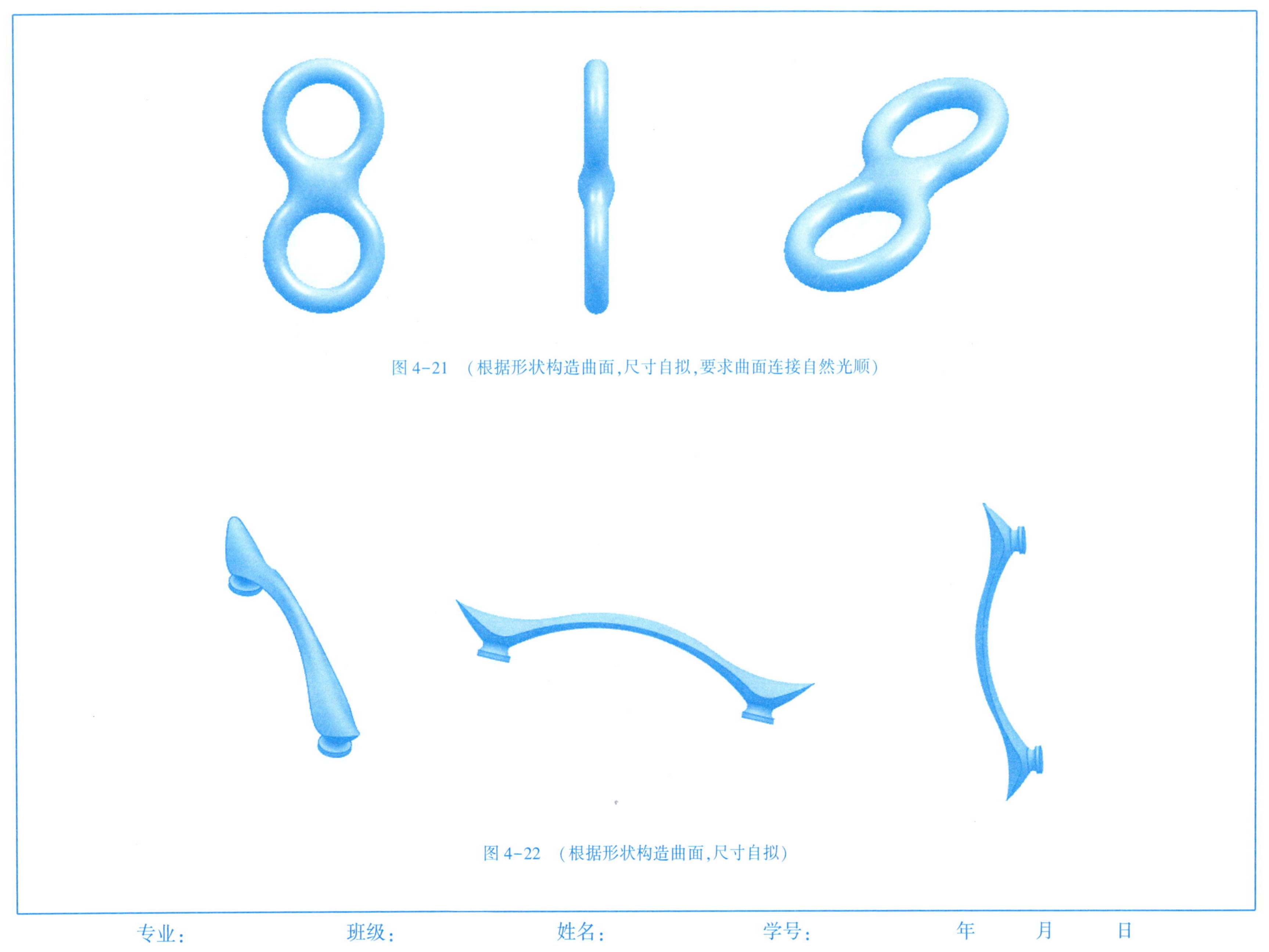

图 4-21 （根据形状构造曲面，尺寸自拟，要求曲面连接自然光顺）

图 4-22 （根据形状构造曲面，尺寸自拟）

专业：　　班级：　　姓名：　　学号：　　年　月　日

4.3 技能巩固训练

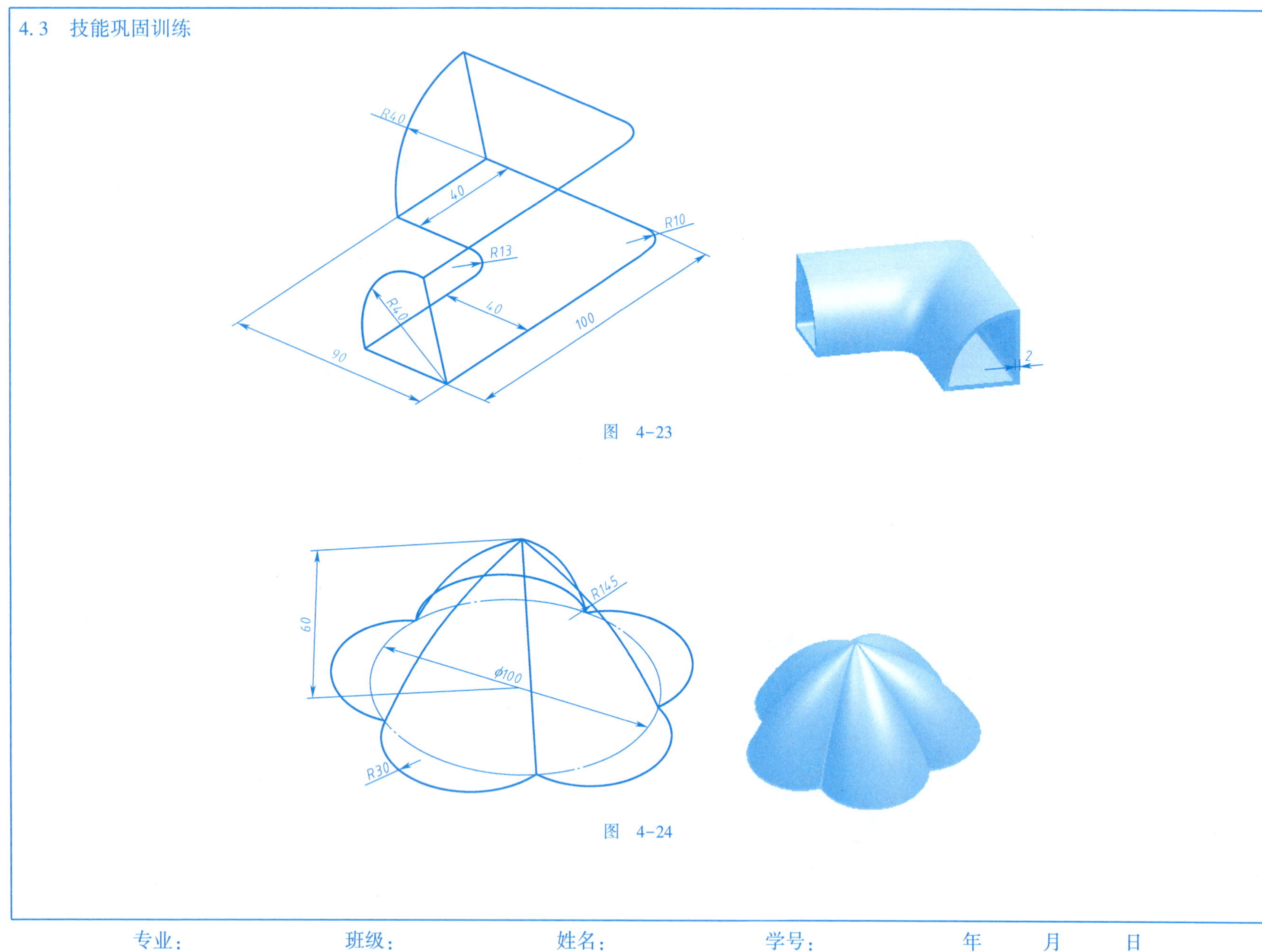

图 4-23

图 4-24

专业： 班级： 姓名： 学号： 年 月 日

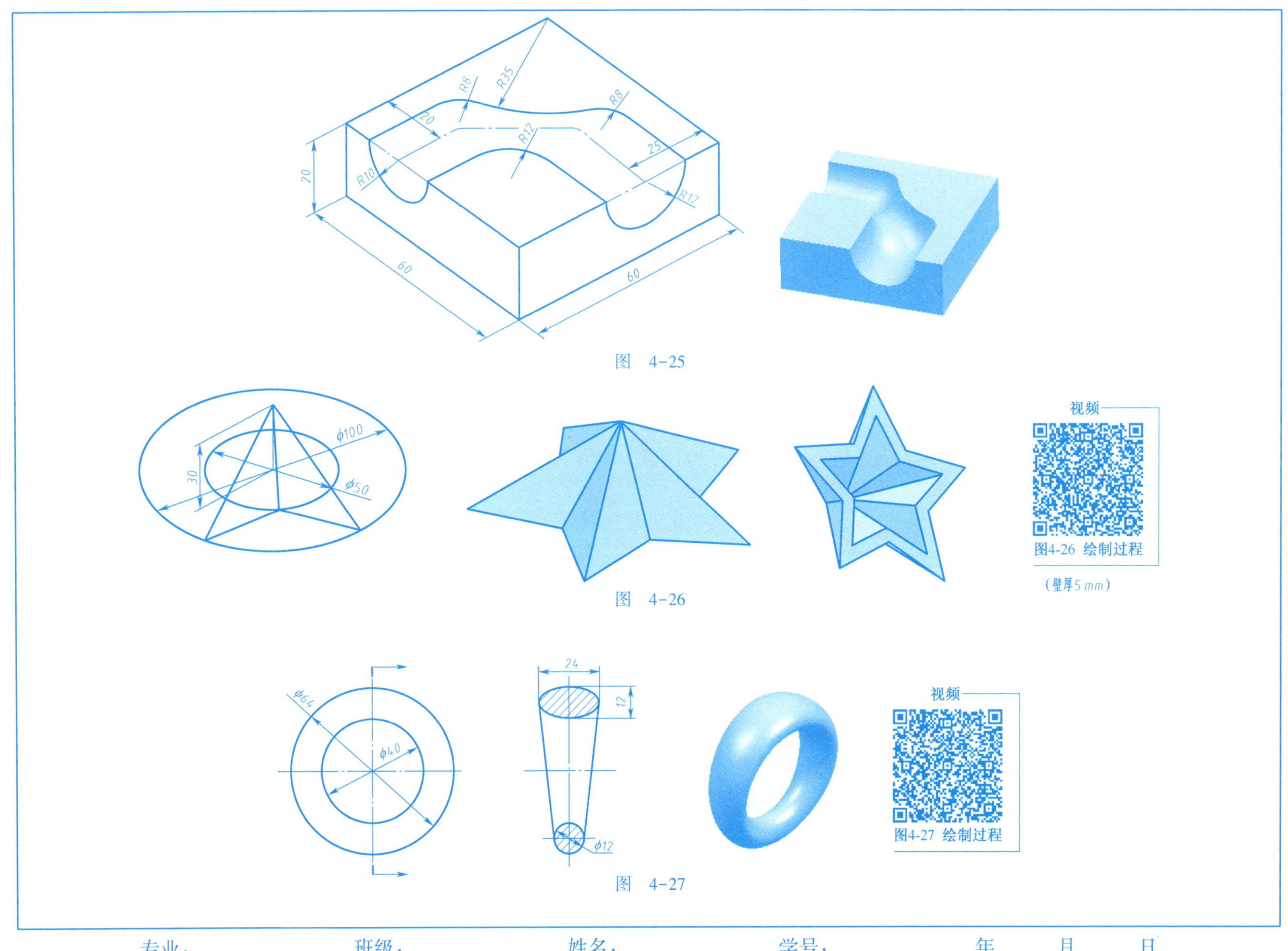

图 4-25

图 4-26

图 4-27

专业：　　班级：　　姓名：　　学号：　　年　　月　　日

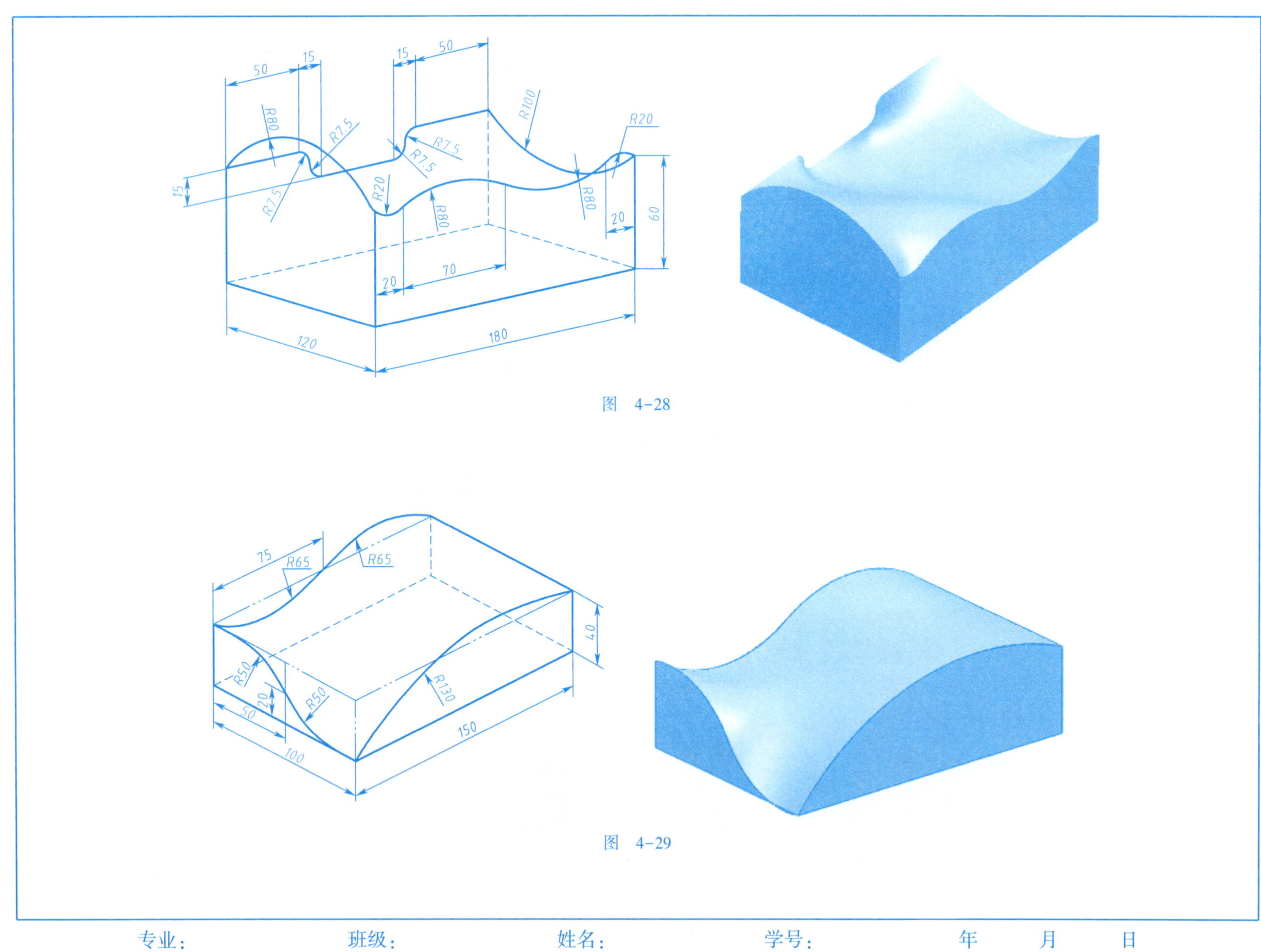

图 4-28

图 4-29

专业： 班级： 姓名： 学号： 年 月 日

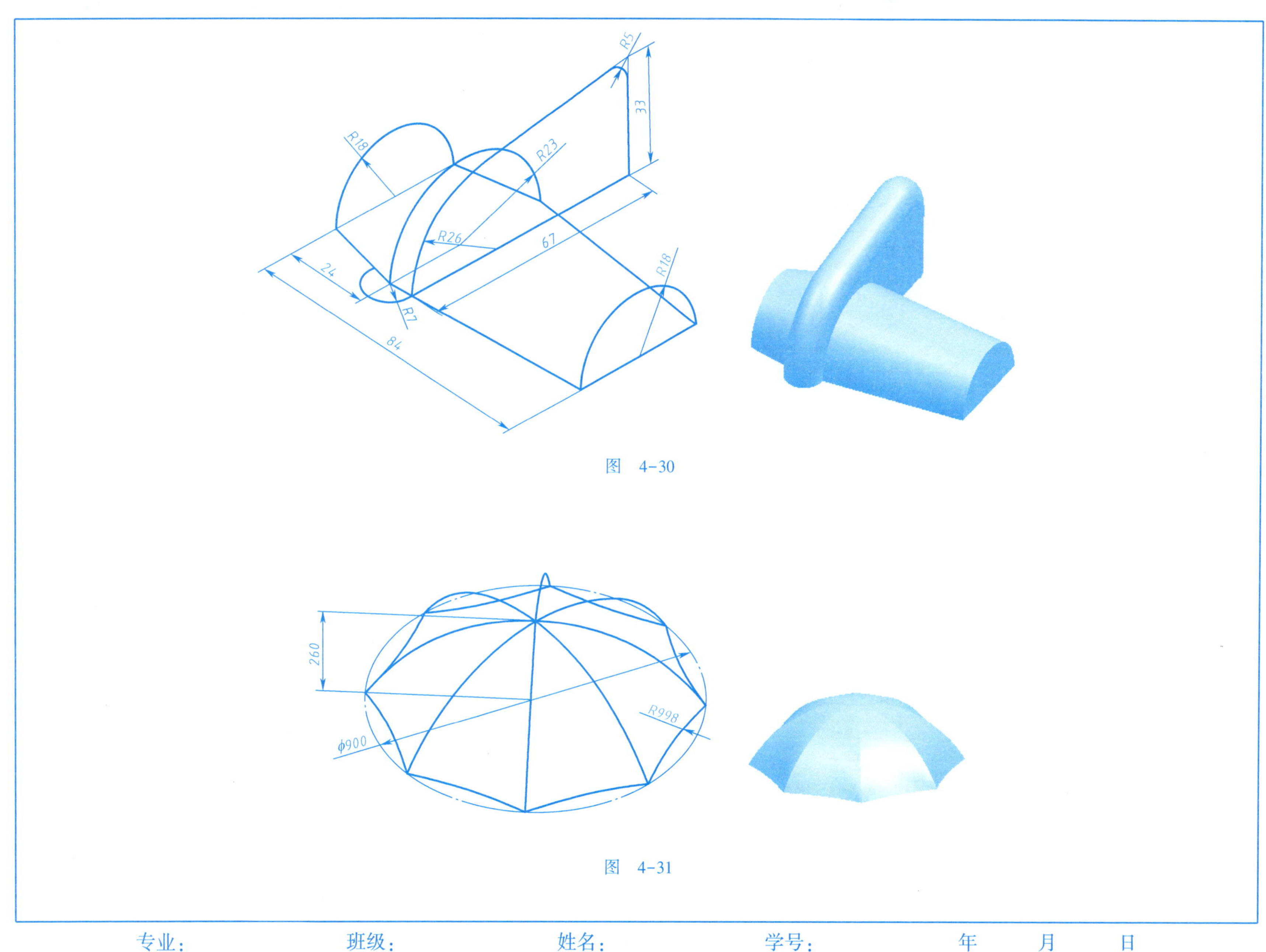

图 4-30

图 4-31

专业：　　班级：　　姓名：　　学号：　　年　月　日

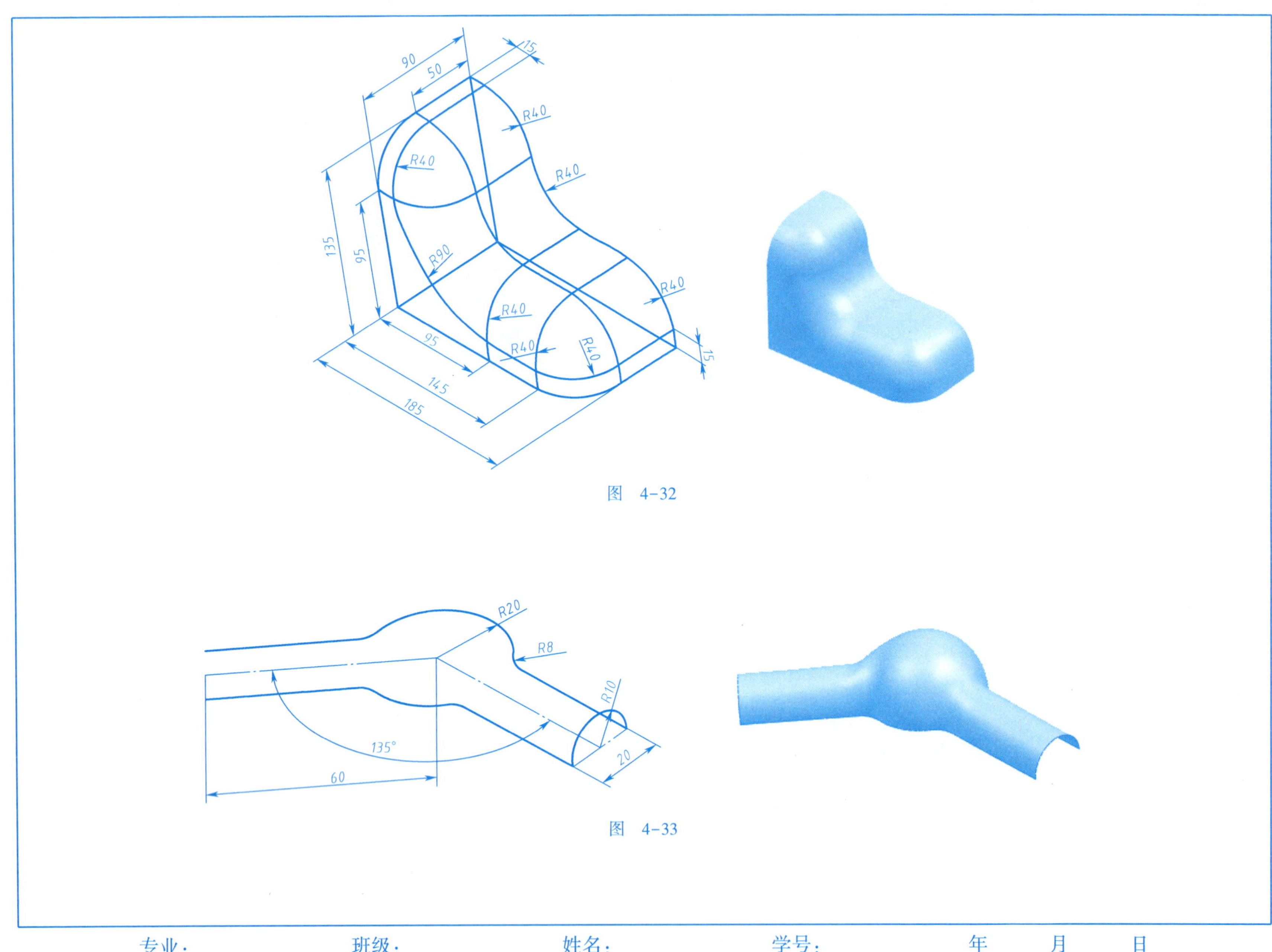

图 4-32

图 4-33

专业： 班级： 姓名： 学号： 年 月 日

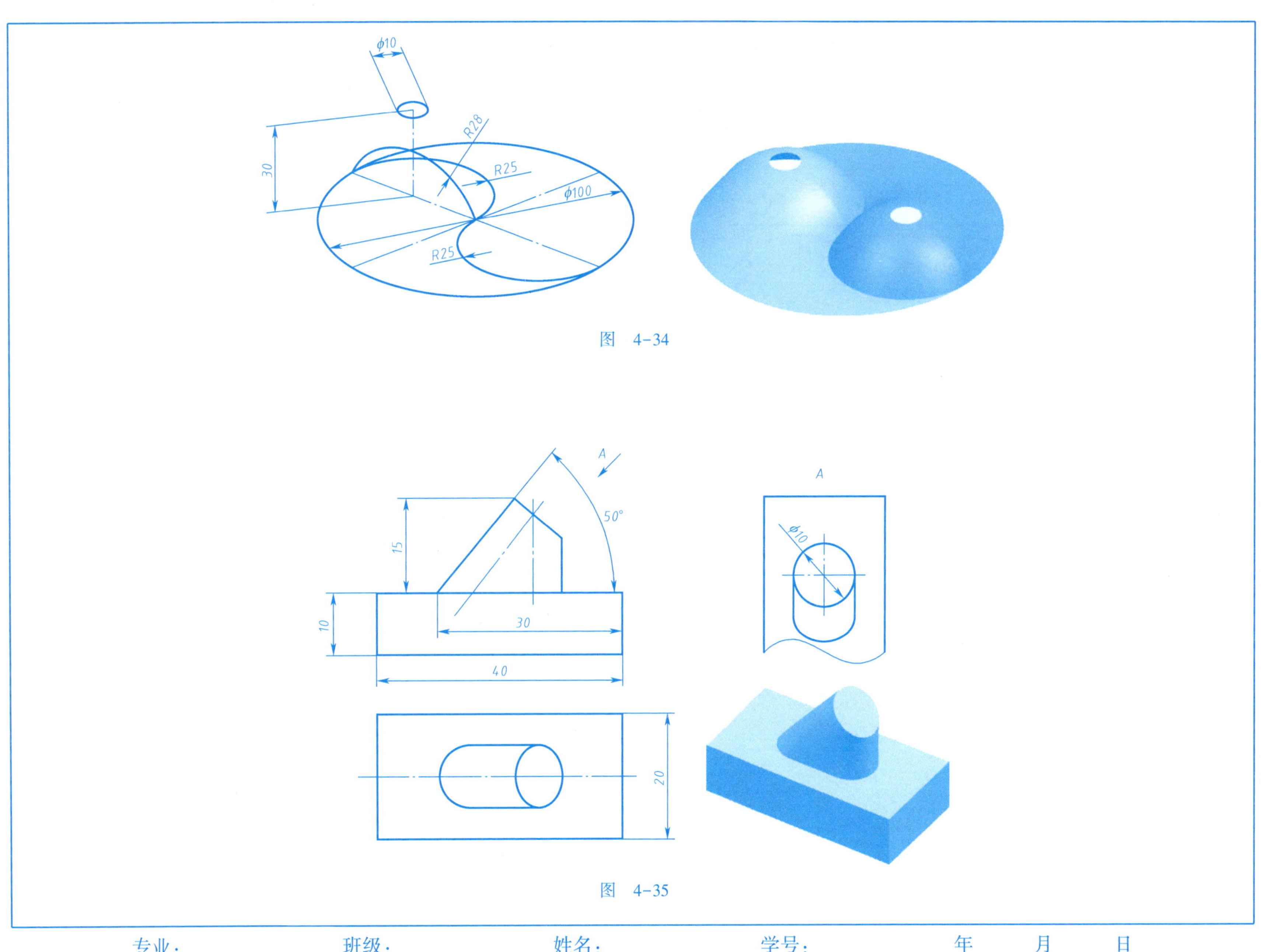

图 4-34

图 4-35

专业：　　班级：　　姓名：　　学号：　　年　月　日

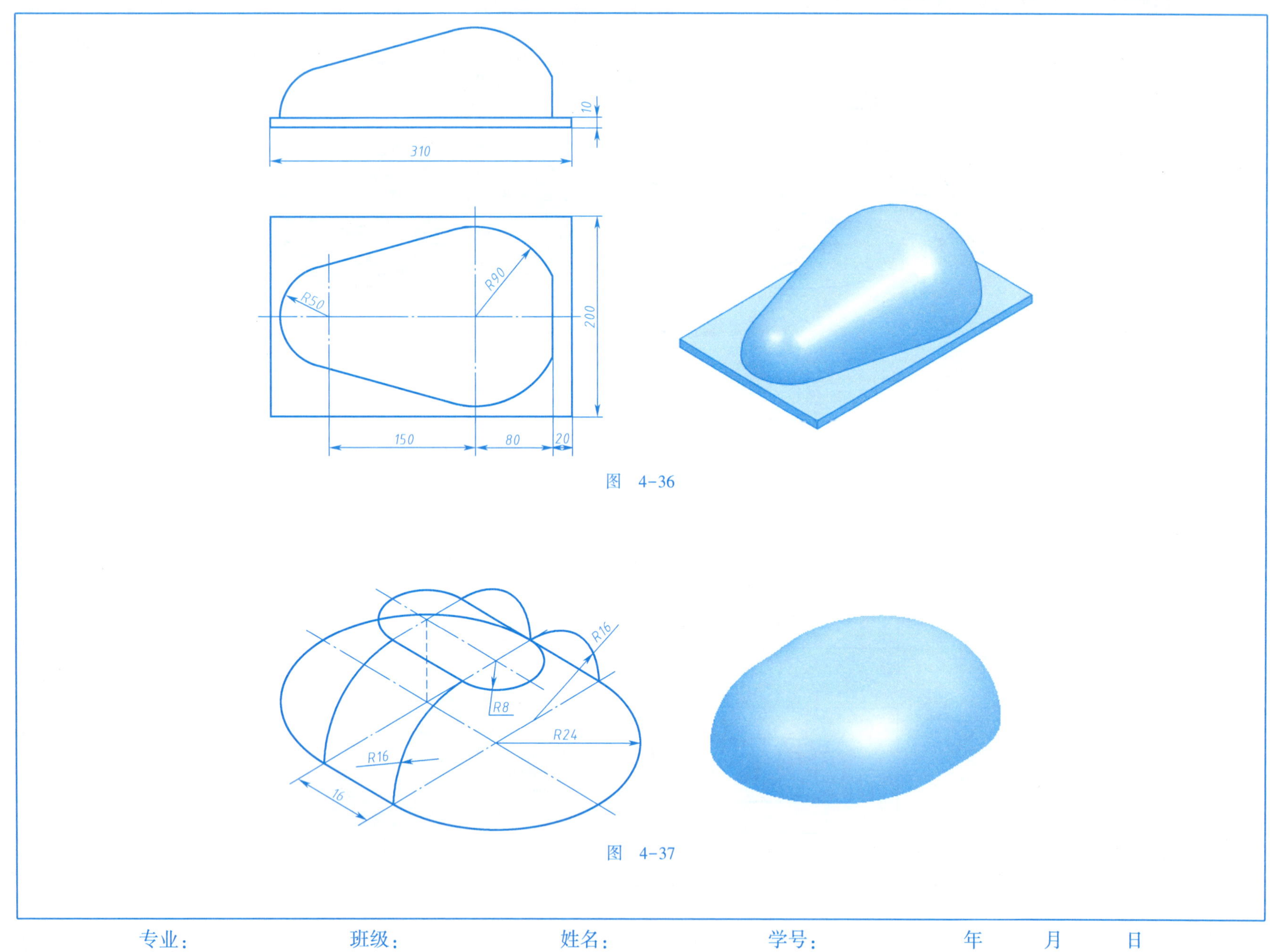

图 4-36

图 4-37

专业： 班级： 姓名： 学号： 年 月 日

5.1 基础技能训练

1. 完成图 5-1 所示零件建模及其装配。

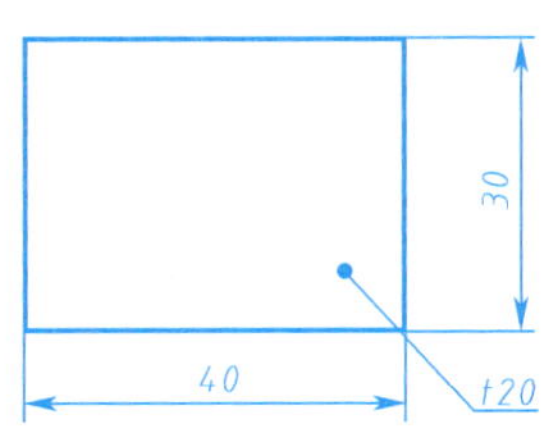

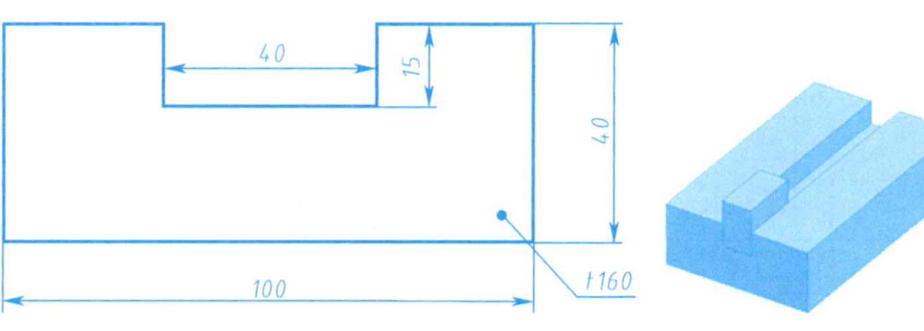

图 5-1

2. 完成图 5-2 所示零件建模及其装配。

件1

件2

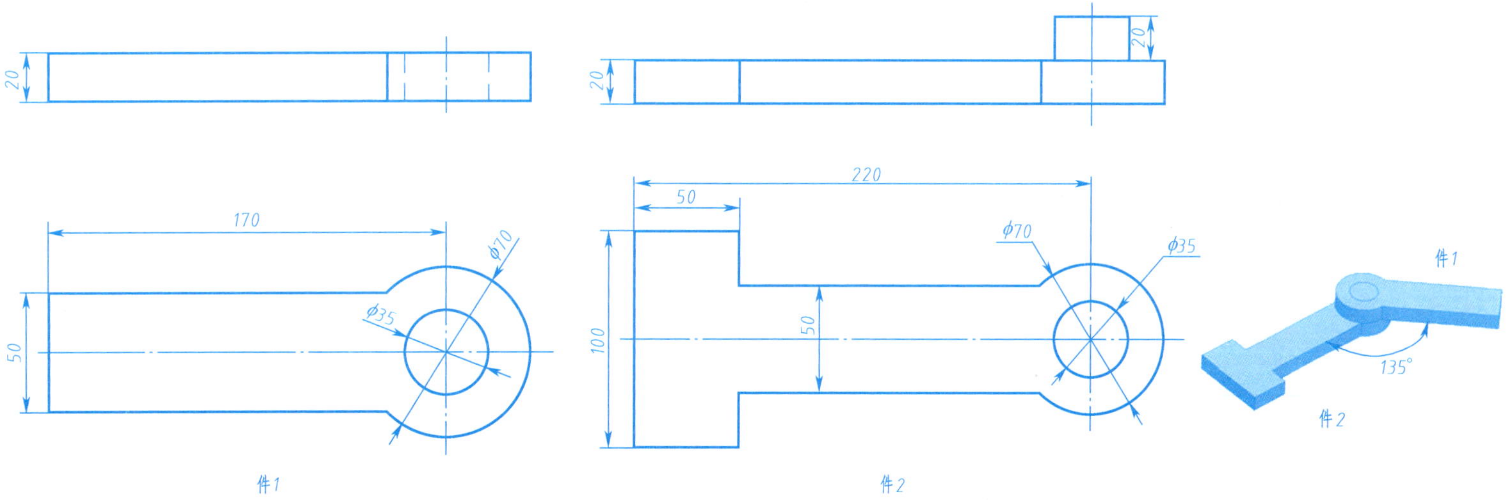

图 5-2

专业： 班级： 姓名： 学号： 年 月 日

3. 完成图 5-3 所示零件建模及其装配。

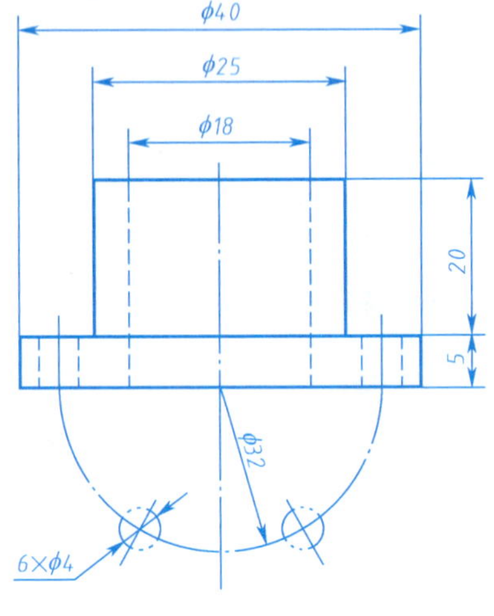

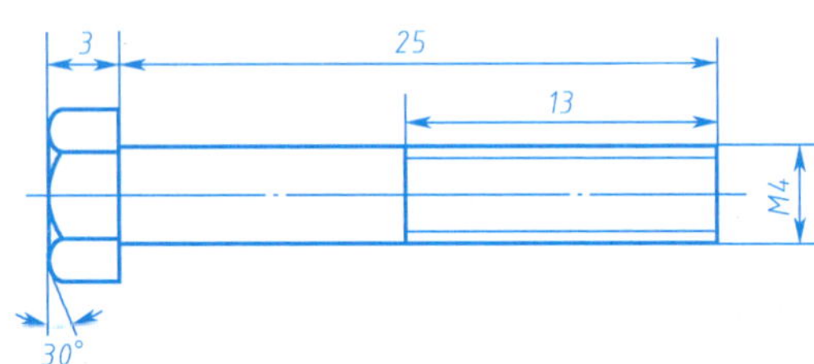

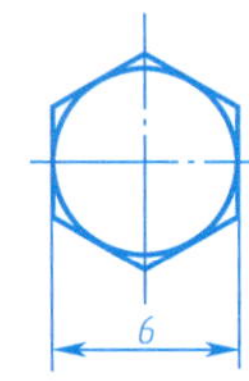

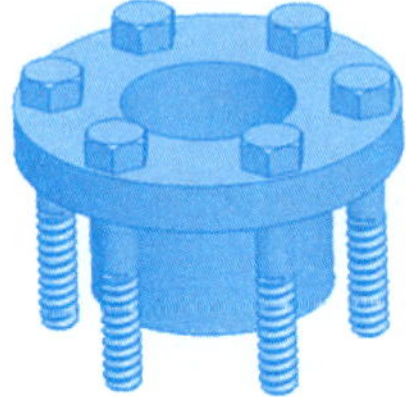

图 5-3

4. 完成图 5-4 所示零件建模及其装配。

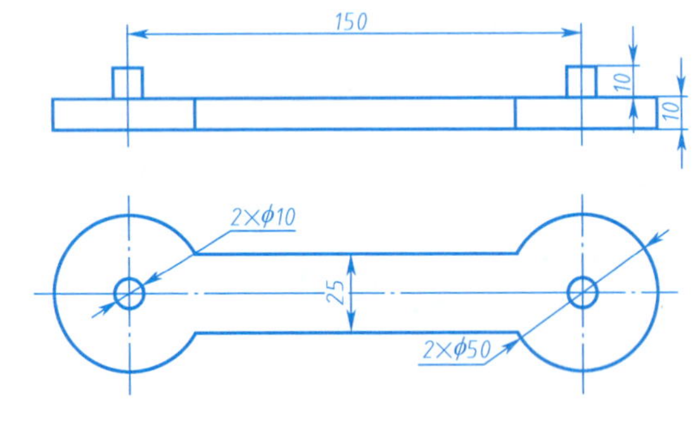

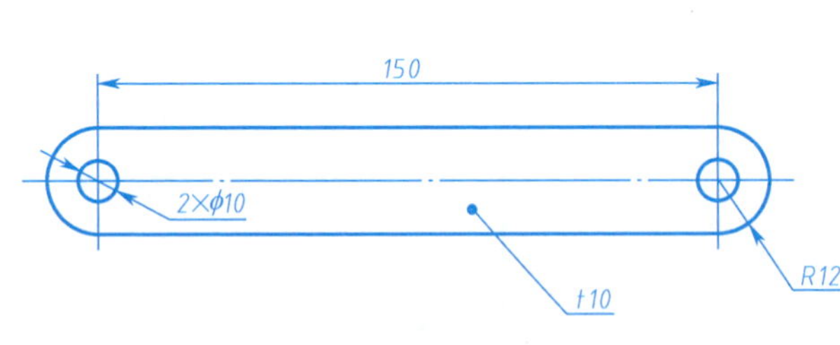

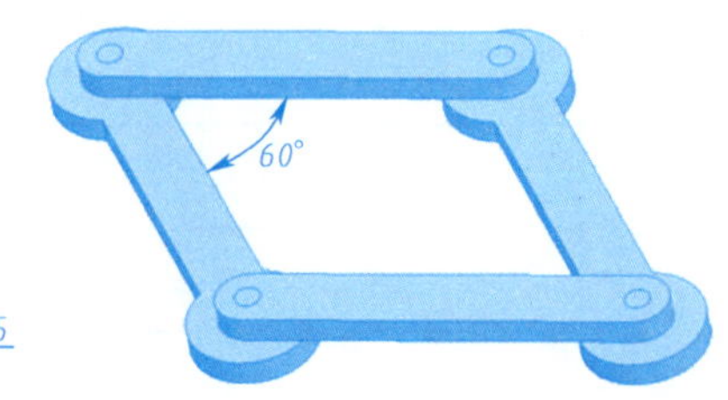

图 5-4

专业： 班级： 姓名： 学号： 年 月 日

5. 完成图 5-5 所示的四杆机构、凸轮机构和齿轮机构的建模及其装配。

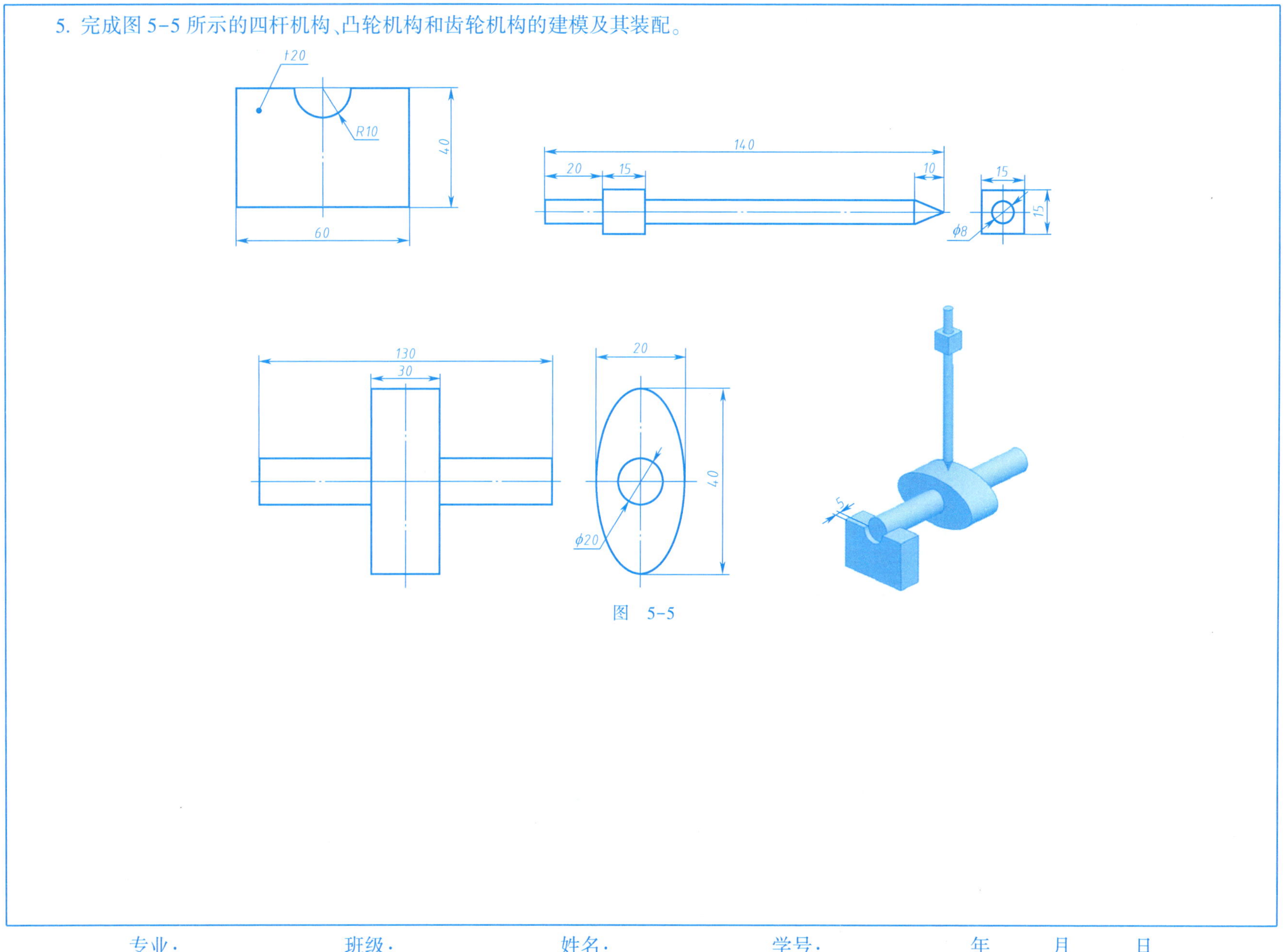

图 5-5

6. 完成图 5-6 所示的齿轮建模及其装配。($m=3, z=18, \alpha=20$)

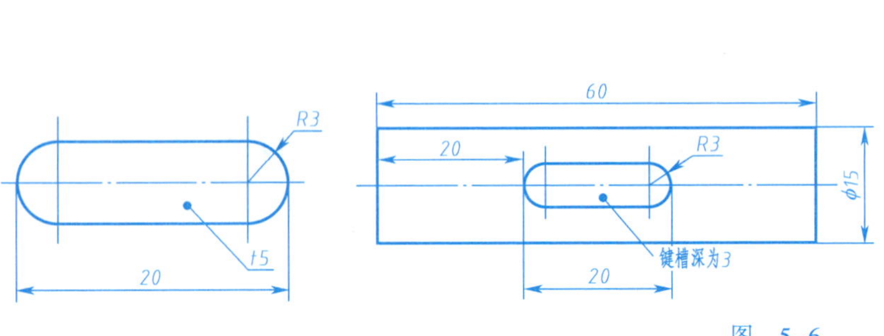

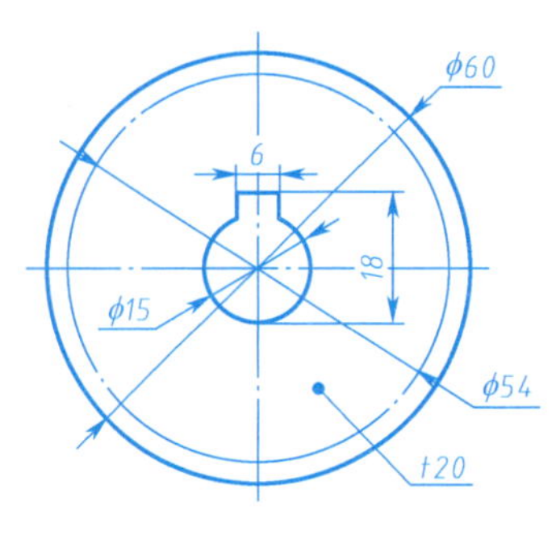

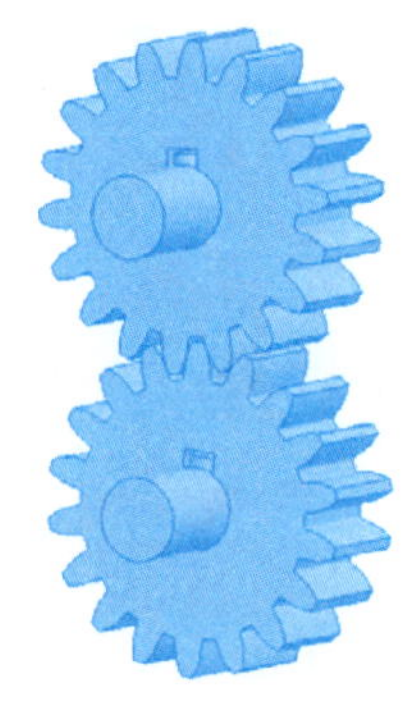

图 5-6

7. 完成图 5-7 所示轴承建模及其装配。

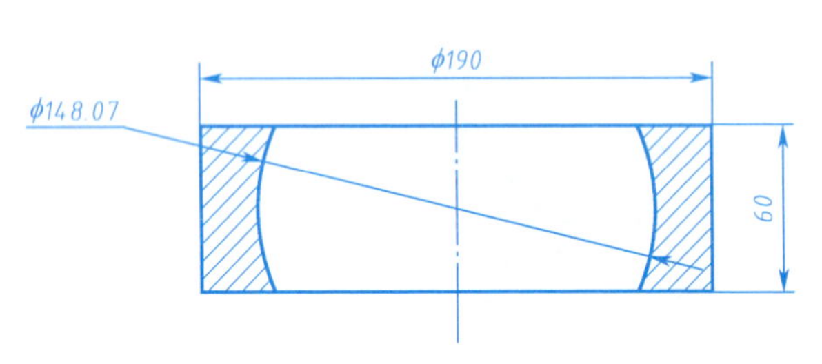

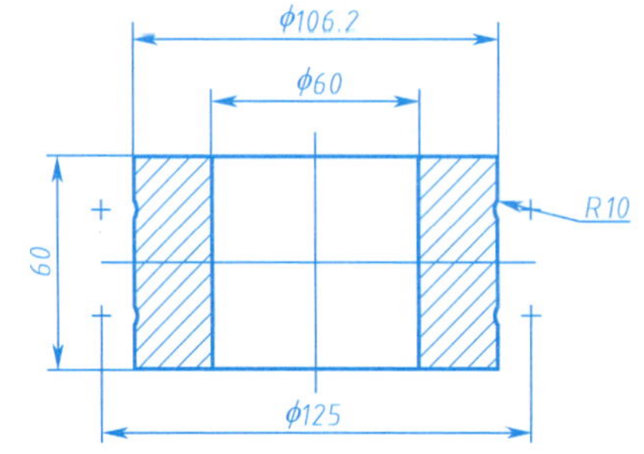

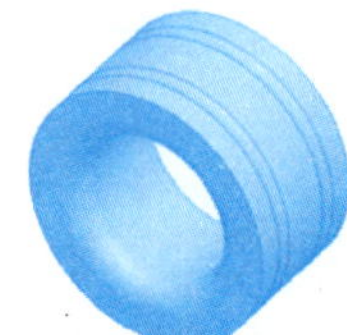
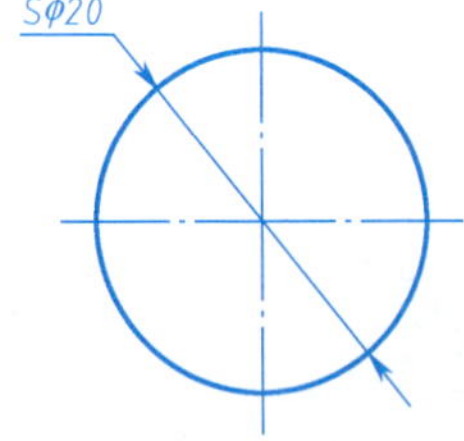

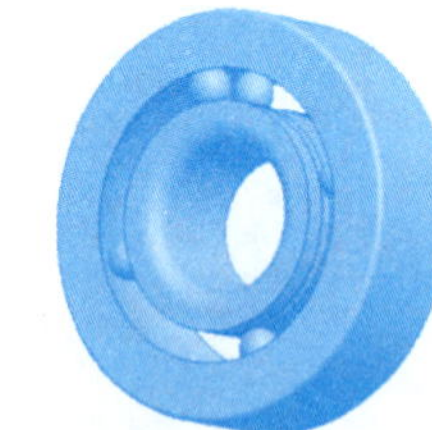

图 5-7

专业： 班级： 姓名： 学号： 年 月 日

5.2　技能提升训练

完成齿轮泵的零件建模及装配。

1. 零件建模:图 5-8 所示为齿轮泵装配模型的爆炸图,主要包括齿轮、泵体、泵盖、传动轴、连接螺栓、螺母、垫片等零件。根据图 5-9~图 5-29 所给出的零件图尺寸,完成齿轮泵各零件的建模。

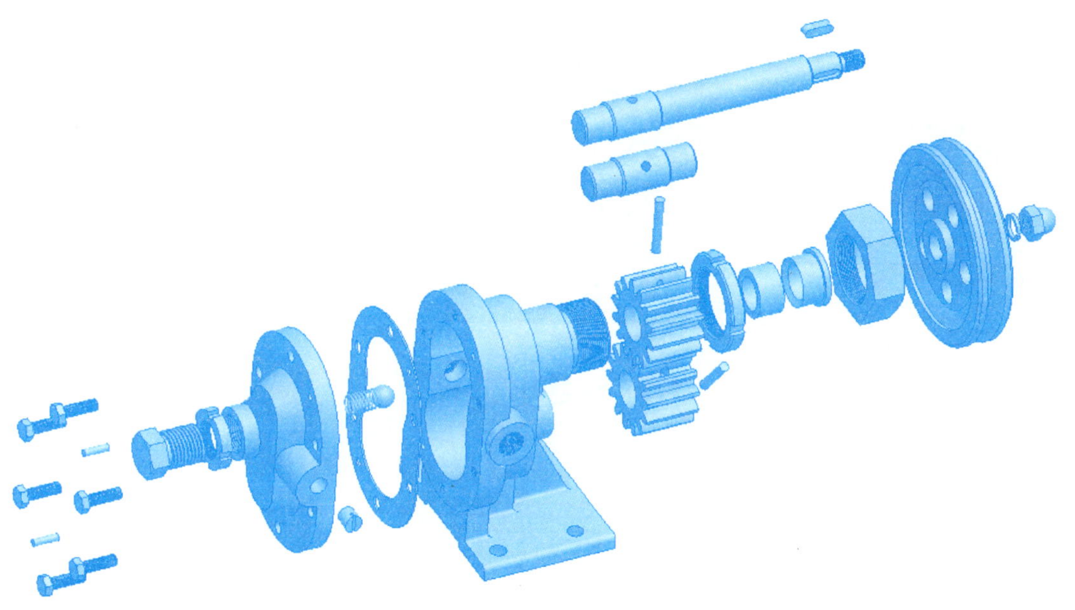

图　5-8

专业:　　　　班级:　　　　姓名:　　　　学号:　　　　年　　月　　日

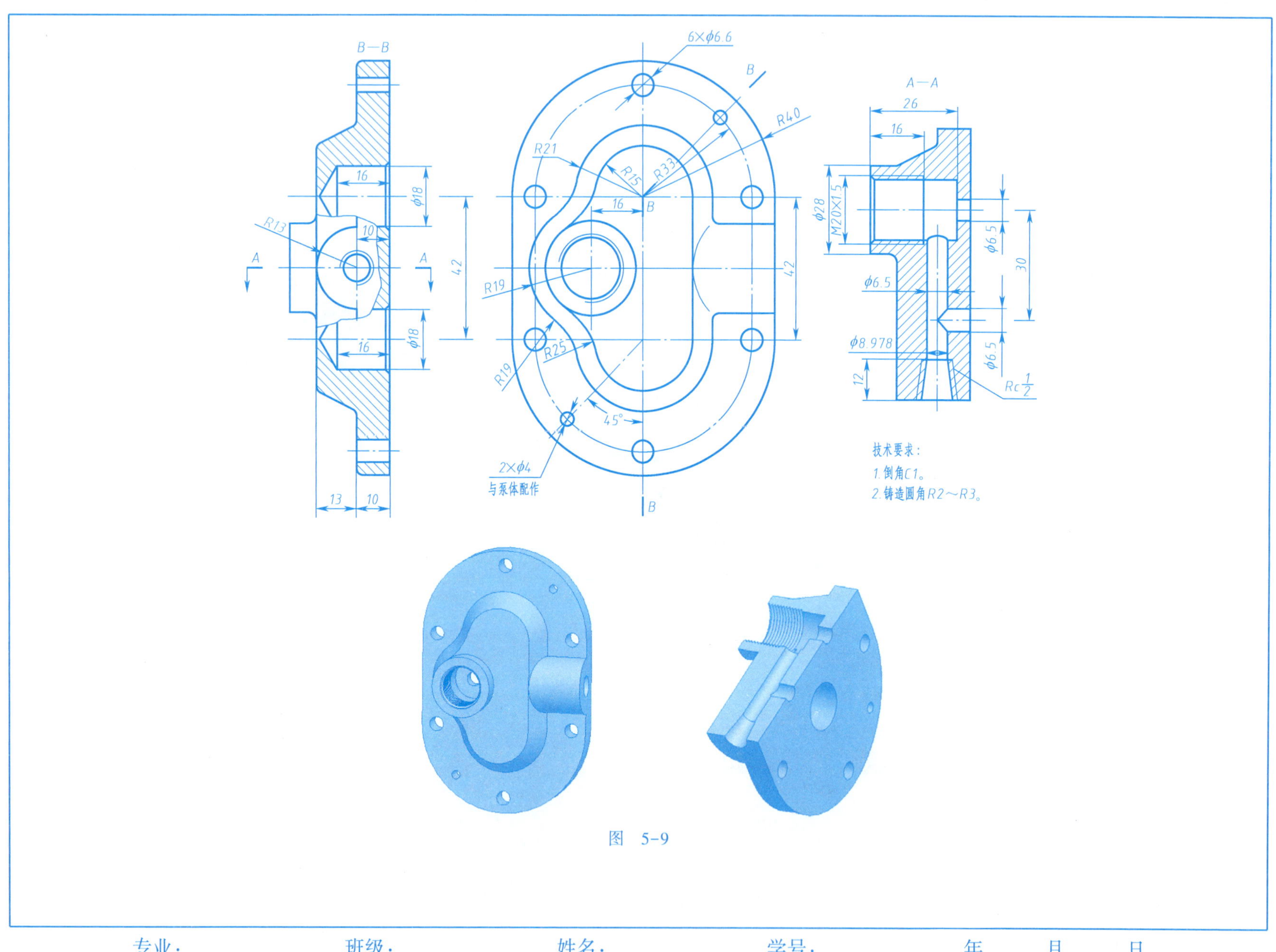

图 5-9

专业：　　班级：　　姓名：　　学号：　　年　　月　　日

B—B
5.5×φ30
C2
M36
120°
6×M6
C—C
A—A
1:2
4×φ9
R40
R33
R30
2×φ4深10
与泵体配作
G1B
技术要求：
1.未注倒角C1。
2.铸造圆角R2～R3。

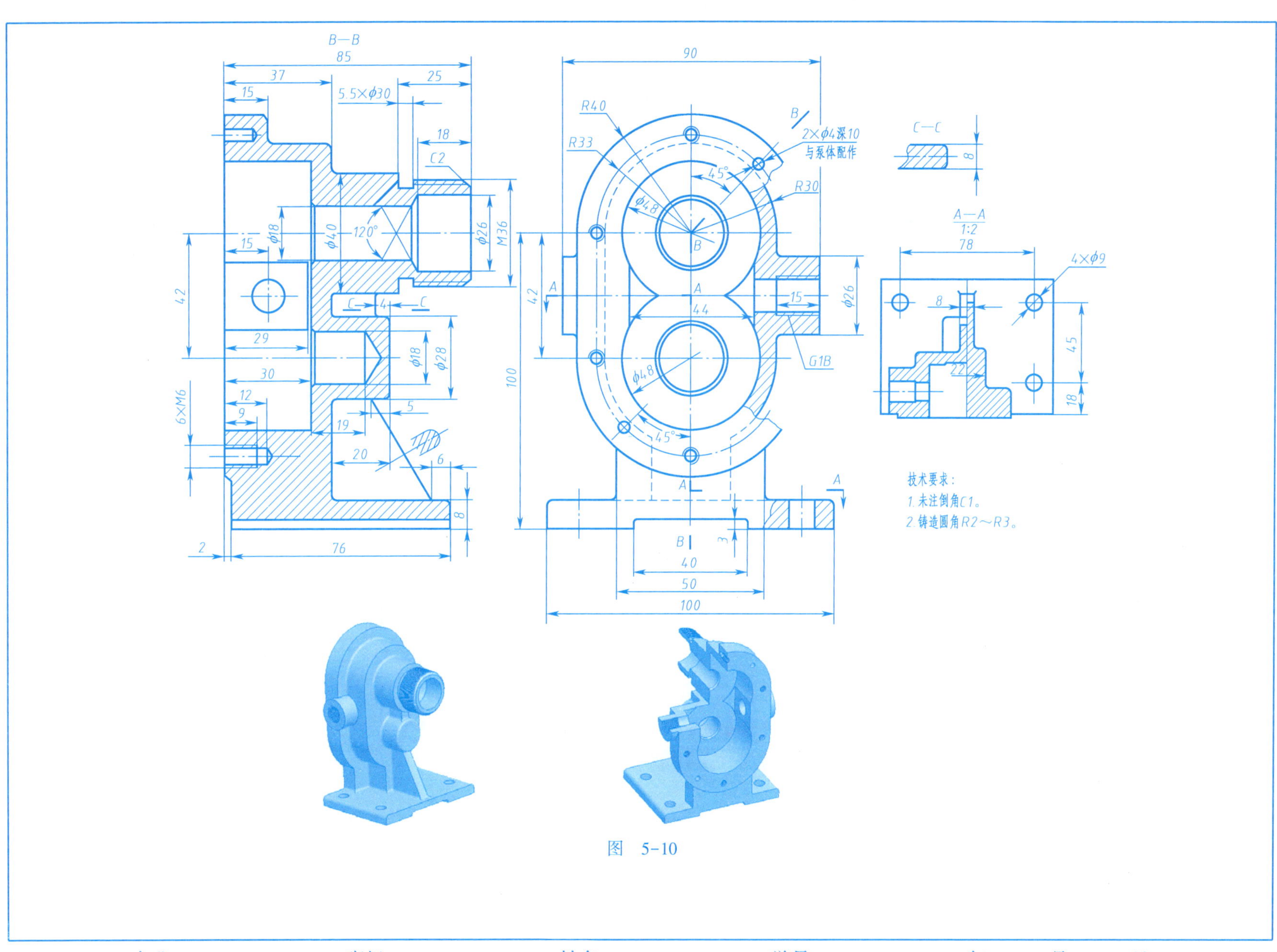

图 5-10

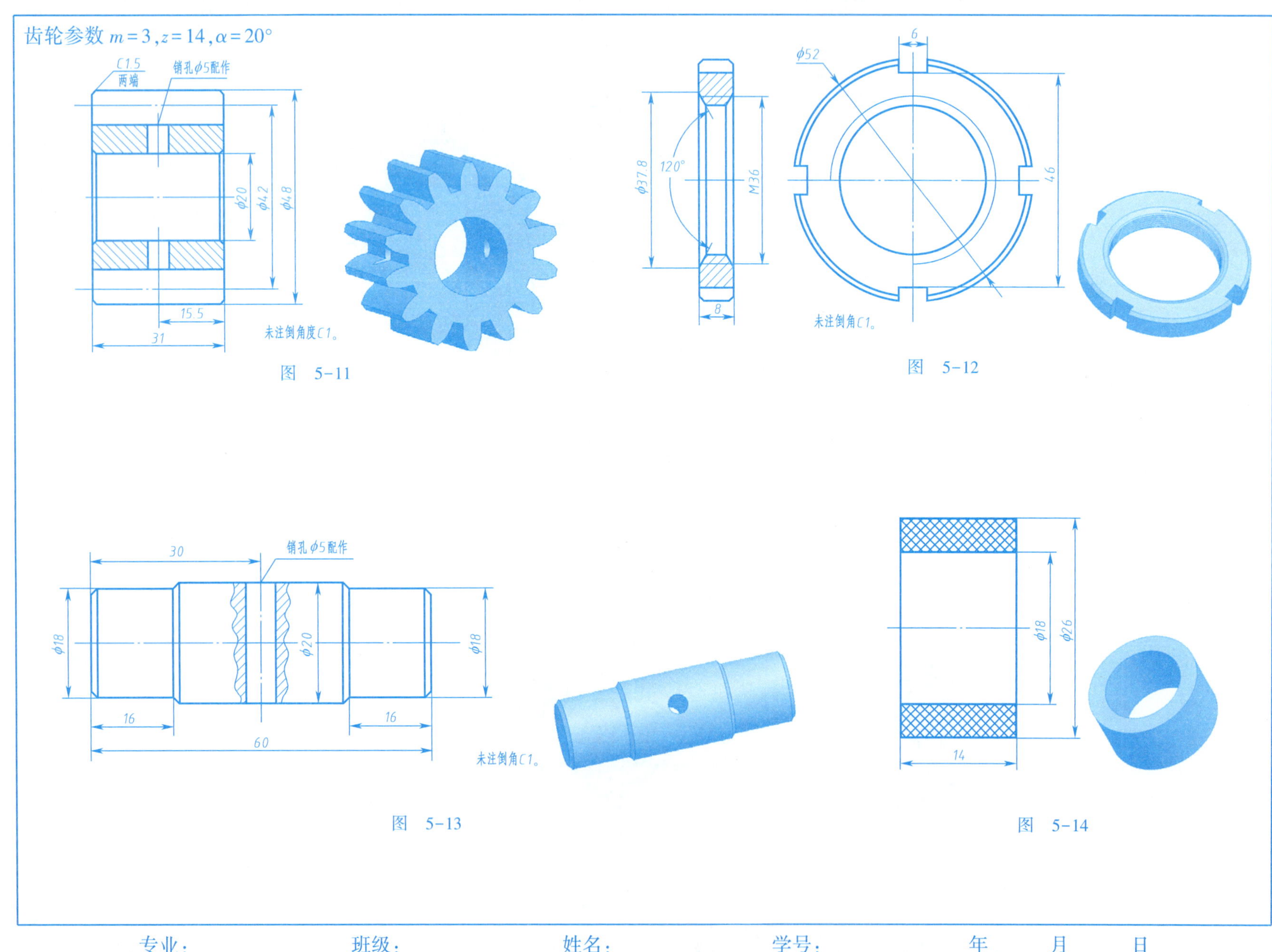

图 5-11

图 5-12

图 5-13

图 5-14

专业： 班级： 姓名： 学号： 年 月 日

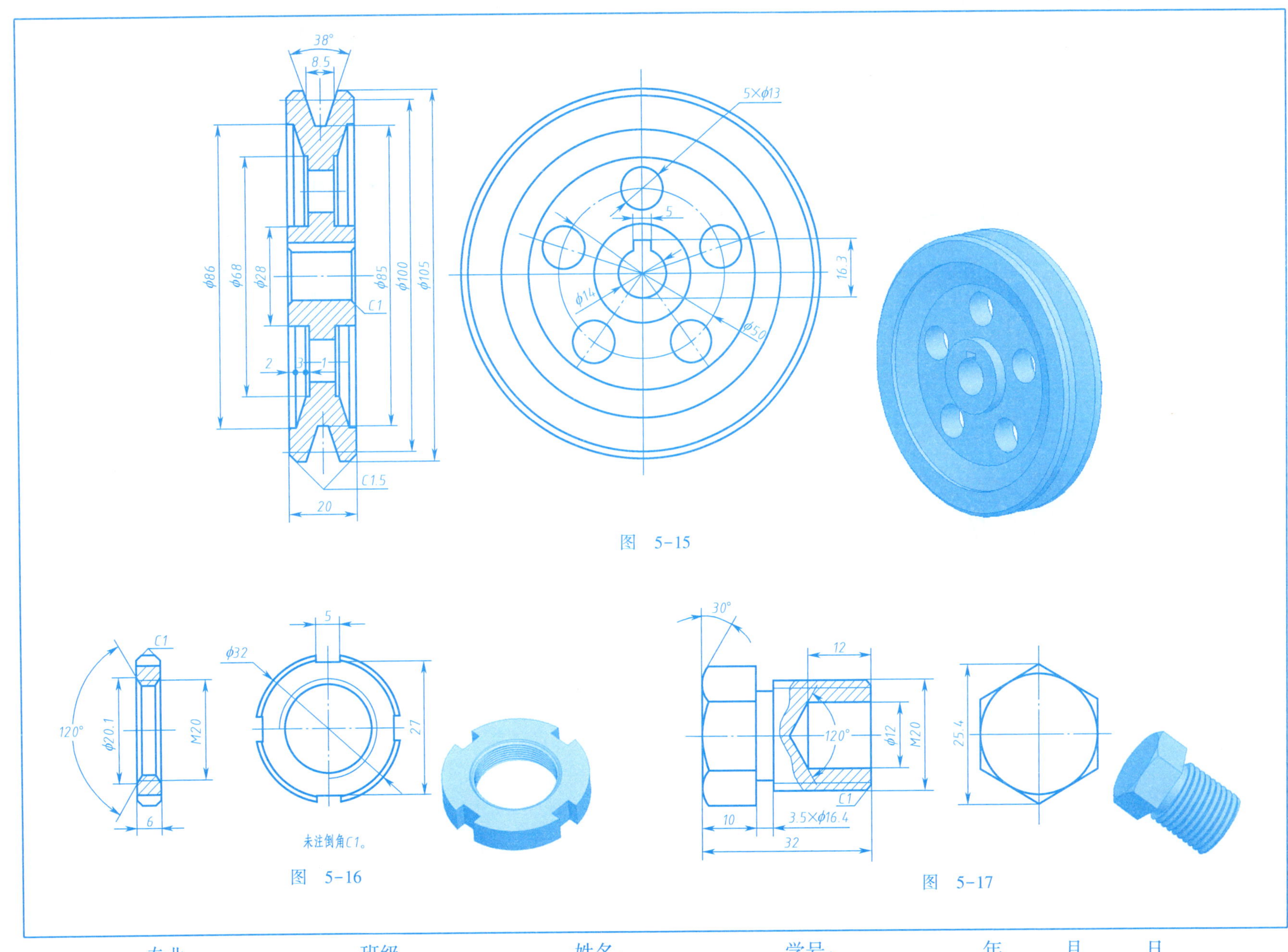

图　5-15

图　5-16

图　5-17

专业：　　　　　　班级：　　　　　　姓名：　　　　　　学号：　　　　　　年　　月　　日

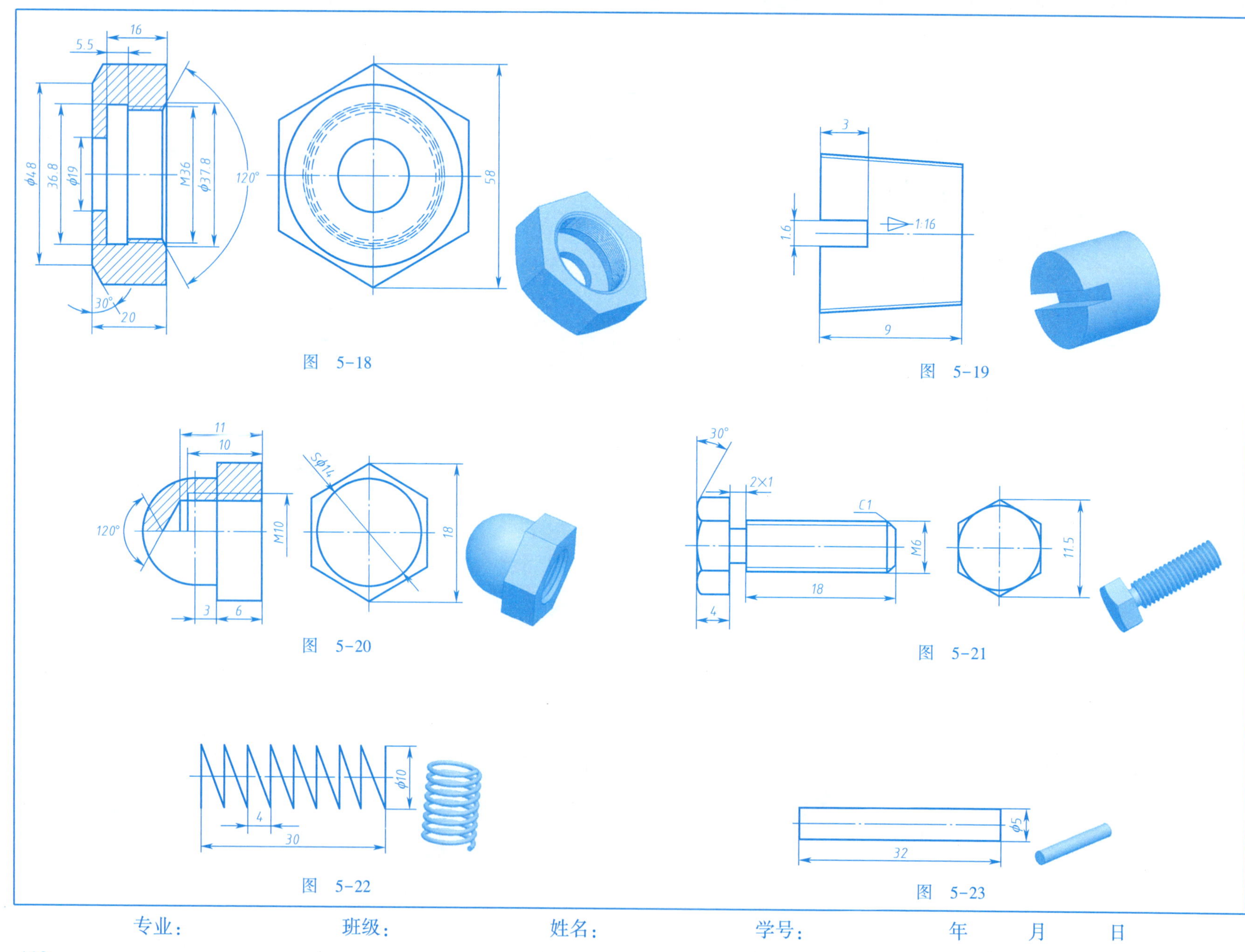

图 5-18

图 5-19

图 5-20

图 5-21

图 5-22

图 5-23

专业： 班级： 姓名： 学号： 年 月 日

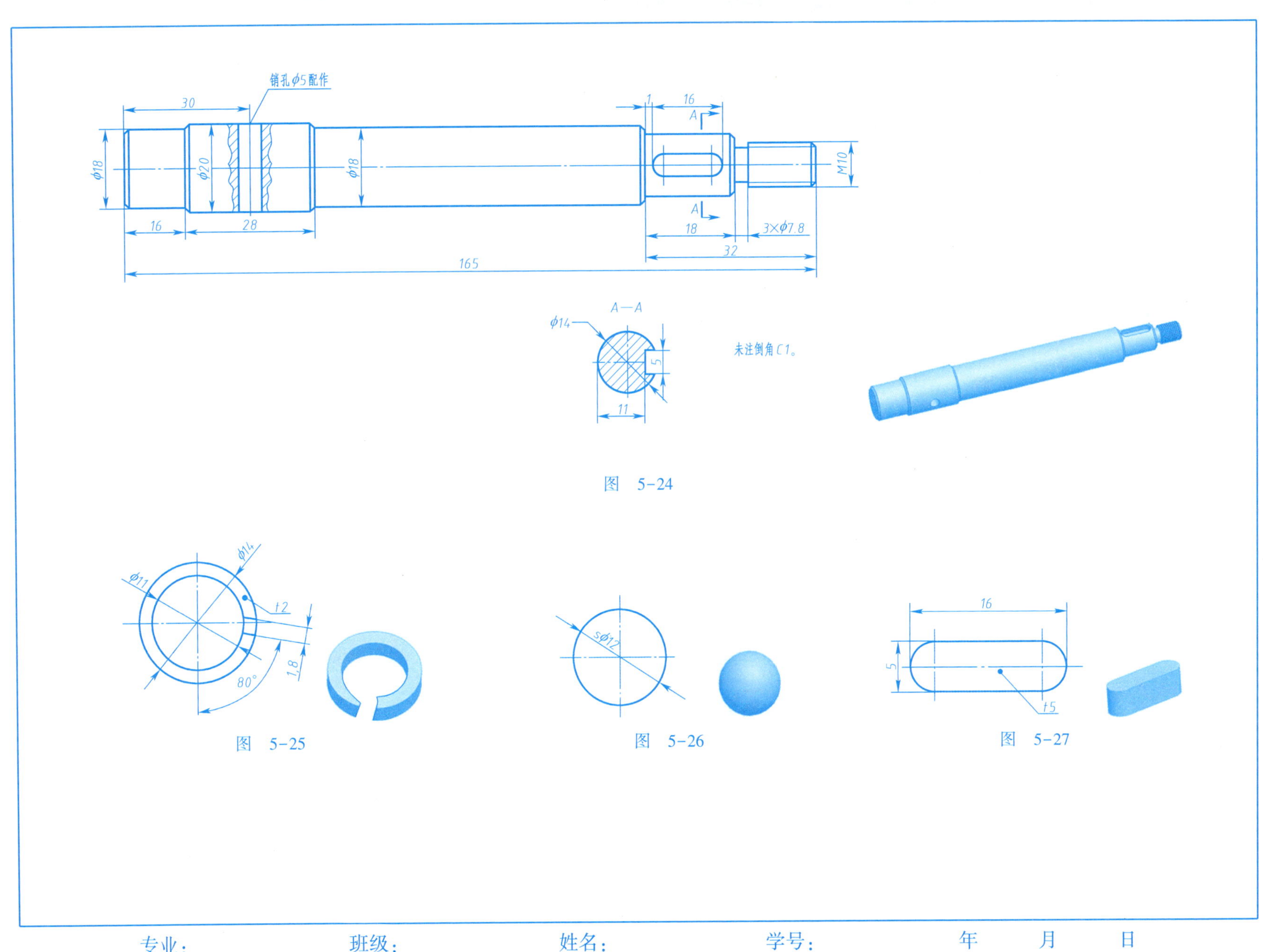

图 5-24
图 5-25
图 5-26
图 5-27

专业： 班级： 姓名： 学号： 年 月 日

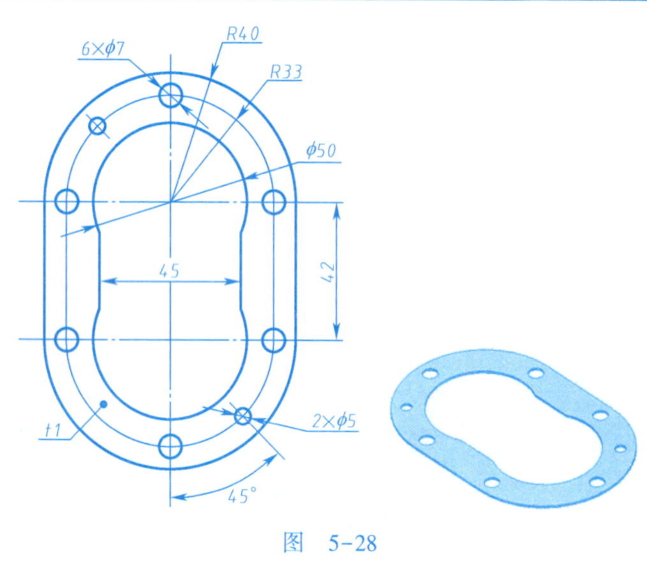

图 5-28

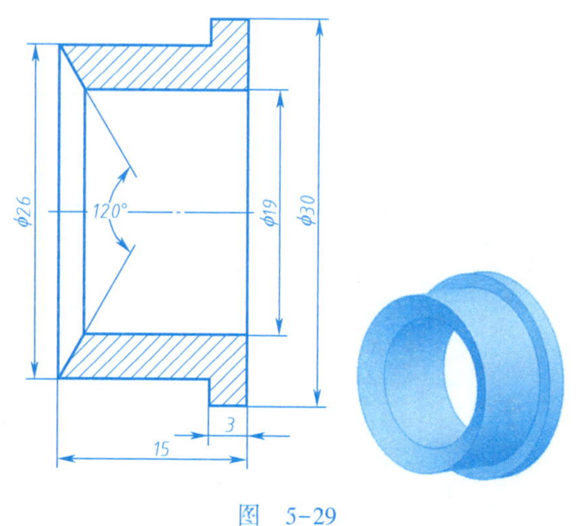

图 5-29

2. 零件装配:将各零件按照图 5-30 进行装配并生成爆炸图。

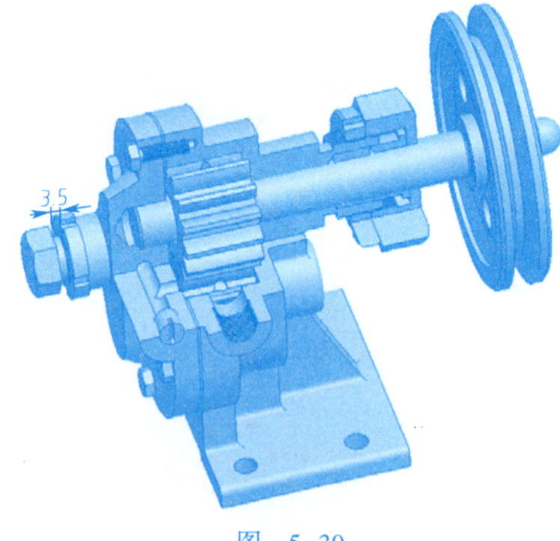

图 5-30

专业:　　　　班级:　　　　姓名:　　　　学号:　　　　年　　月　　日

5.3 技能巩固训练

1. 完成图 5-34 所示的曲轴连杆机构的建模及其装配。

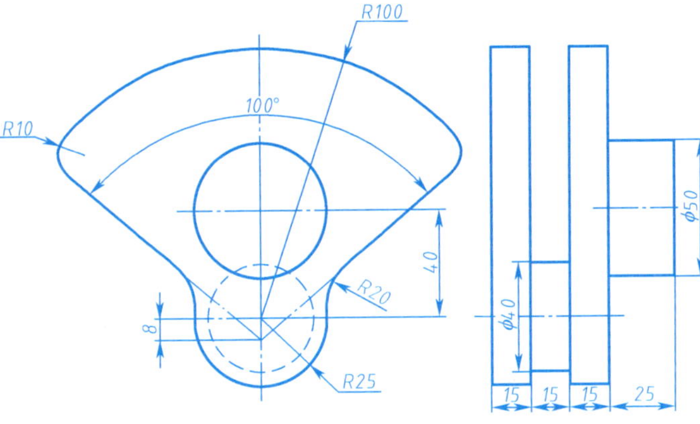

图 5-31

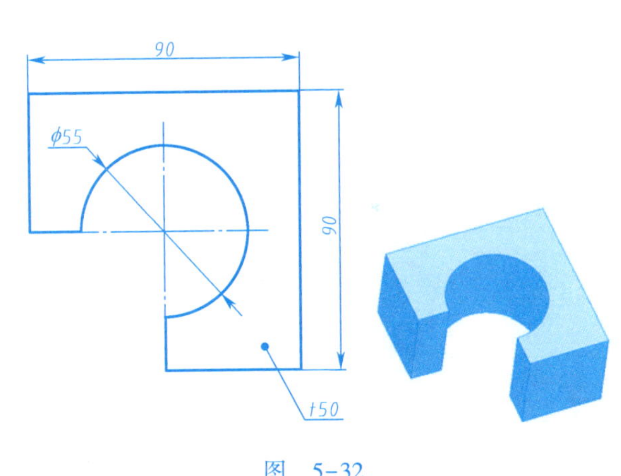

图 5-32

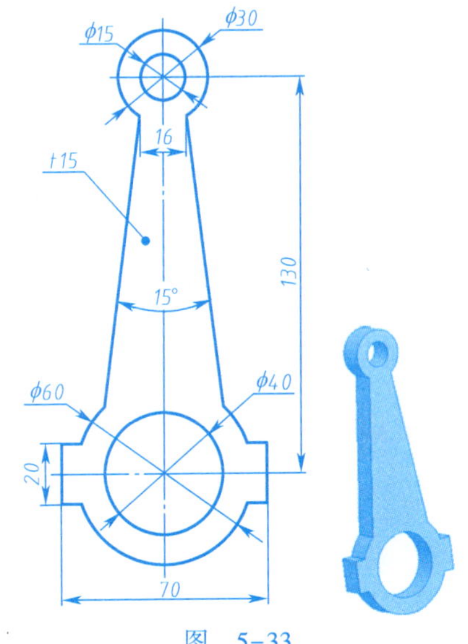

图 5-33

专业： 班级： 姓名： 学号： 年 月 日

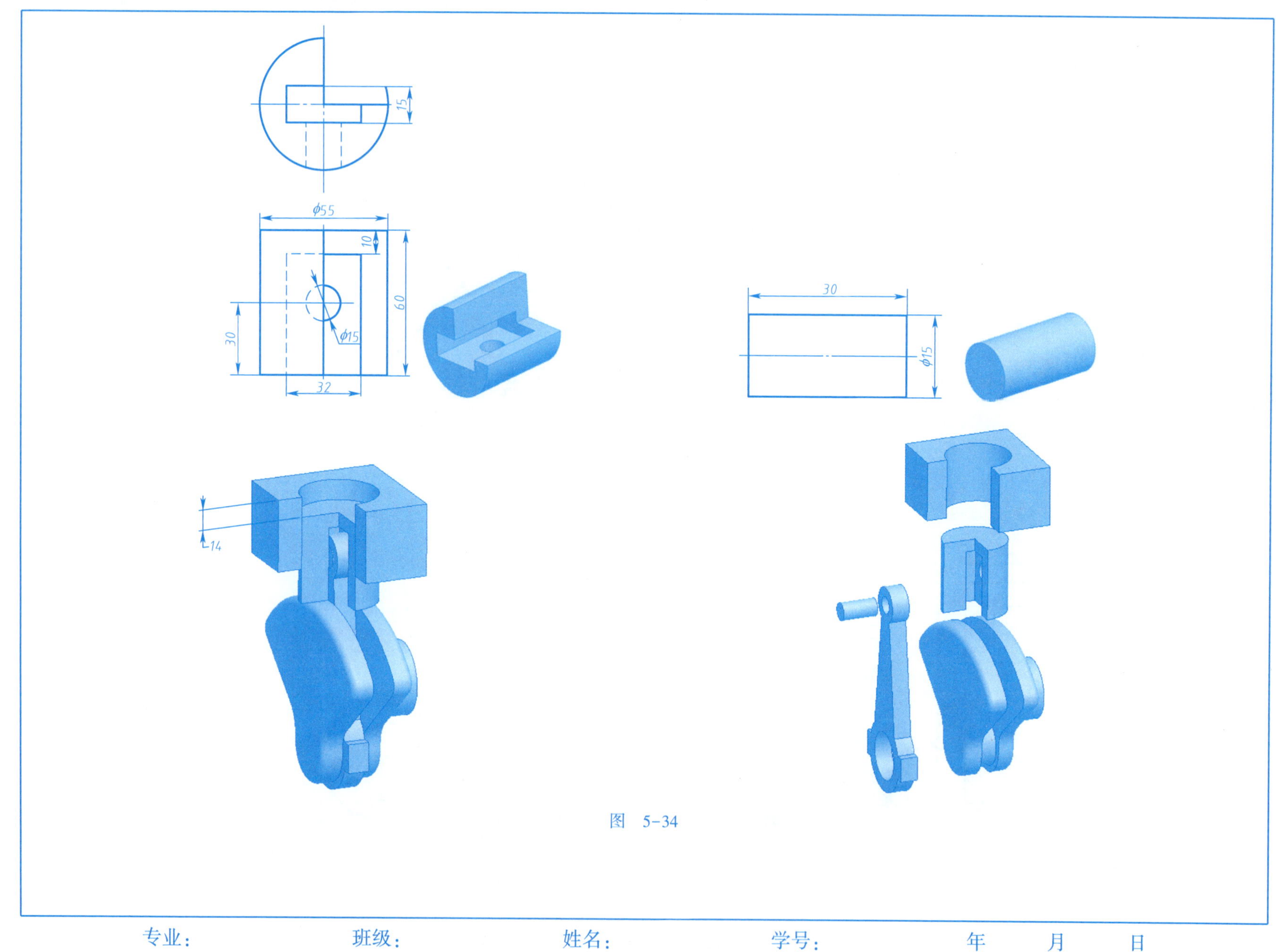

图 5-34

专业：　　　　班级：　　　　姓名：　　　　学号：　　　　年　　月　　日

2. 完成图 5-43 所示的机构的建模及其装配。

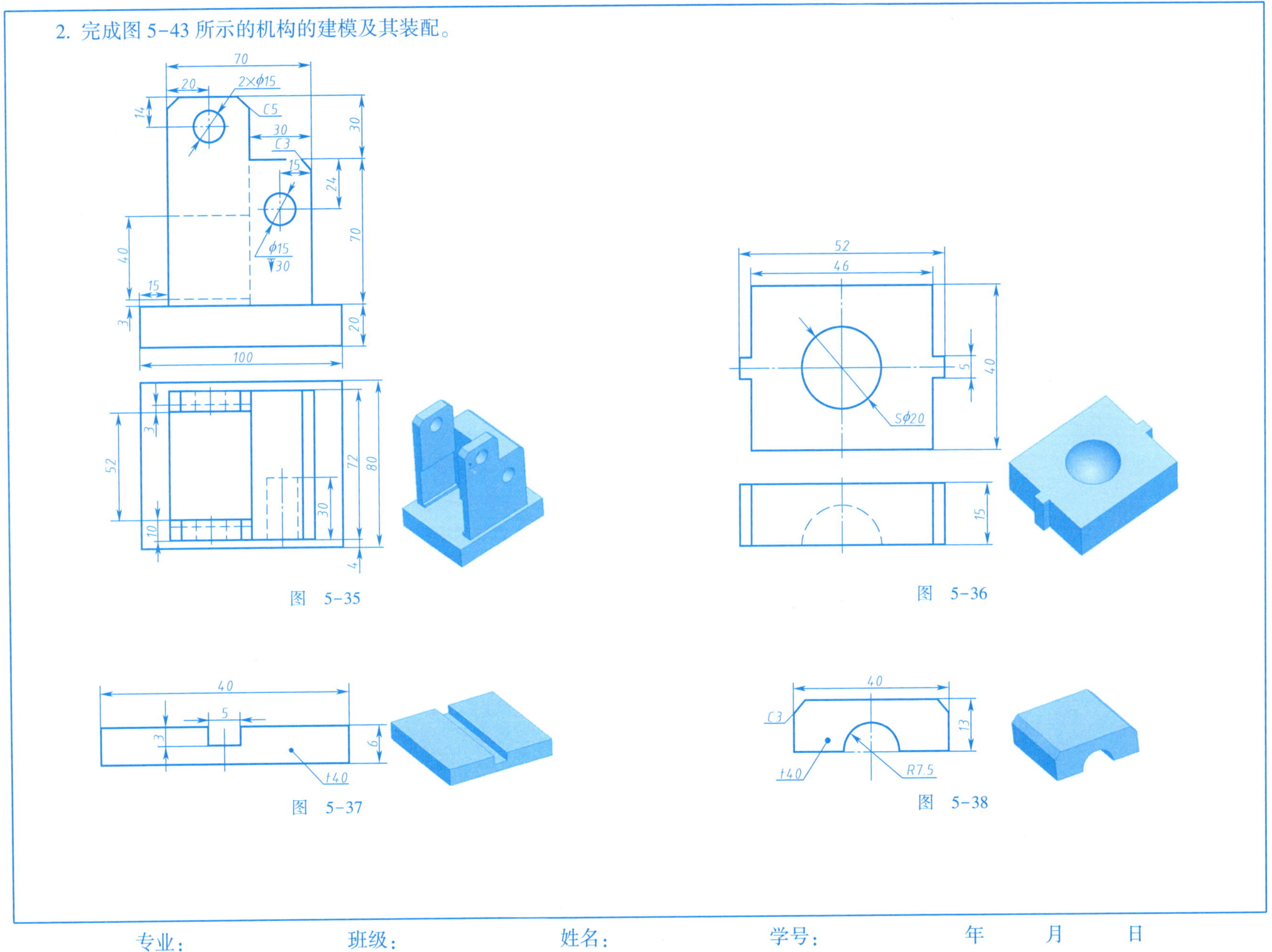

图 5-35

图 5-36

图 5-37

图 5-38

专业： 班级： 姓名： 学号： 年 月 日

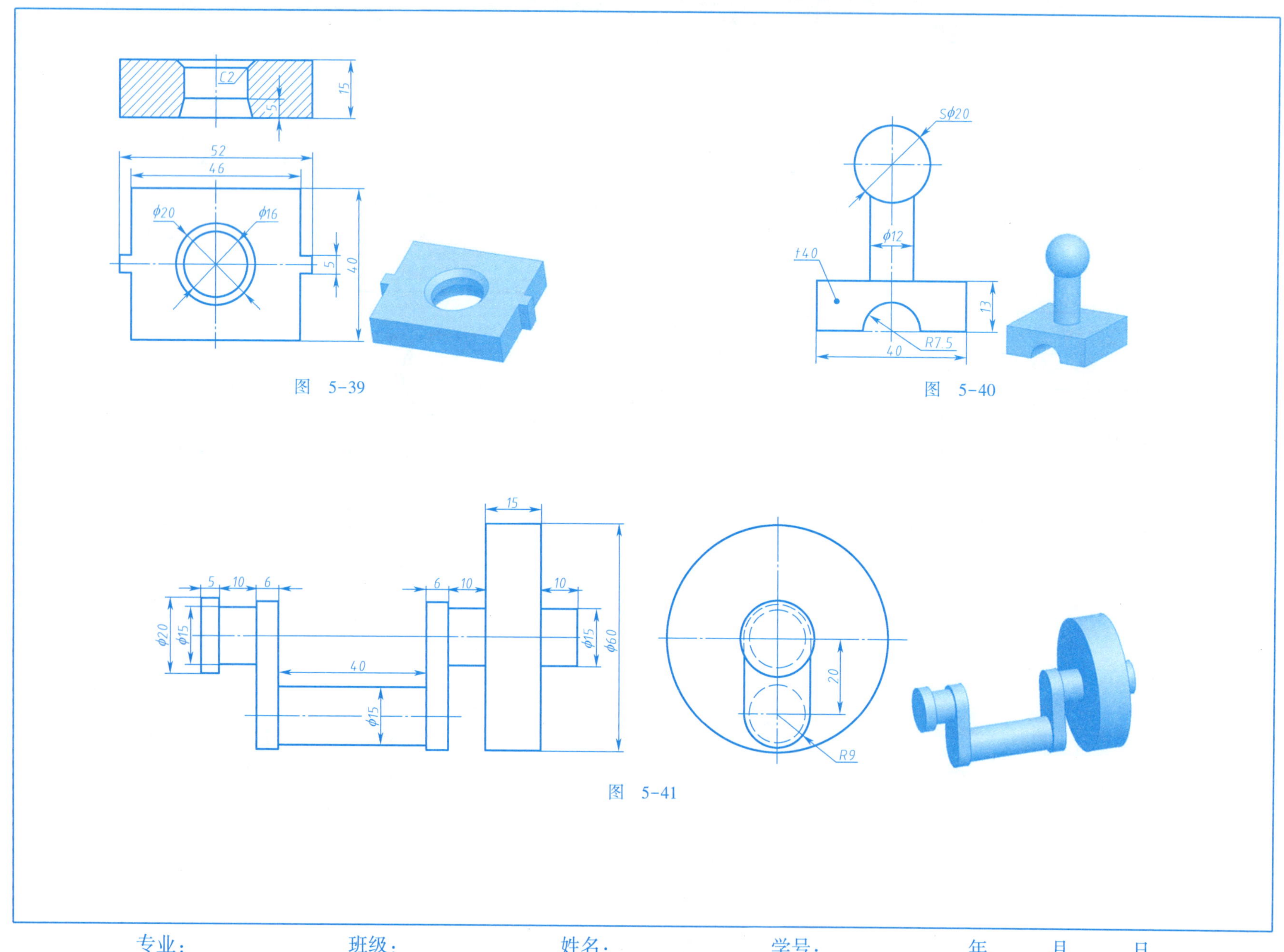

图 5-39

图 5-40

图 5-41

专业：　　　　班级：　　　　姓名：　　　　学号：　　　　年　　月　　日

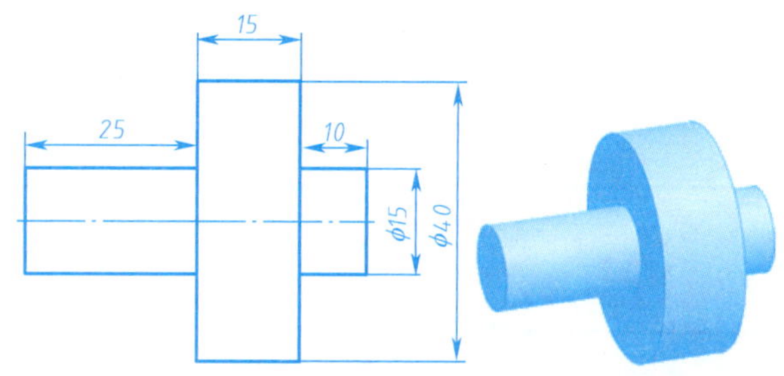

图　5-42

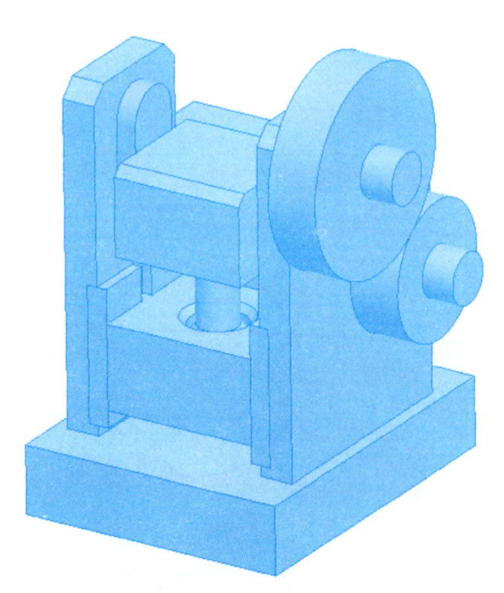

图　5-43

6.1　基础技能训练

1. 按照给定的尺寸建模，并生成工程图。

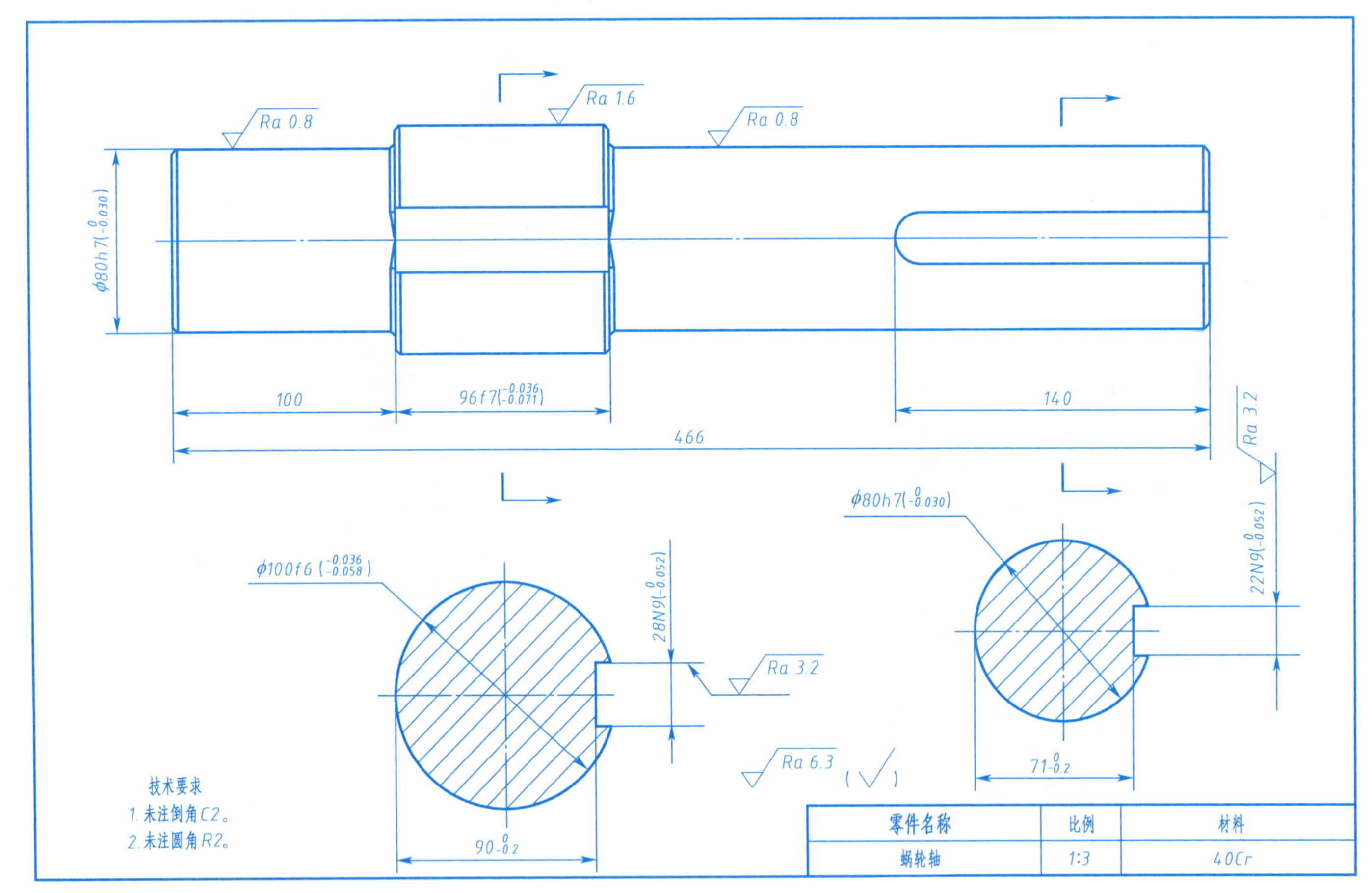

零件名称	比例	材料
蜗轮轴	1:3	40Cr

专业：　　班级：　　姓名：　　学号：　　年　　月　　日

2. 按照给定的尺寸建模，并生成工程图。

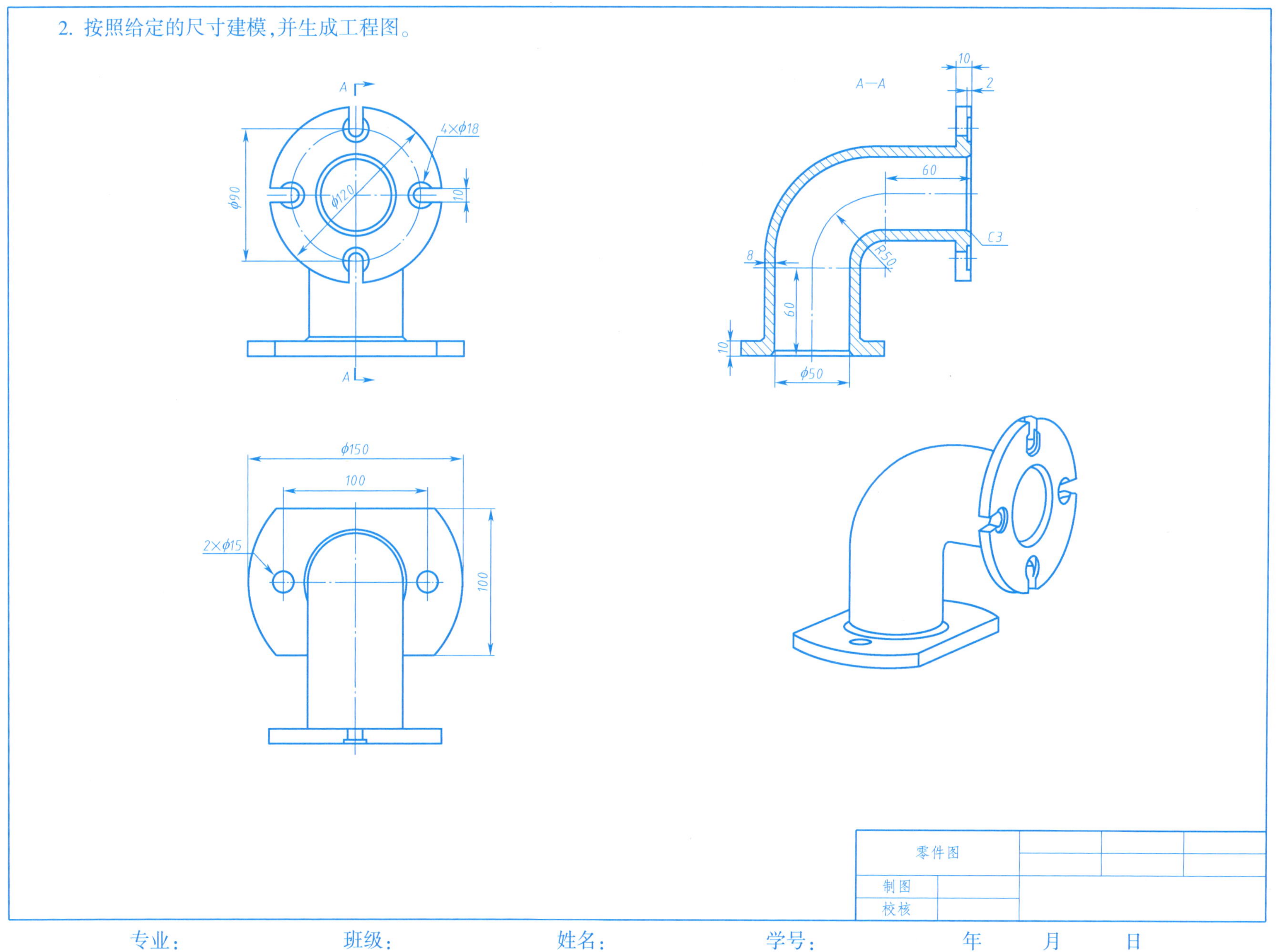

专业：　　　　班级：　　　　姓名：　　　　学号：　　　　年　　月　　日

3. 按照给定的尺寸建模，并生成工程图。

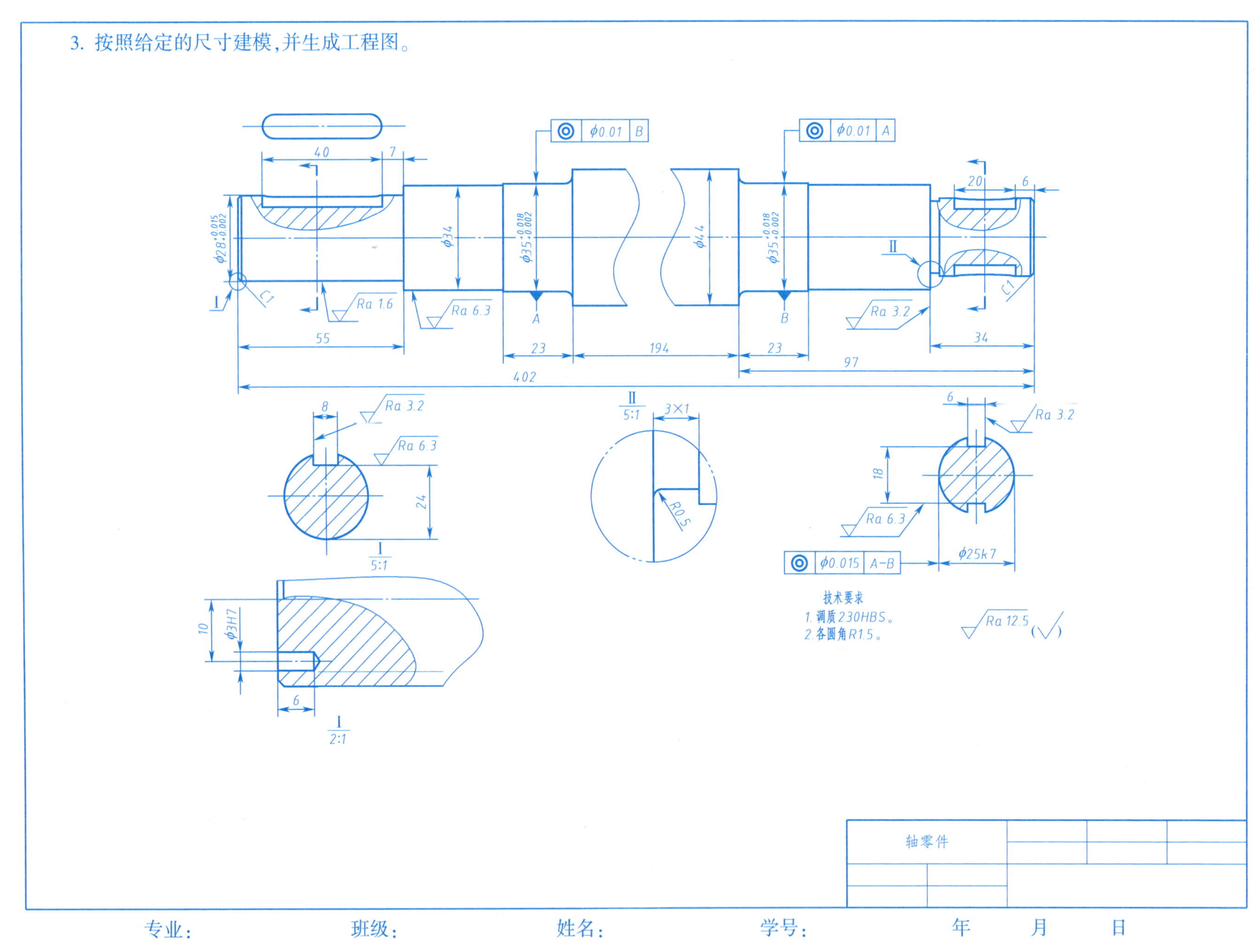

专业： 班级： 姓名： 学号： 年 月 日

4. 按照给定的尺寸建模，并生成工程图。

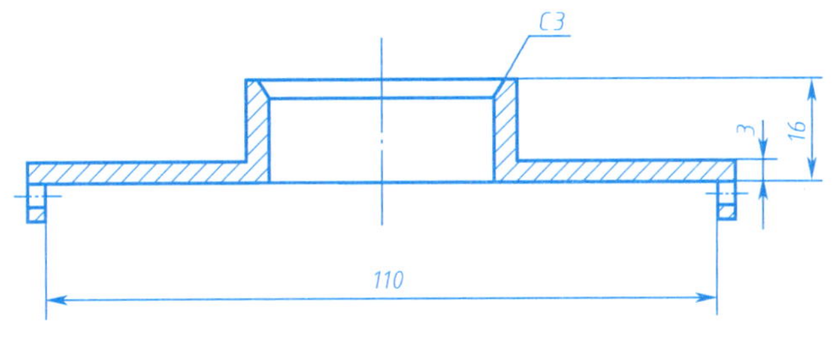

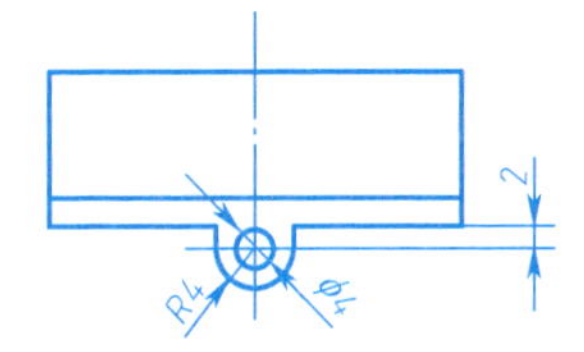

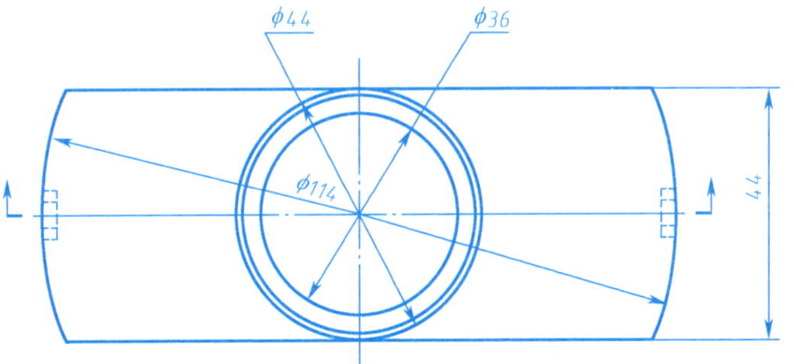

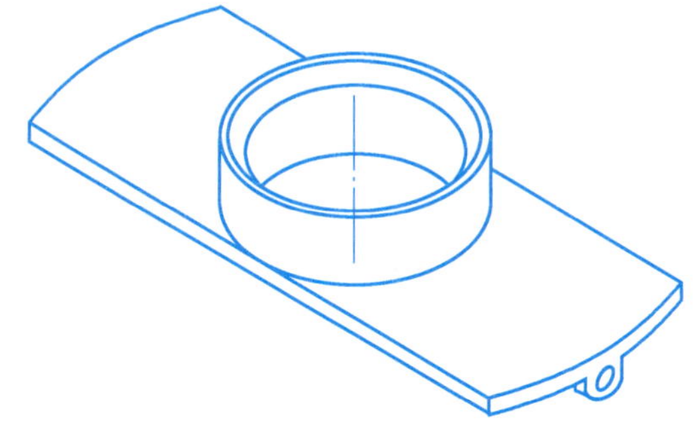

外壳		质量	比例	材料
制图				
校核				

专业：　　班级：　　姓名：　　学号：　　年　　月　　日

5. 按照给定的尺寸建模,并生成工程图。

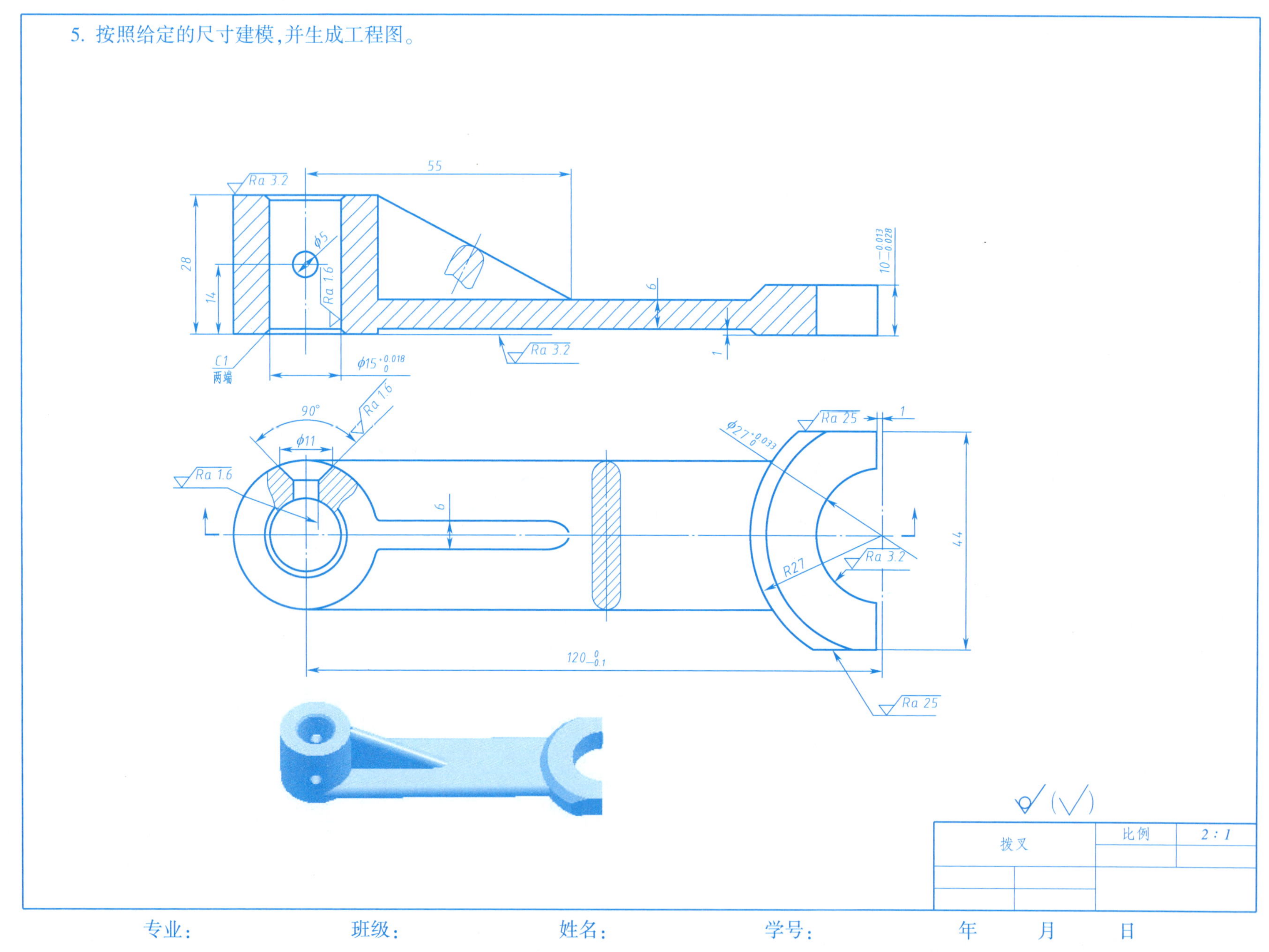

6. 按照给定的尺寸建模，并生成工程图。

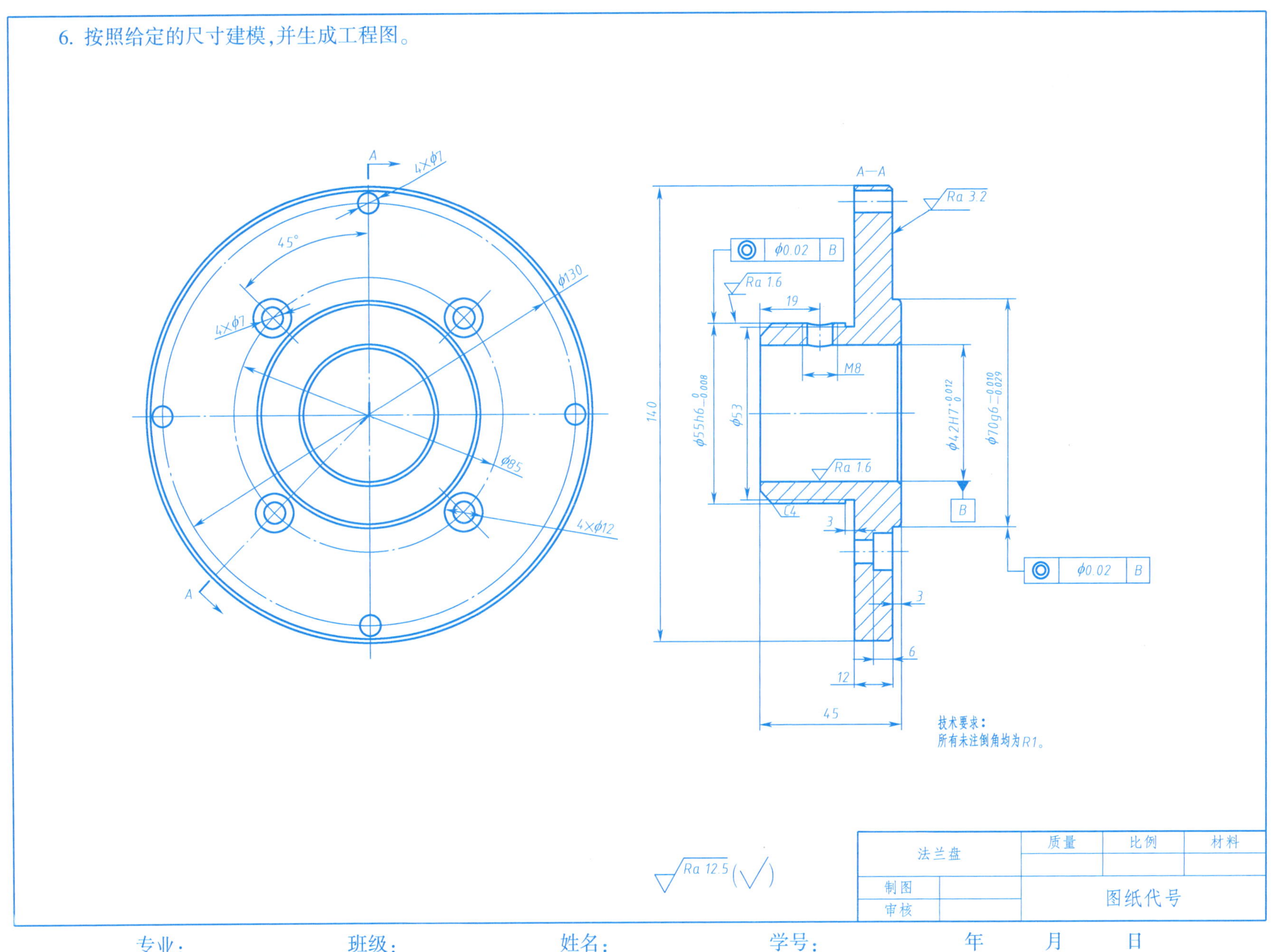

专业： 班级： 姓名： 学号： 年 月 日

7. 按照给定的尺寸建模，并生成工程图。

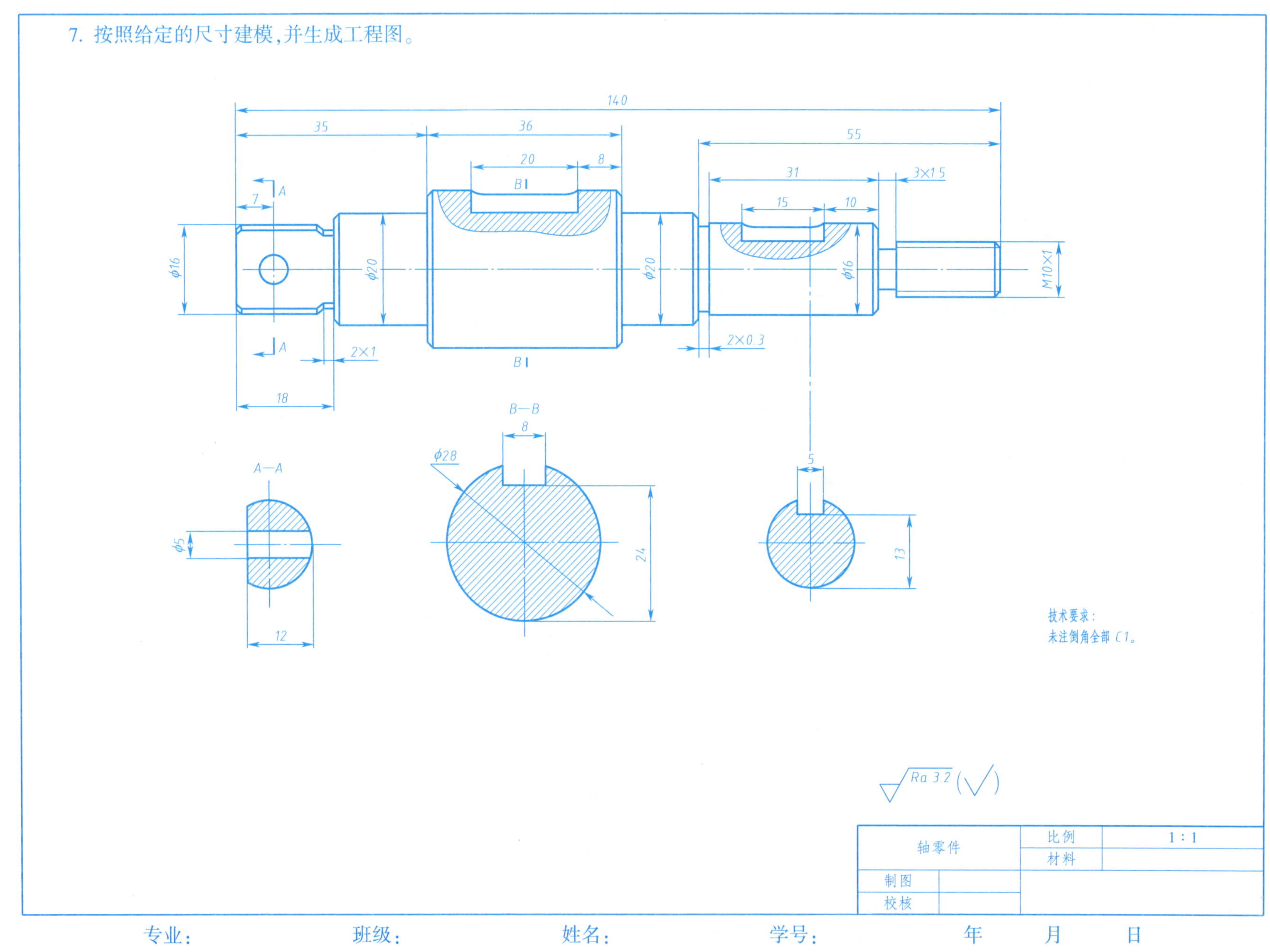

专业： 班级： 姓名： 学号： 年 月 日

8. 按照给定的尺寸建模，并生成工程图。

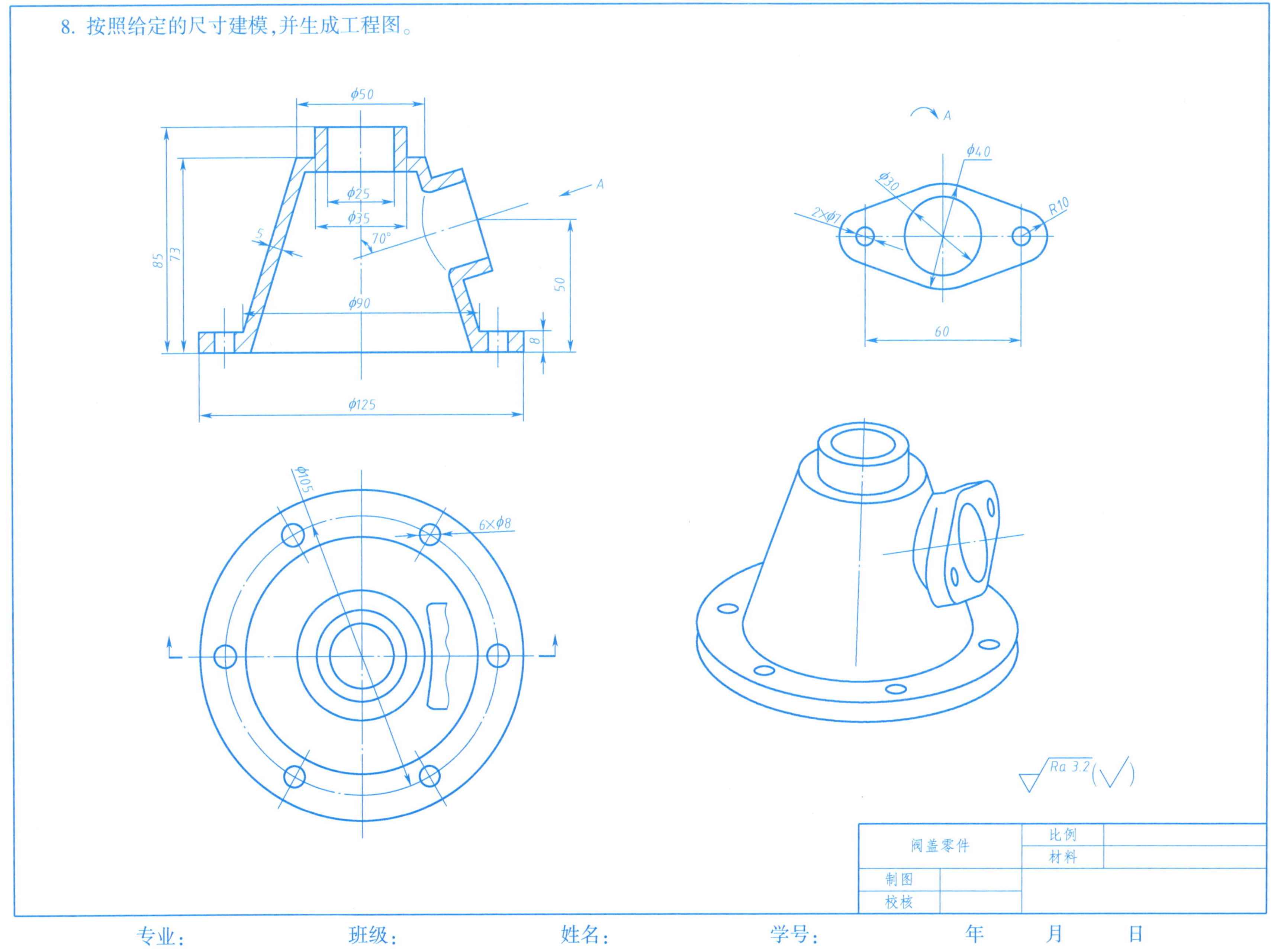

专业：　　班级：　　姓名：　　学号：　　年　月　日

9. 按照给定的尺寸建模，并生成工程图。

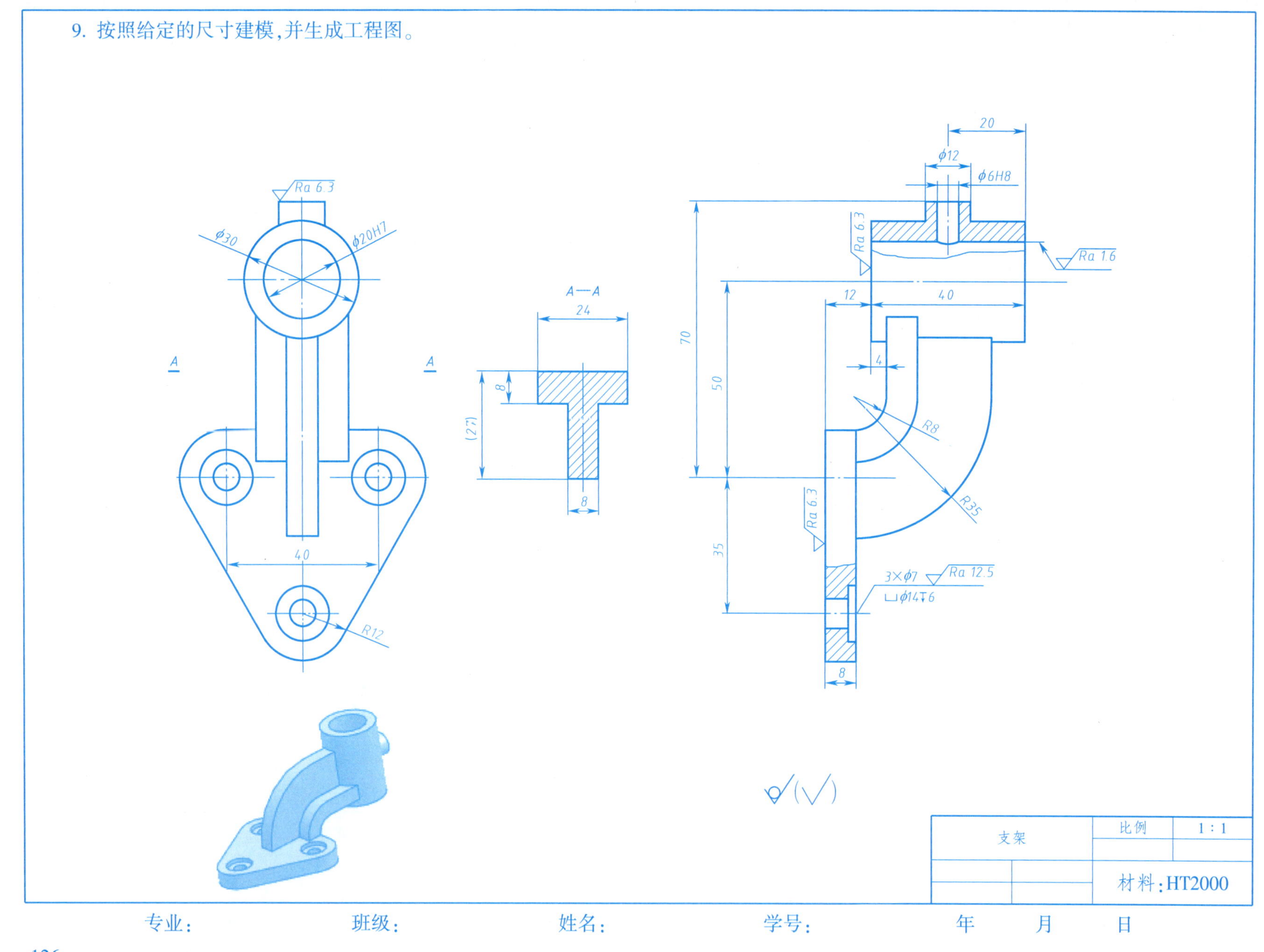

专业：　　班级：　　姓名：　　学号：　　年　月　日

10. 按照给定的尺寸建模,并生成工程图。

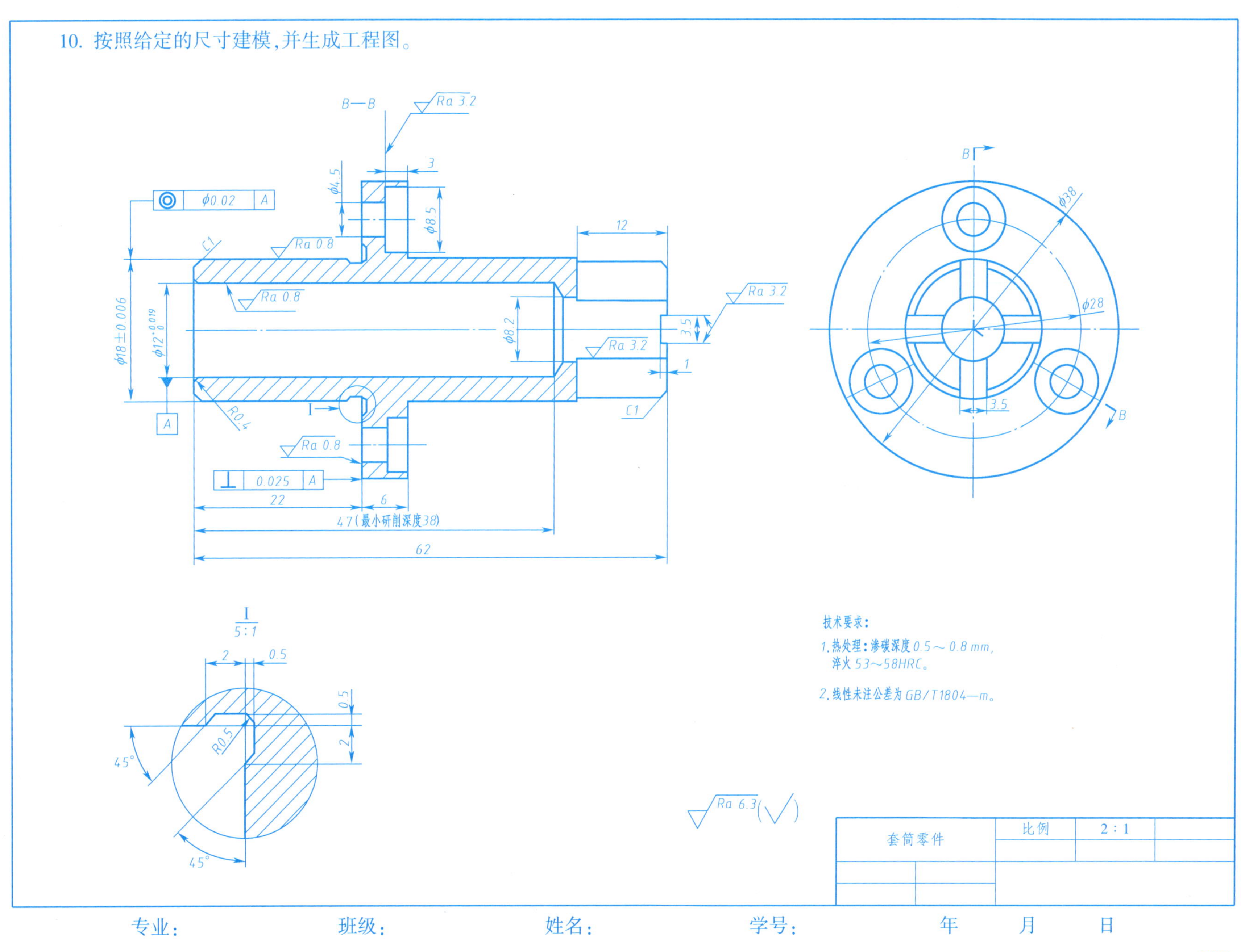

专业: 班级: 姓名: 学号: 年 月 日

6.2　技能提升训练

1. 按照给定的尺寸建模，并生成工程图。

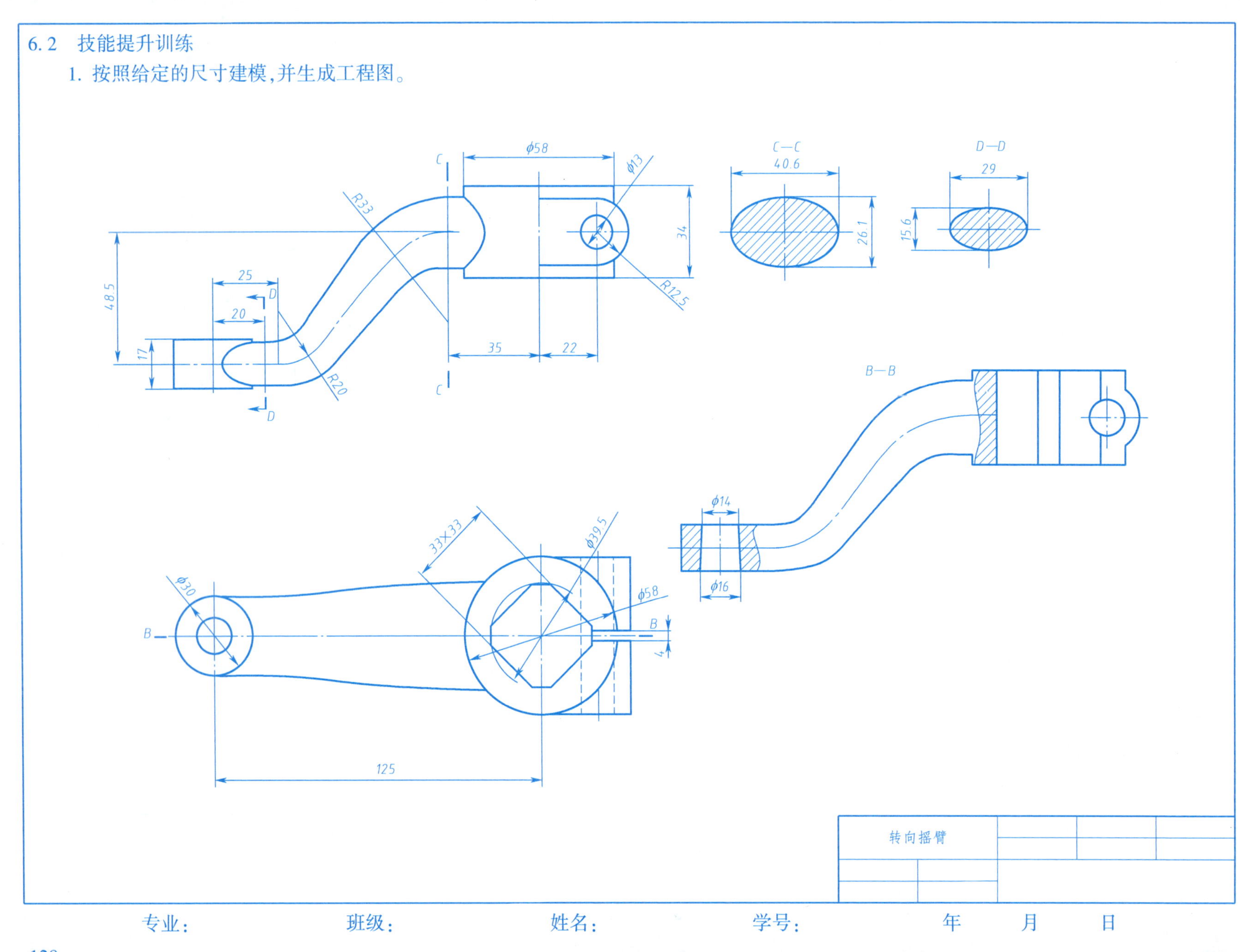

专业：　　　　班级：　　　　姓名：　　　　学号：　　　　年　　月　　日

2. 按照给定的尺寸建模,并生成工程图。

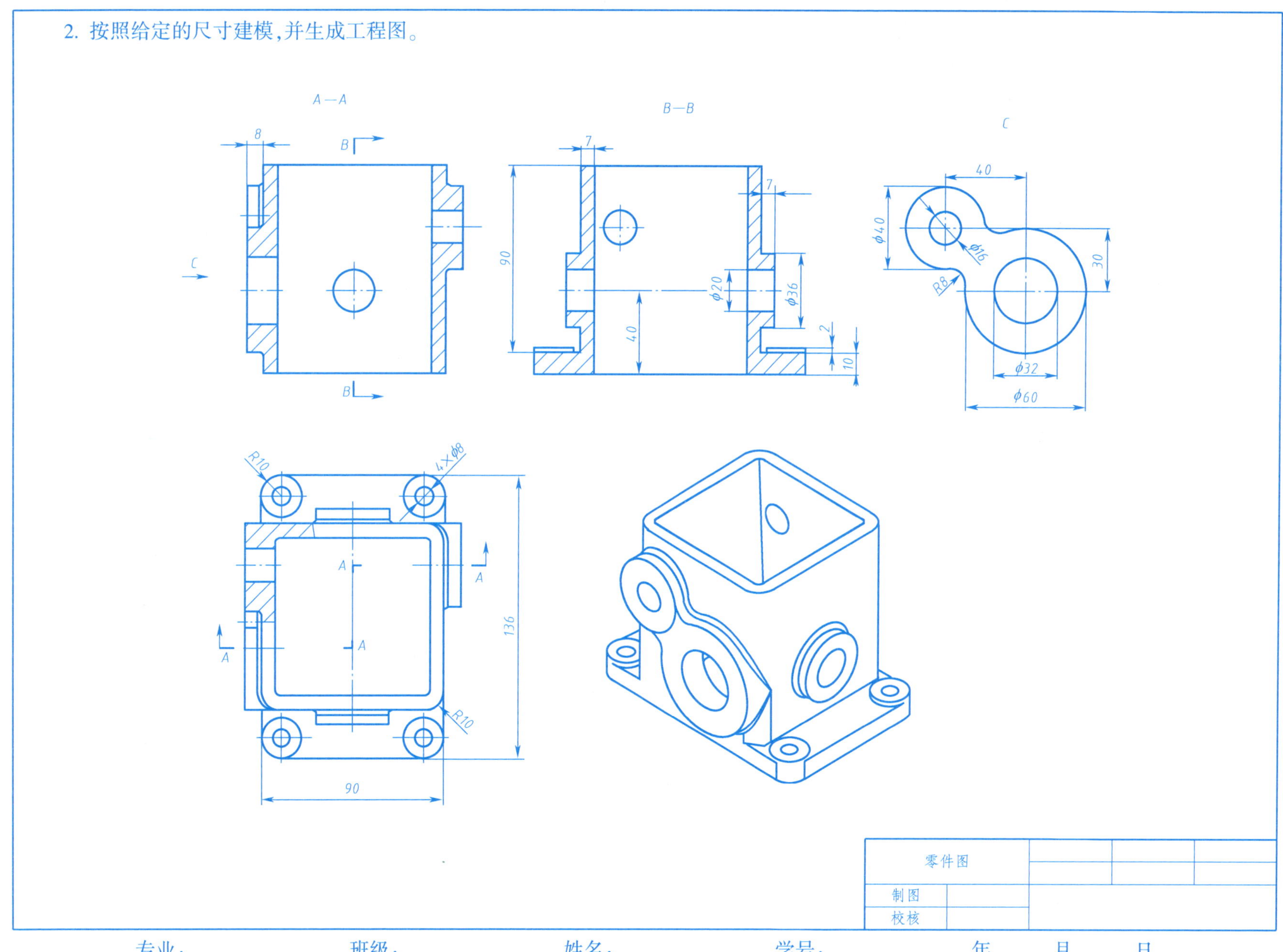

专业： 班级： 姓名： 学号： 年 月 日

3. 按照给定的尺寸建模,并生成工程图。

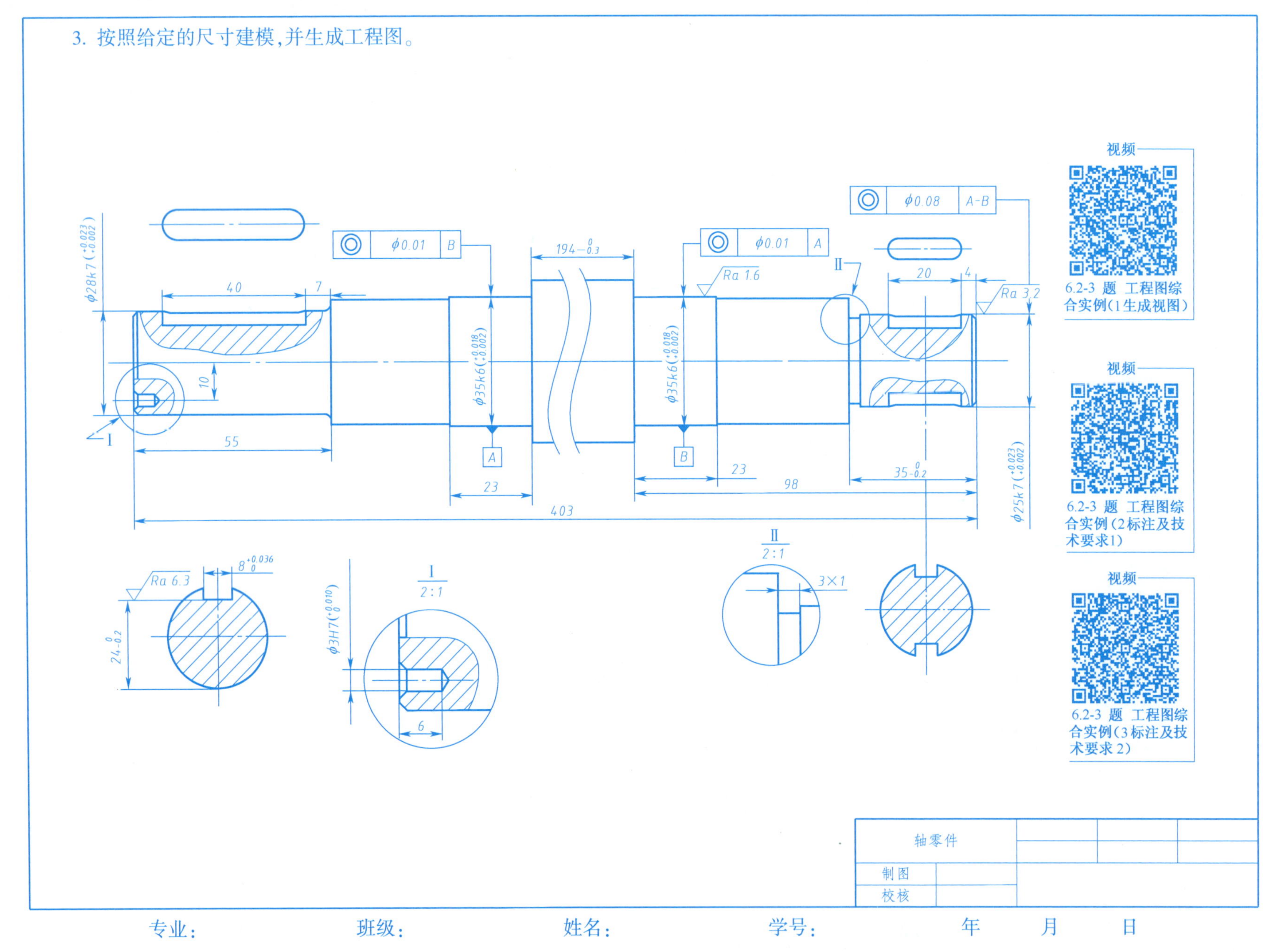

专业: 班级: 姓名: 学号: 年 月 日

4. 按照给定的尺寸建模,并生成工程图。

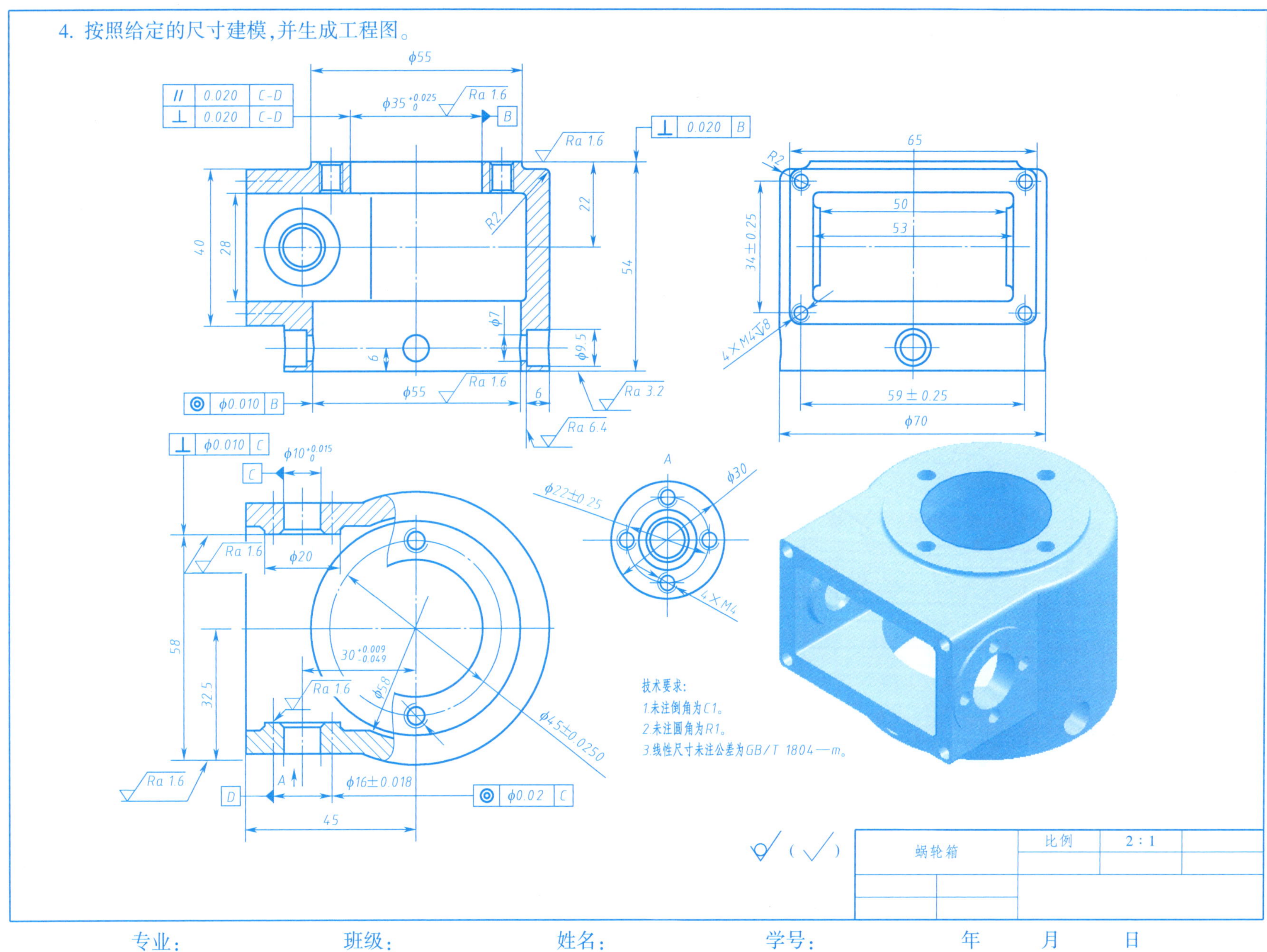

专业: 班级: 姓名: 学号: 年 月 日

5. 按照给定的尺寸建模,并生成工程图。

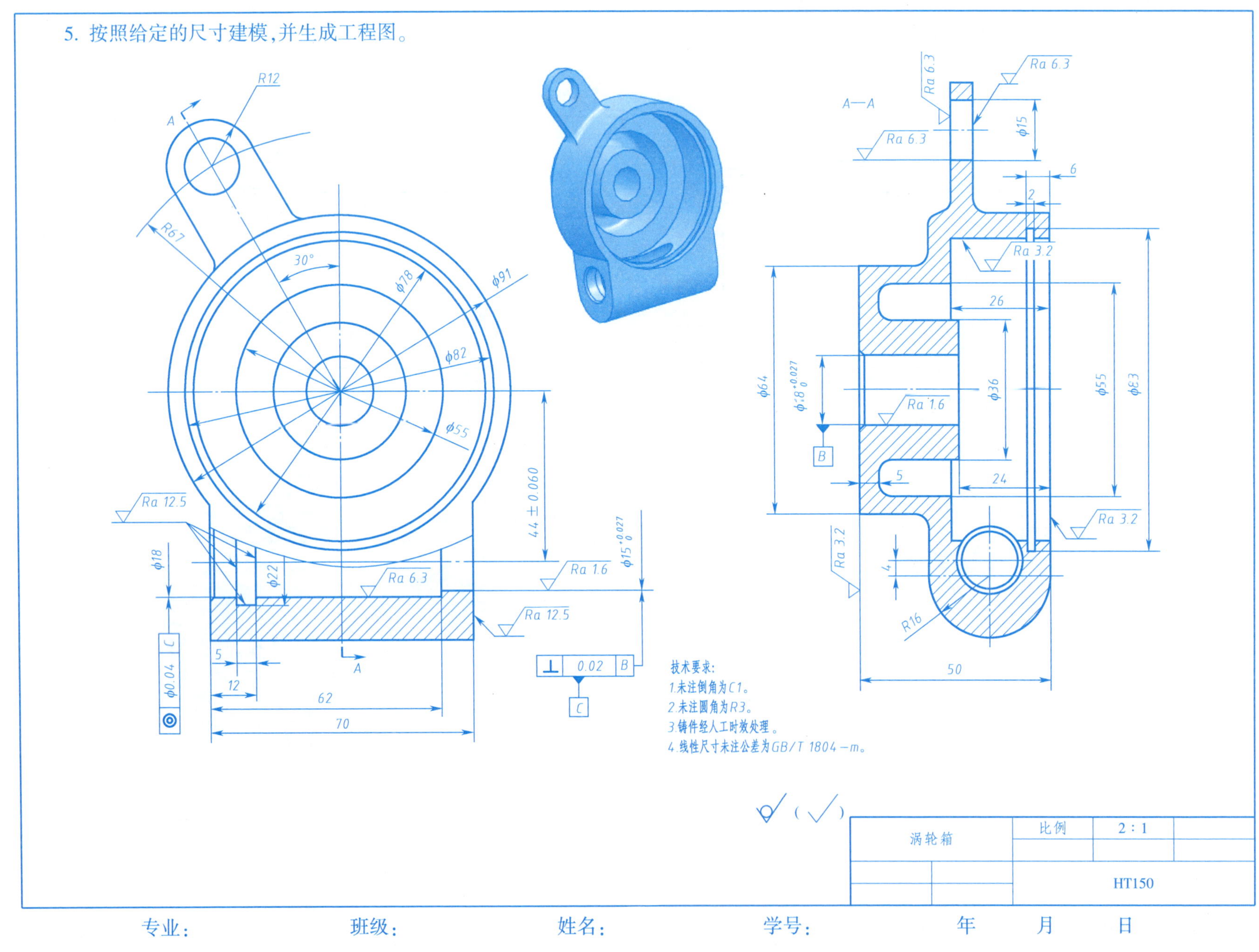

6. 按照给定的尺寸建模，并生成工程图。

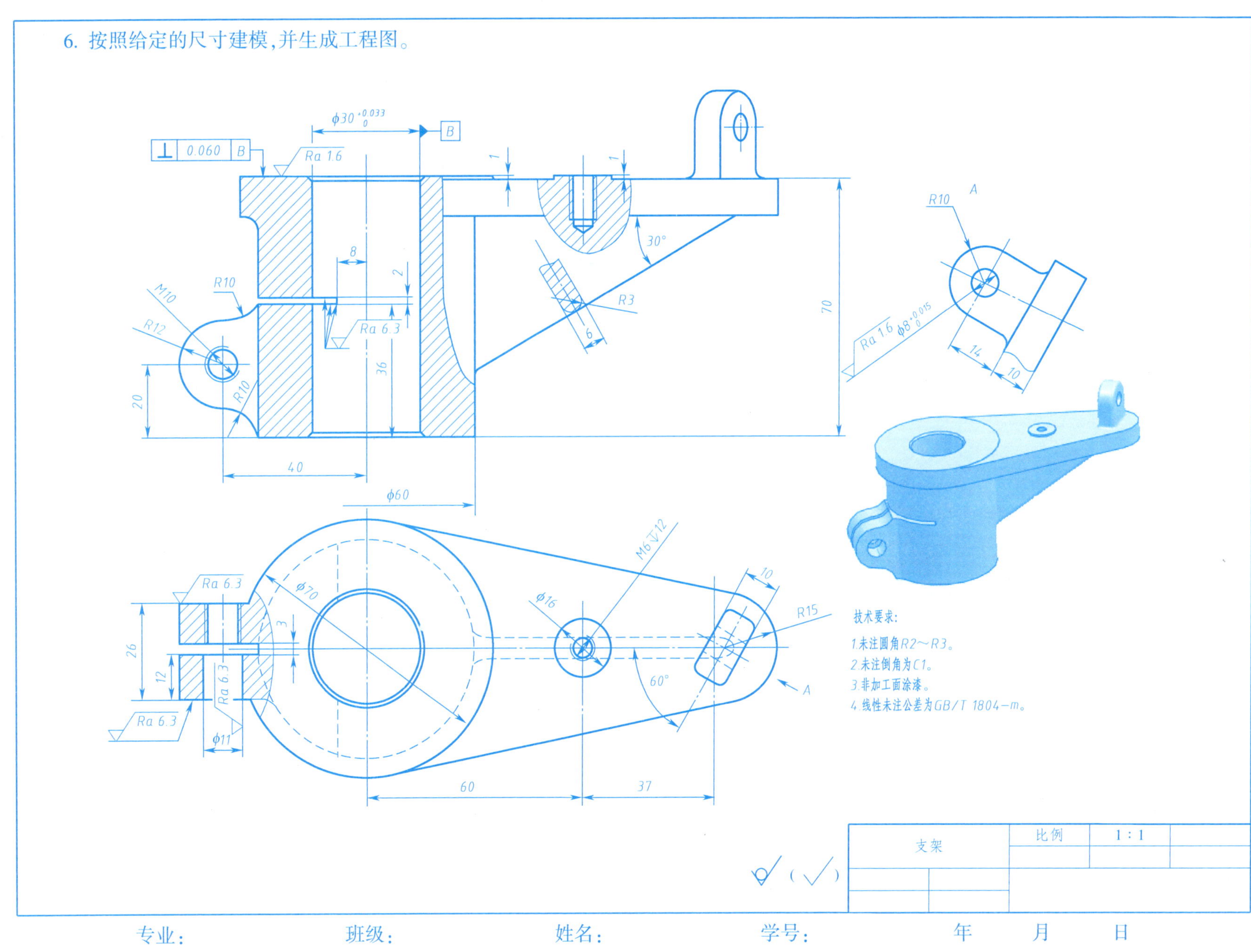

专业：　　班级：　　姓名：　　学号：　　年　月　日

7. 按照给定的尺寸建模，并生成工程图。

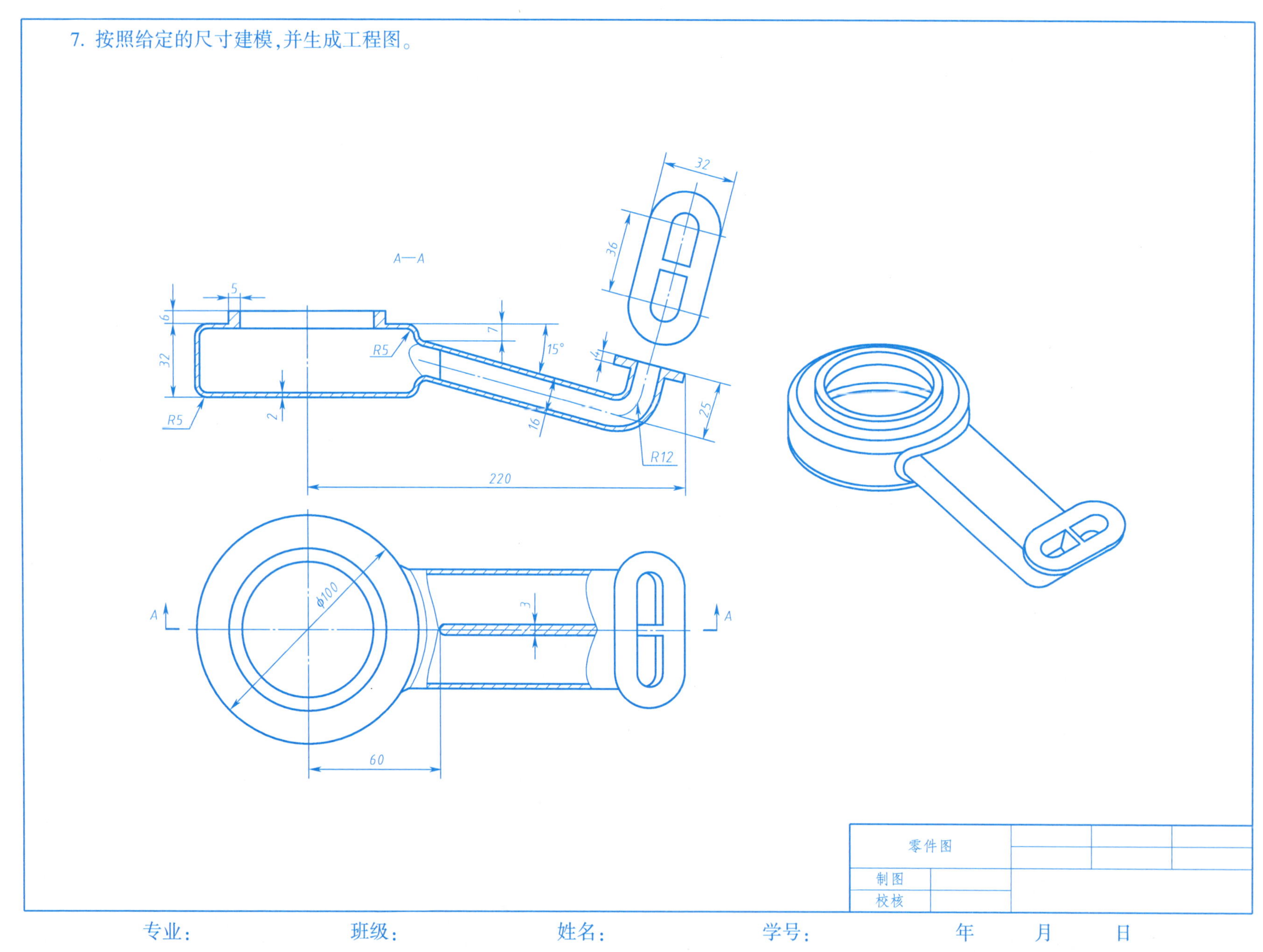

专业：　　班级：　　姓名：　　学号：　　年　月　日

8. 按照给定的尺寸建模，并生成工程图。

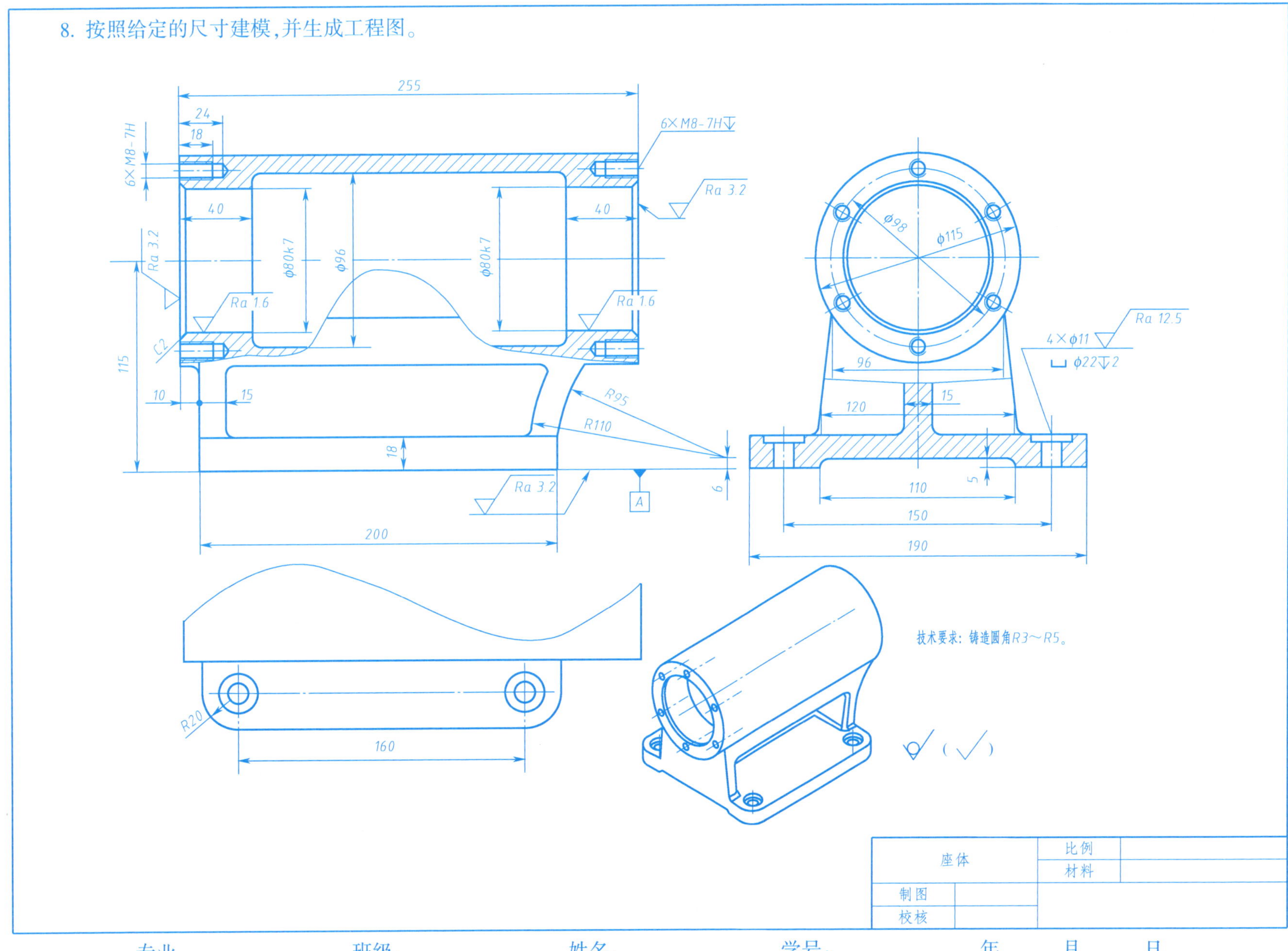

专业： 班级： 姓名： 学号： 年 月 日

6.3 技能巩固训练

1. 按照给定的尺寸建模，并生成工程图。

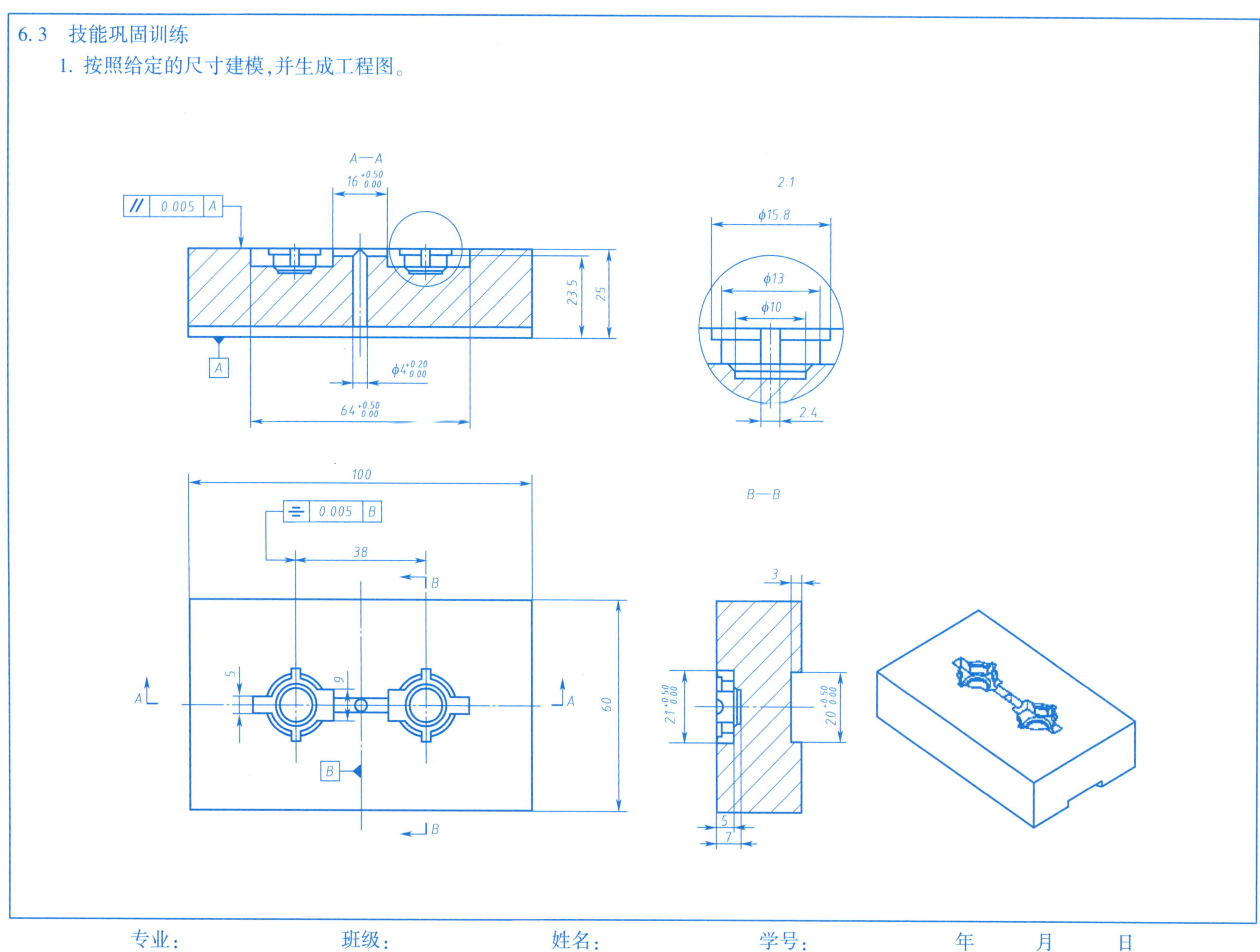

专业：　　班级：　　姓名：　　学号：　　年　　月　　日

2. 按照给定的尺寸建模，并生成工程图。

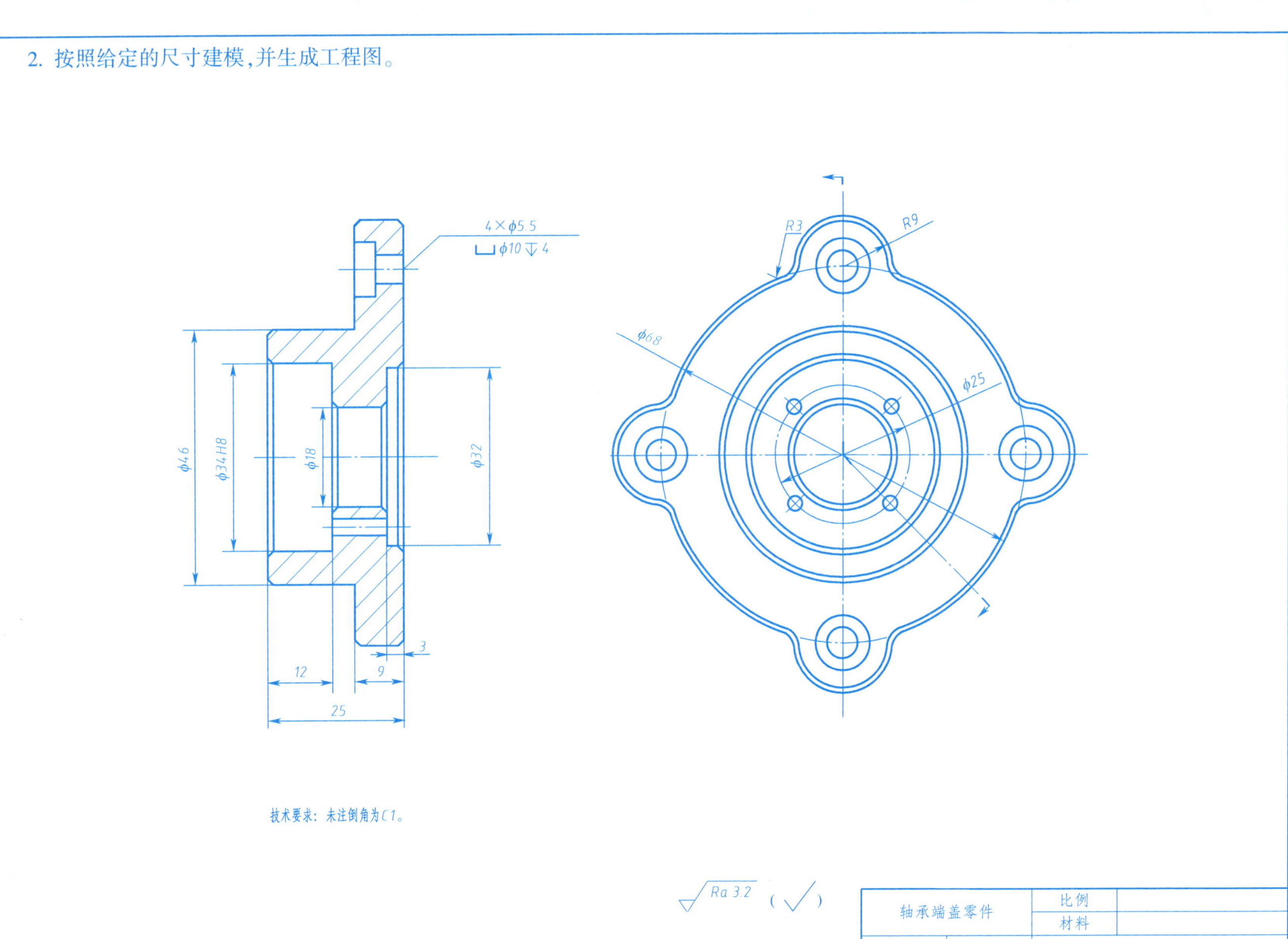

专业： 班级： 姓名： 学号： 年 月 日

3. 按照给定的尺寸建模,并生成工程图。

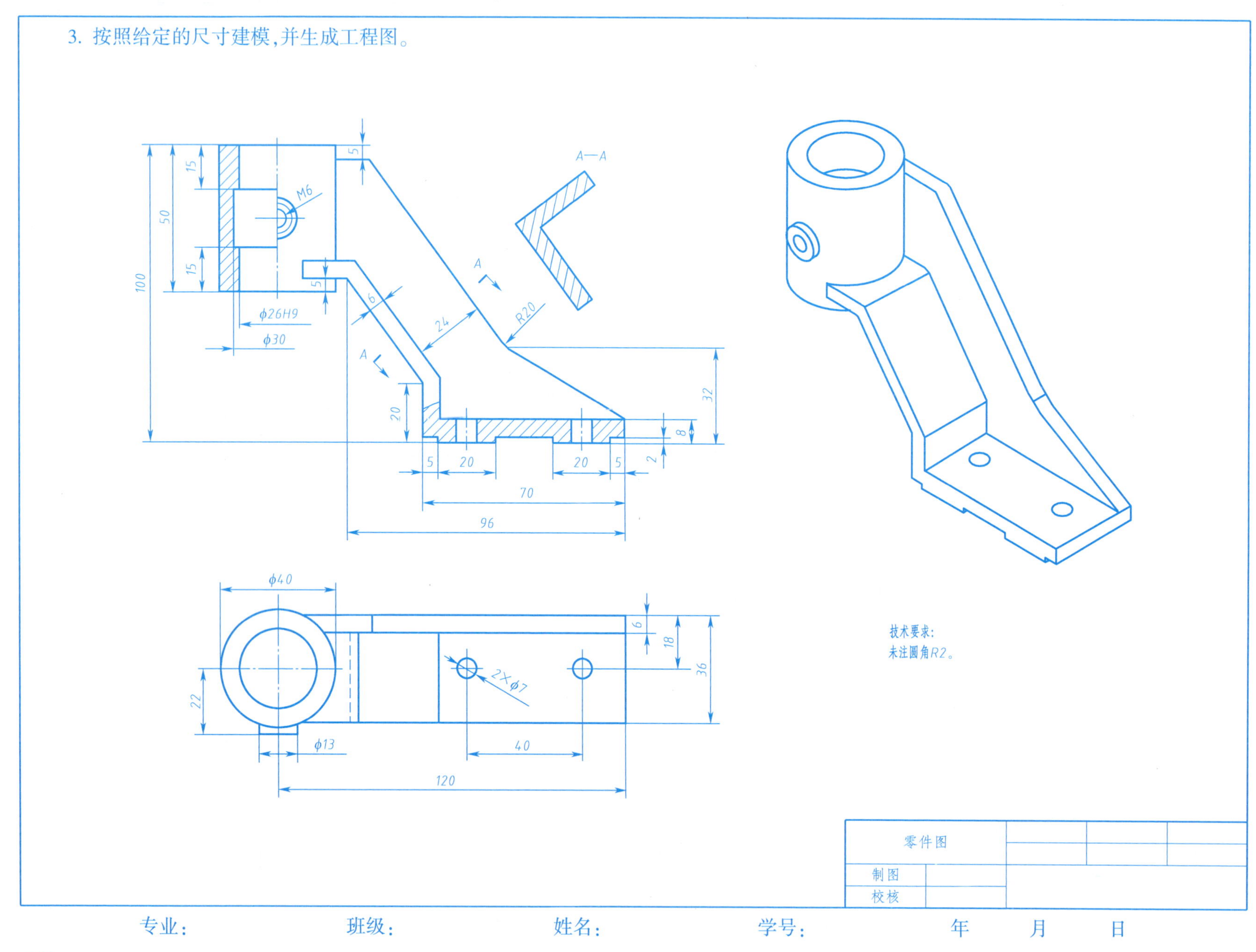

专业: 班级: 姓名: 学号: 年 月 日

4. 按照给定的尺寸建模，并生成工程图。

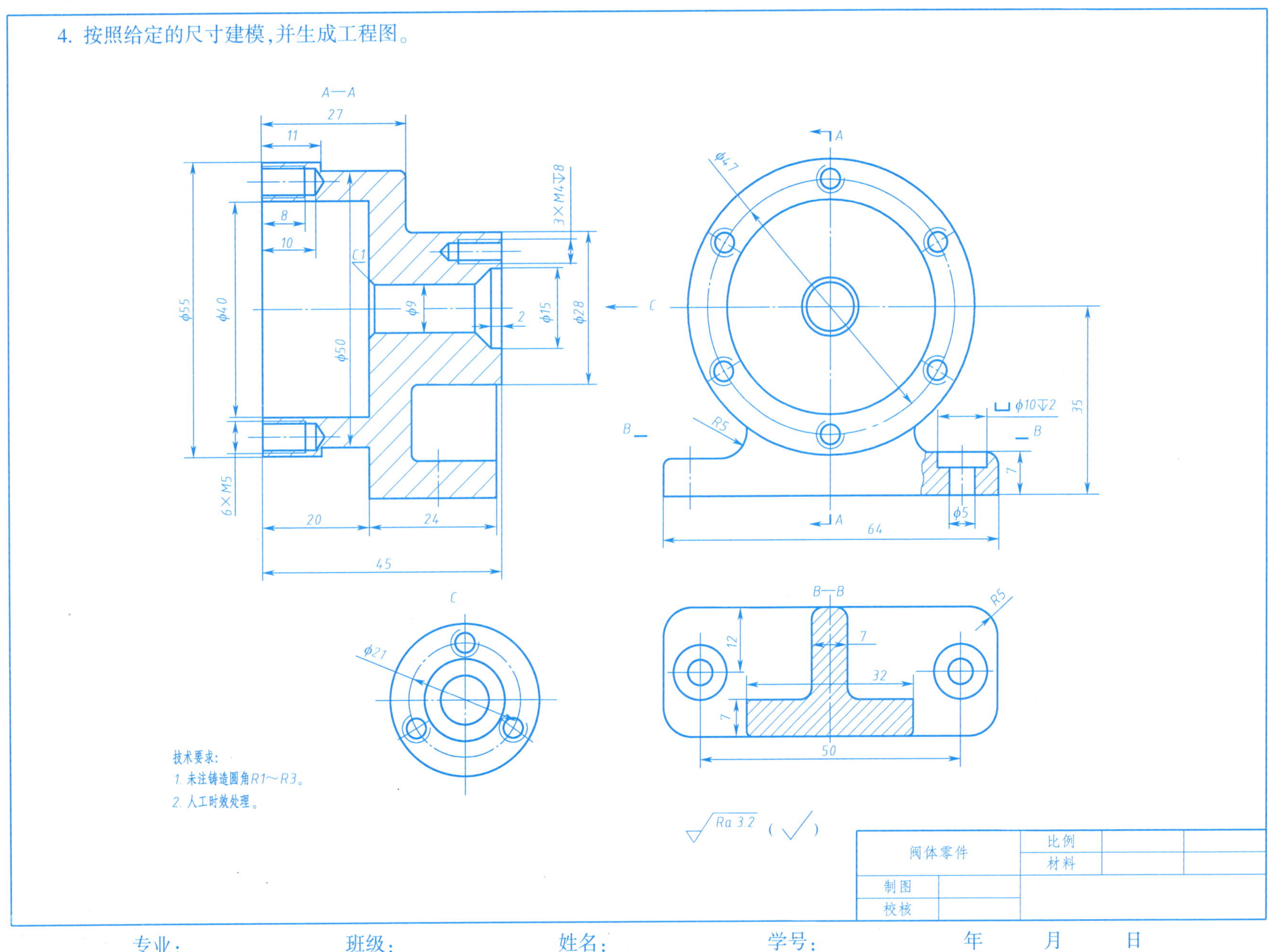

专业： 班级： 姓名： 学号： 年 月 日

5. 按照给定的尺寸建模，并生成工程图。

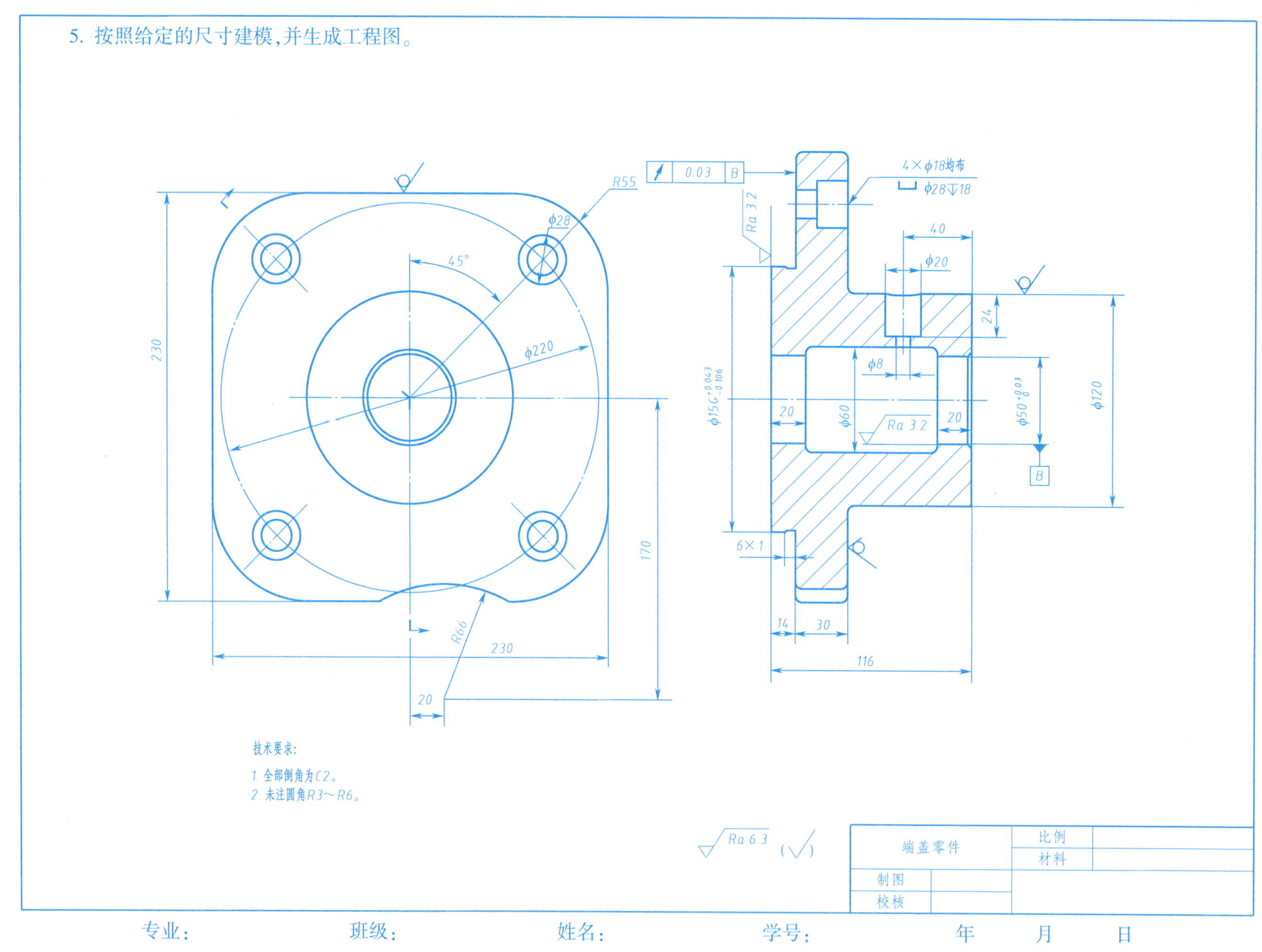

专业： 班级： 姓名： 学号： 年 月 日

6. 按照给定的尺寸建模,并生成工程图。

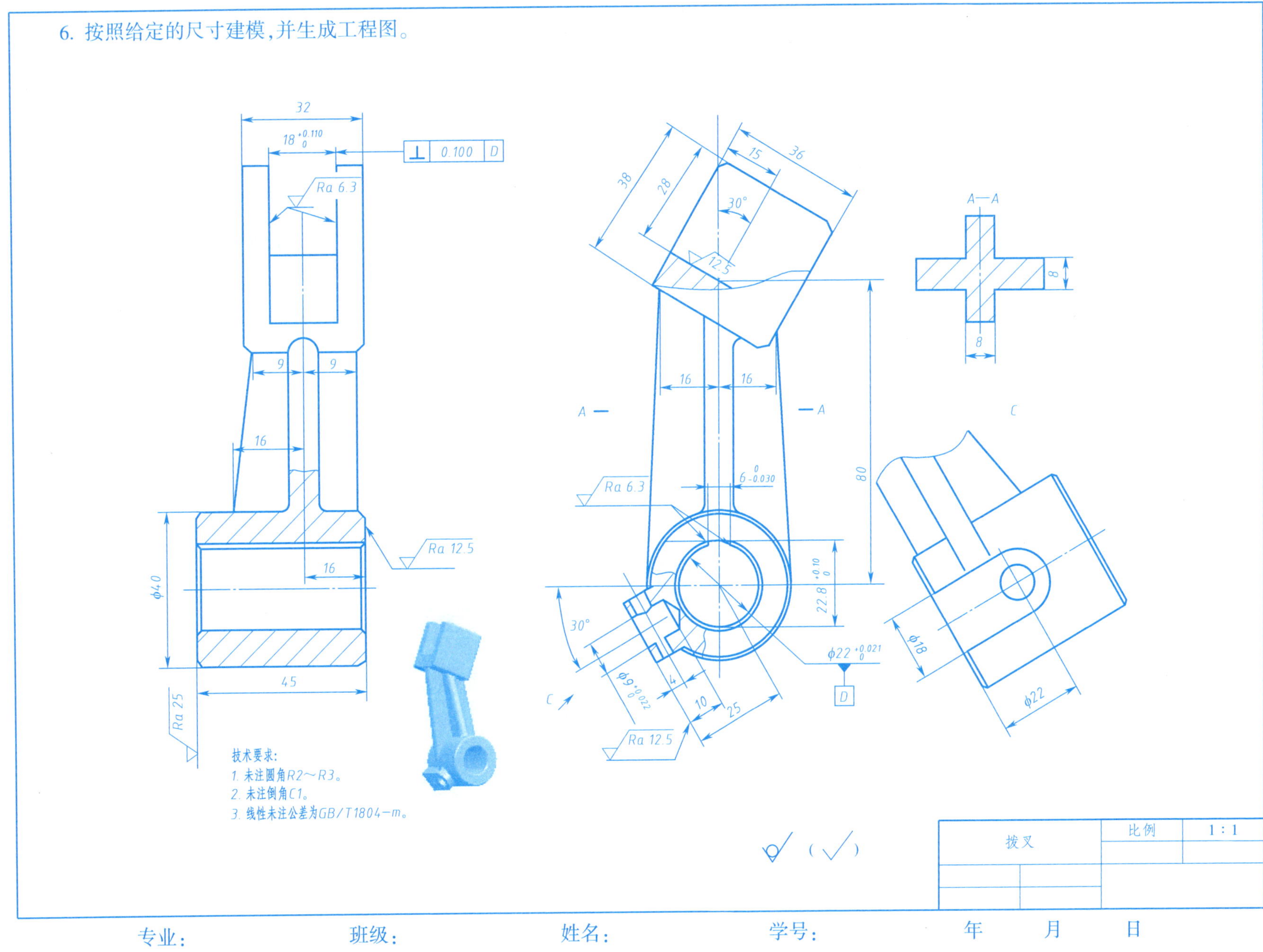

专业：　　班级：　　姓名：　　学号：　　年　月　日

7. 按照给定的尺寸建模，并生成工程图。

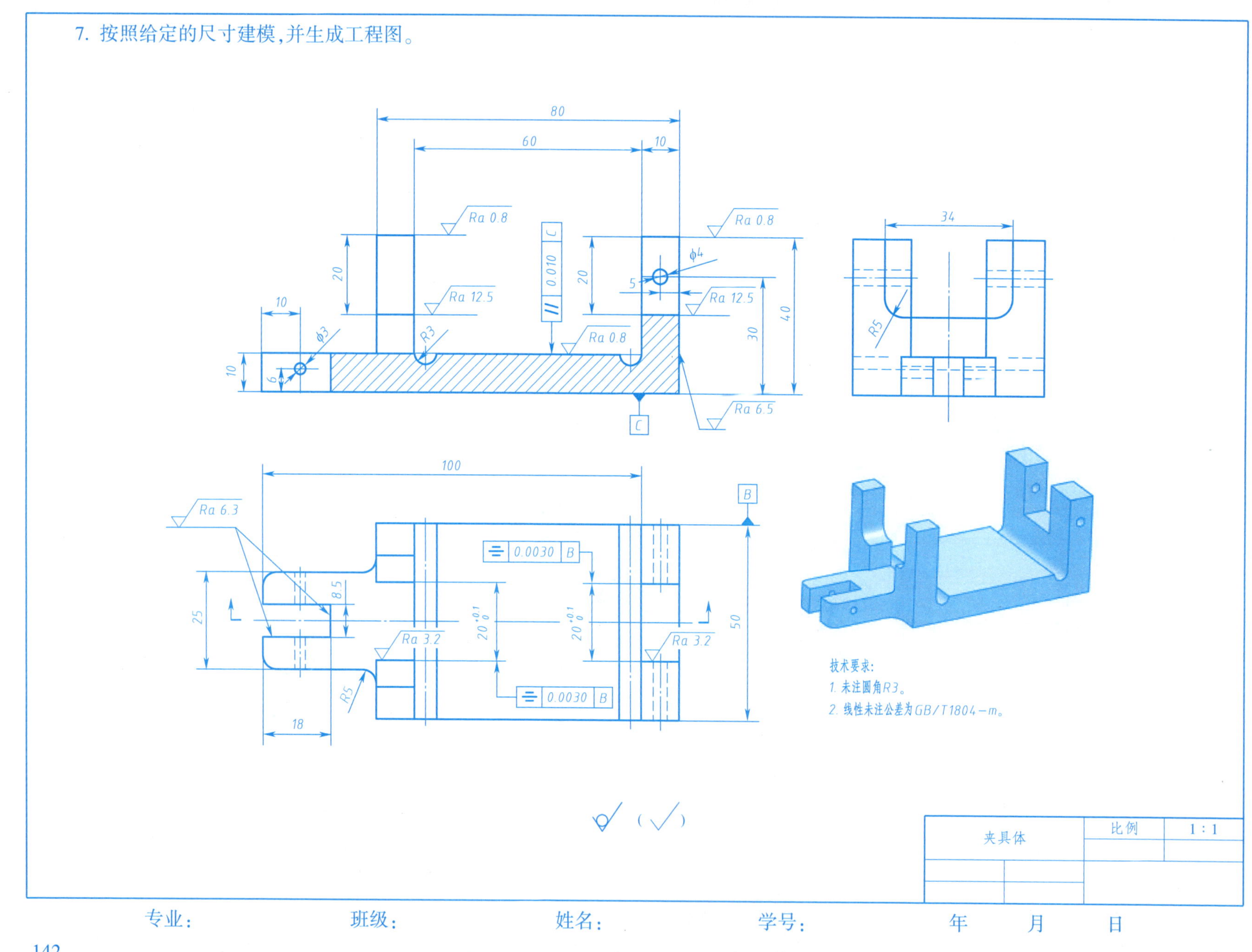

专业： 班级： 姓名： 学号： 年 月 日

8. 按照给定的尺寸建模，并生成工程图。

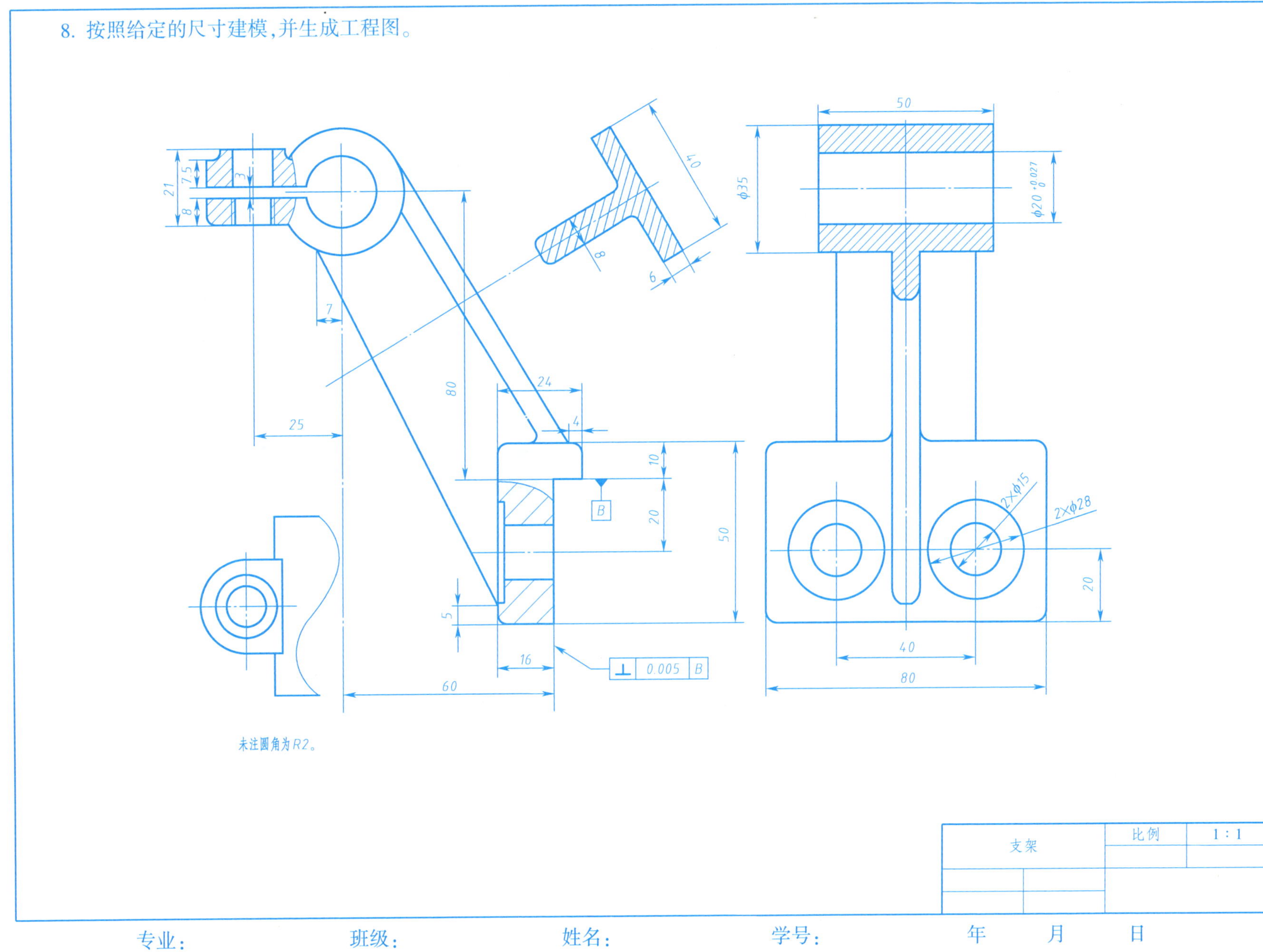

专业：　　班级：　　姓名：　　学号：　　年　月　日

9. 按照给定的尺寸建模，并生成工程图。

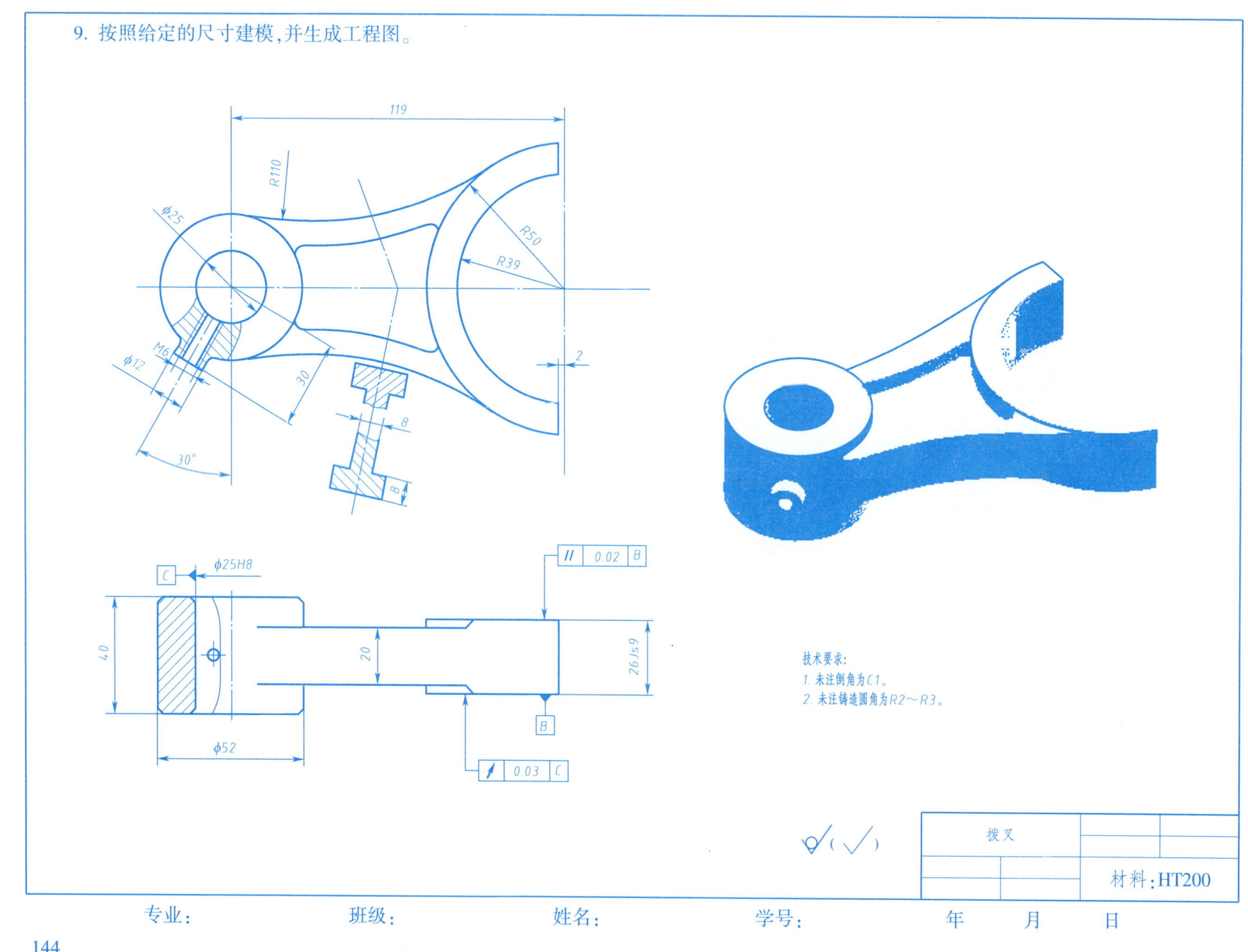

专业： 班级： 姓名： 学号： 年 月 日

10. 按照给定的尺寸建模，并生成工程图。

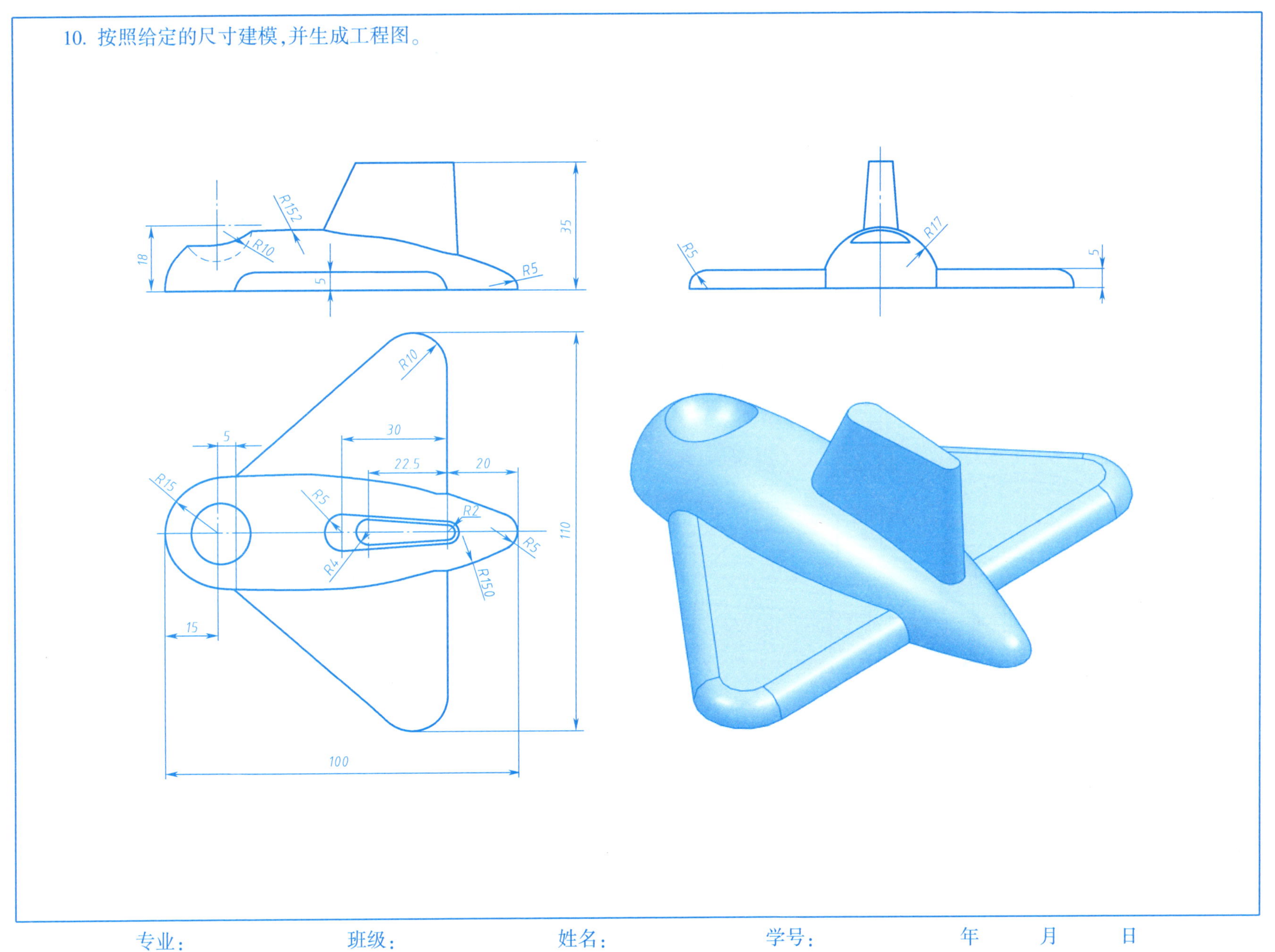

专业：　　　　班级：　　　　姓名：　　　　学号：　　　　年　　月　　日

11. 按照给定的尺寸建模,并生成工程图。

(1)主要尺寸如图所示,其余自定。

(2)未注圆角 $R0.5$。

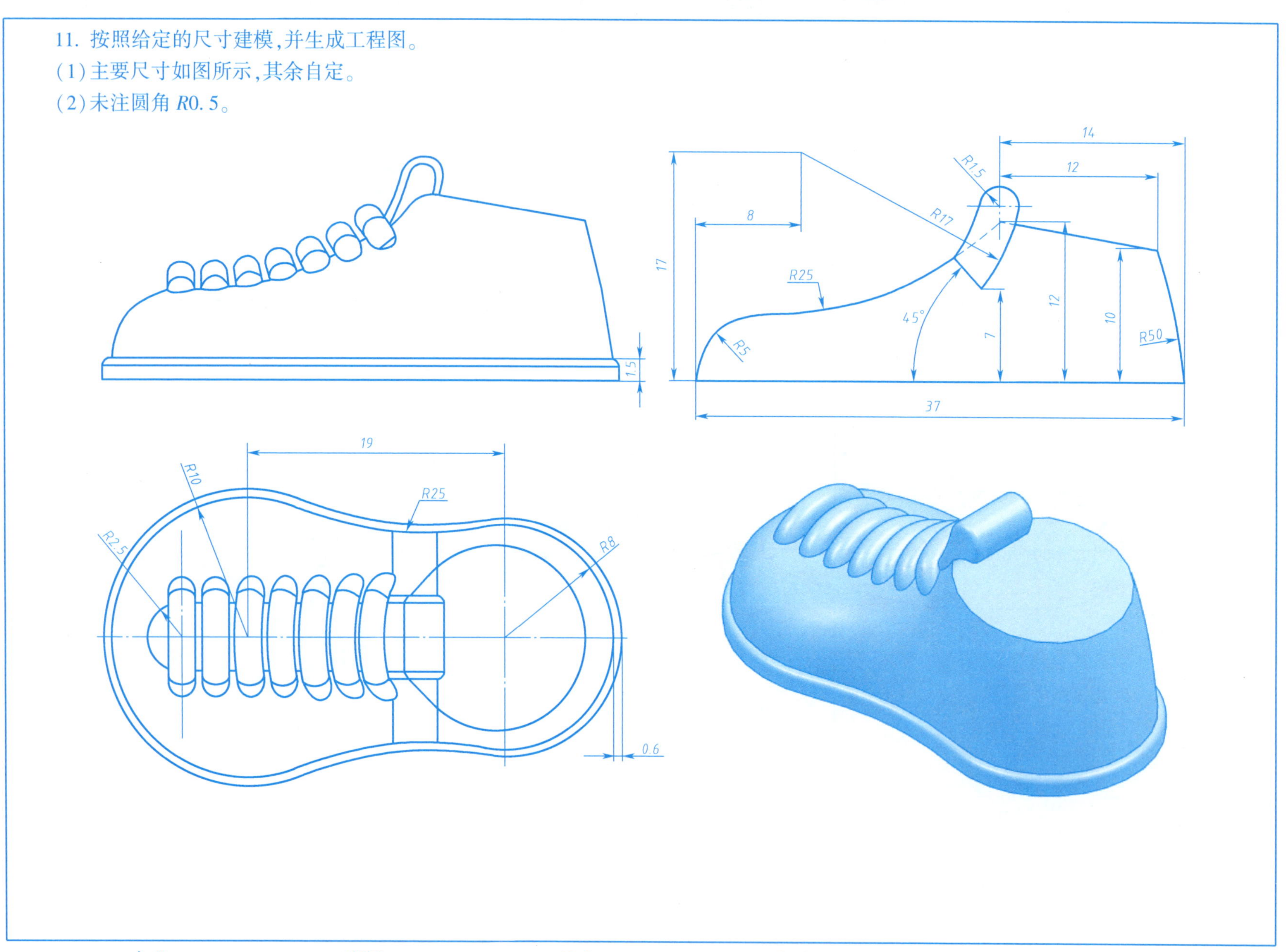

专业:　　　　班级:　　　　姓名:　　　　学号:　　　　年　　月　　日

12. 按照给定的尺寸建模,并生成工程图。

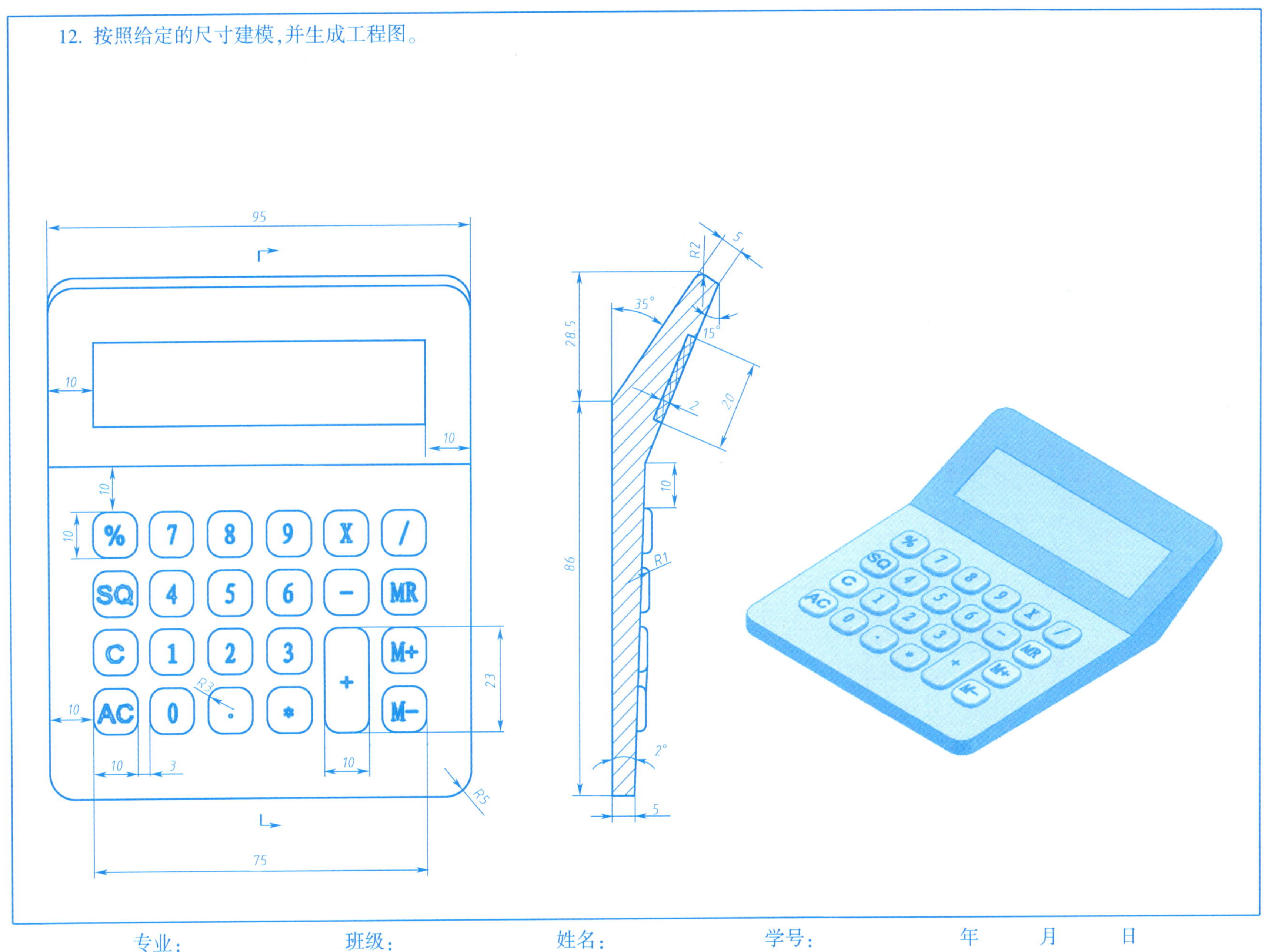

专业： 班级： 姓名： 学号： 年 月 日

13. 按照给定的尺寸建模,并生成工程图

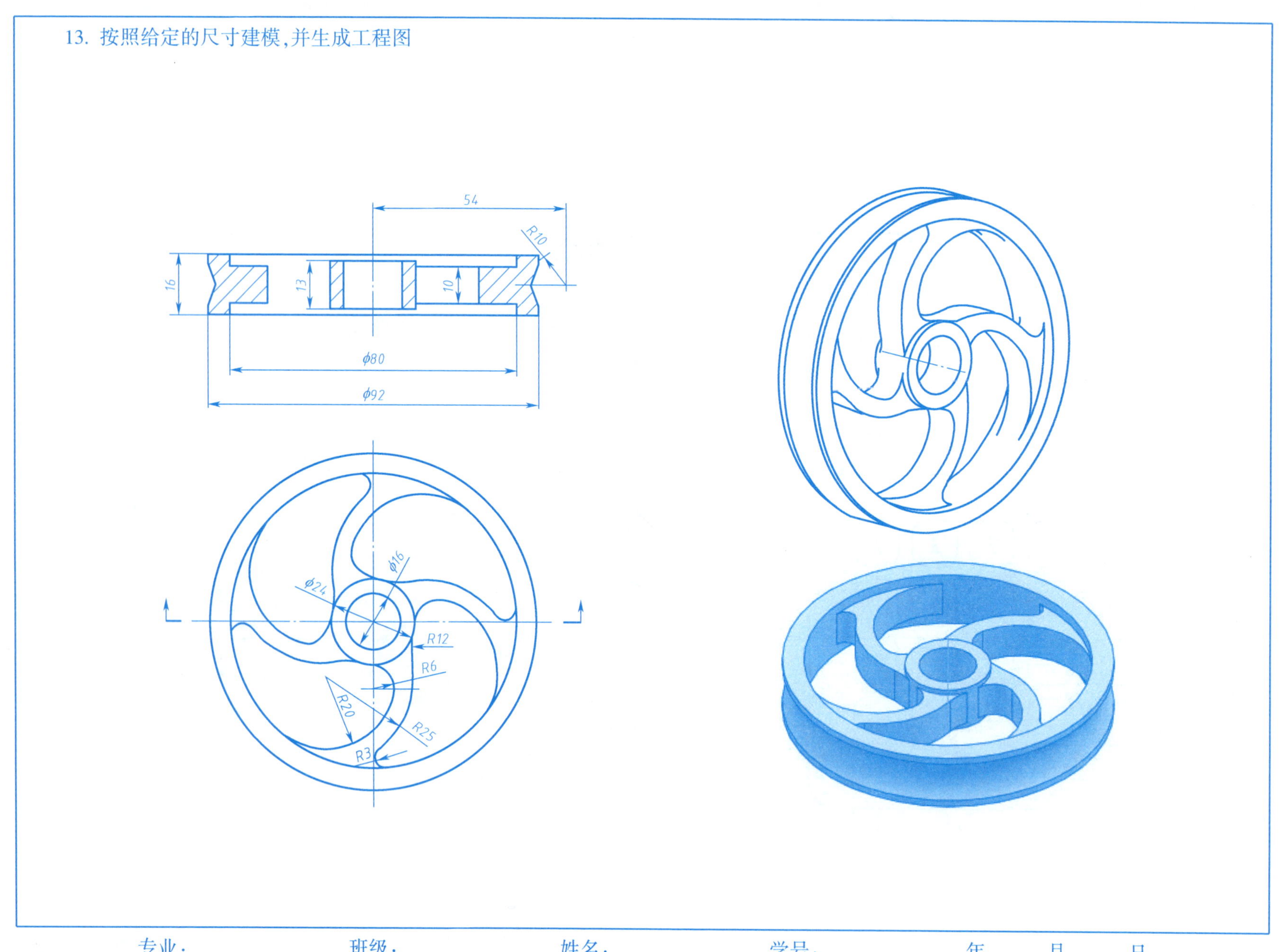

专业：　　　　班级：　　　　姓名：　　　　学号：　　　　年　　月　　日

14. 按照给定的尺寸建模，并生成工程图。

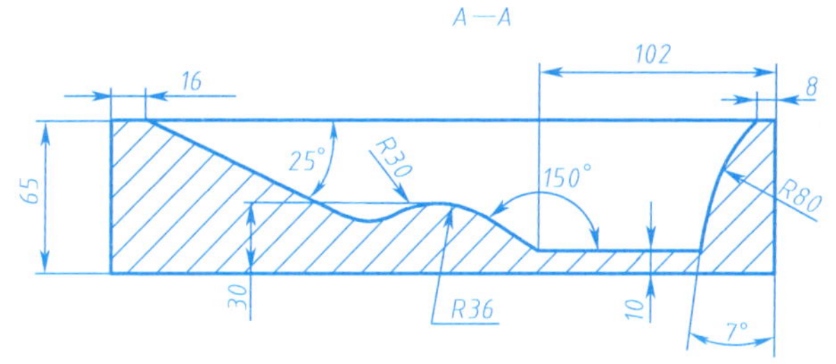

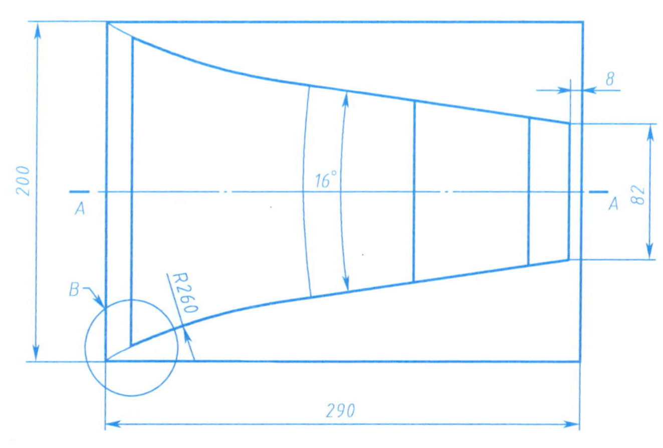

专业：　　　　班级：　　　　姓名：　　　　学号：　　　　年　　月　　日

15. 按照给定的尺寸建模,并生成工程图。

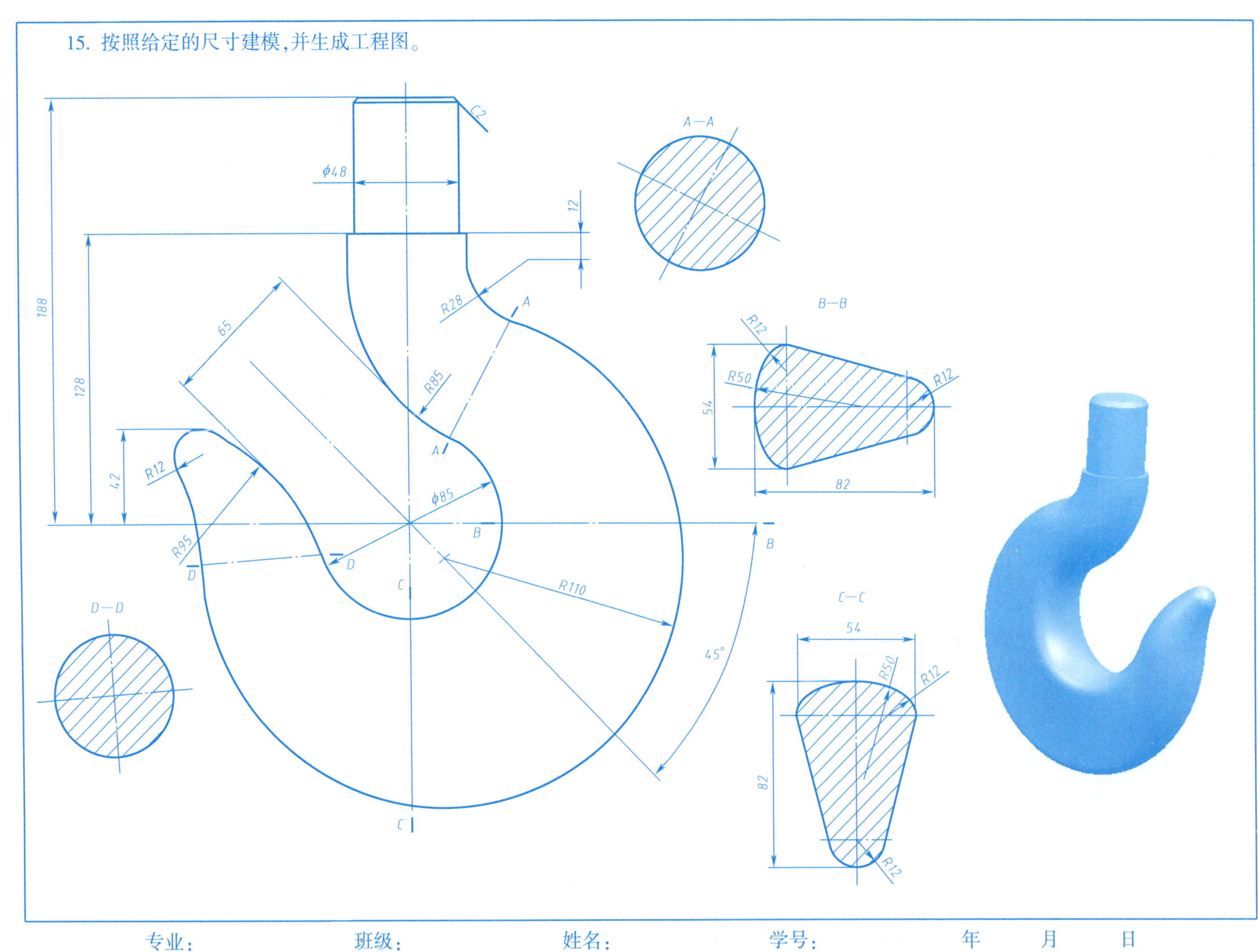

专业: 班级: 姓名: 学号: 年 月 日

16. 按照给定的尺寸建模,并生成工程图。

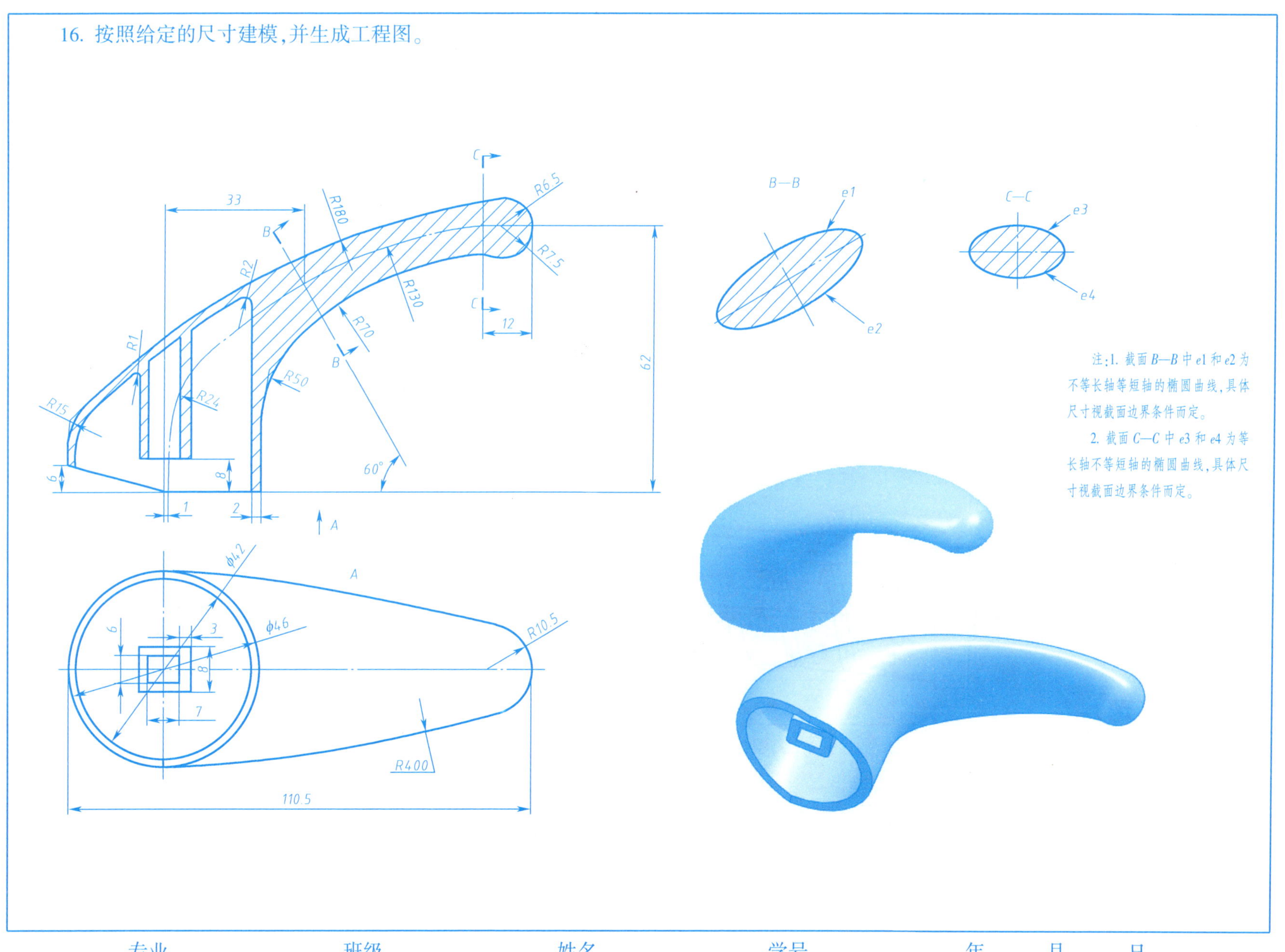

注:1. 截面B—B中e1和e2为不等长轴等短轴的椭圆曲线,具体尺寸视截面边界条件而定。

2. 截面C—C中e3和e4为等长轴不等短轴的椭圆曲线,具体尺寸视截面边界条件而定。

专业:　　班级:　　姓名:　　学号:　　年　　月　　日

17. 按照给定的尺寸建模，并生成工程图，注意锥状螺旋沟槽端头部分为自然延伸。

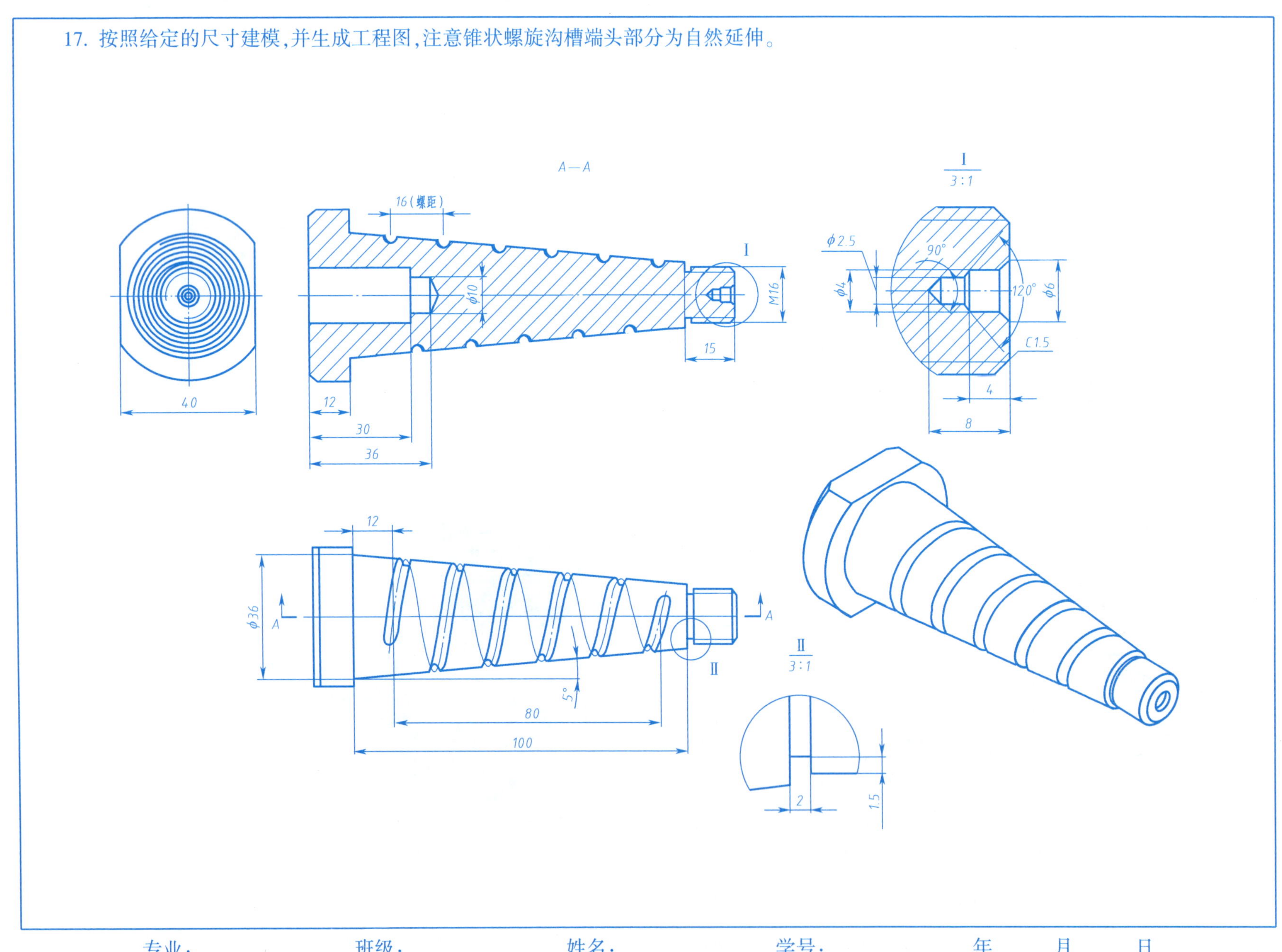

专业： 班级： 姓名： 学号： 年 月 日

7.1　基础技能训练

1. 完成下图所示零件的计算机辅助编程。已知零件毛坯尺寸为 100 mm×100 mm×30 mm，选择合适的刀具类型和直径，并根据要求生成刀具轨迹，完成仿真加工，生成 NC 程序文件。

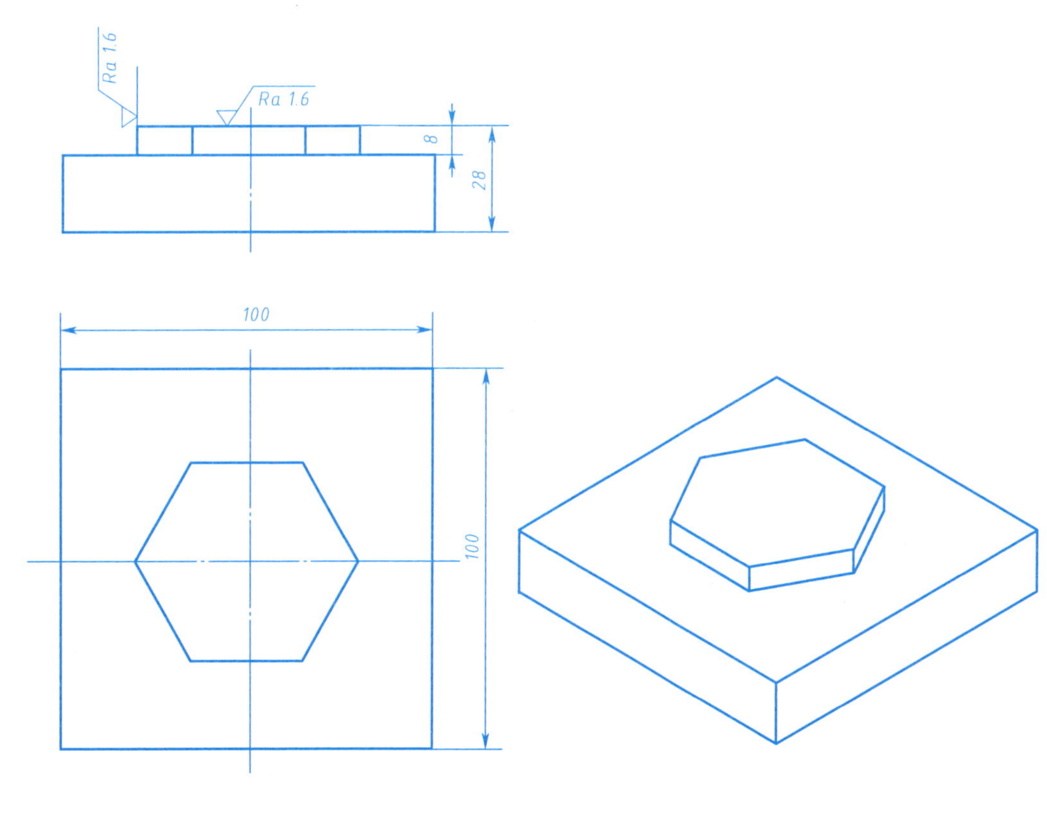

专业：　　　　班级：　　　　姓名：　　　　学号：　　　　年　　月　　日

2. 完成下图所示零件的计算机辅助编程。已知零件毛坯尺寸为 160 mm×160 mm×34 mm，选择合适的刀具类型和直径，并根据要求生成刀具轨迹，完成仿真加工，生成 NC 程序文件。

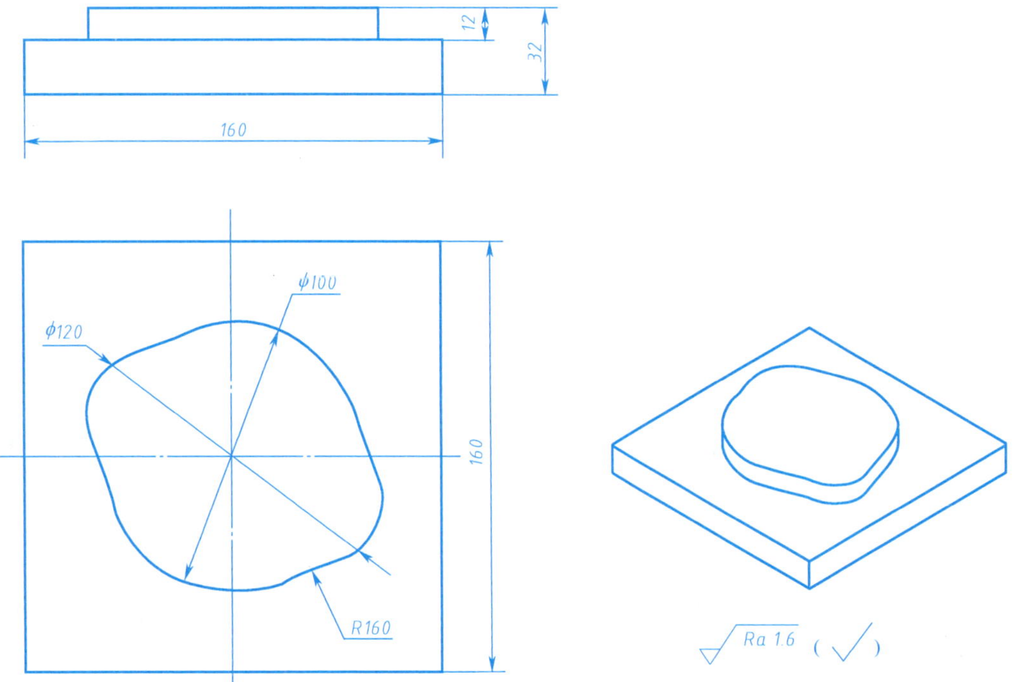

专业：　　　　班级：　　　　姓名：　　　　学号：　　　　年　　月　　日

3. 完成如下图所示零件的计算机辅助编程。已知零件毛坯尺寸为 120 mm×120 mm×22 mm，选择合适的刀具类型和直径，并根据要求生成刀具轨迹，完成仿真加工，生成 NC 程序文件。

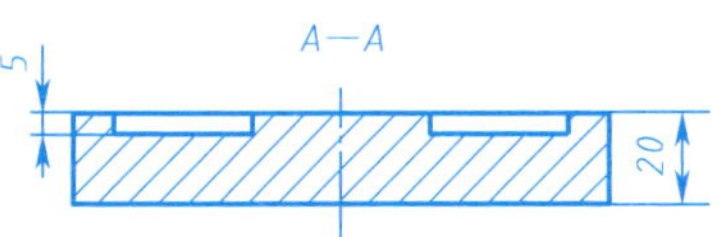

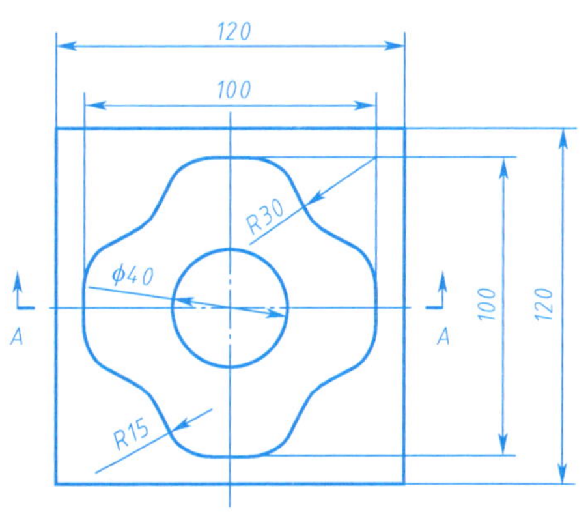

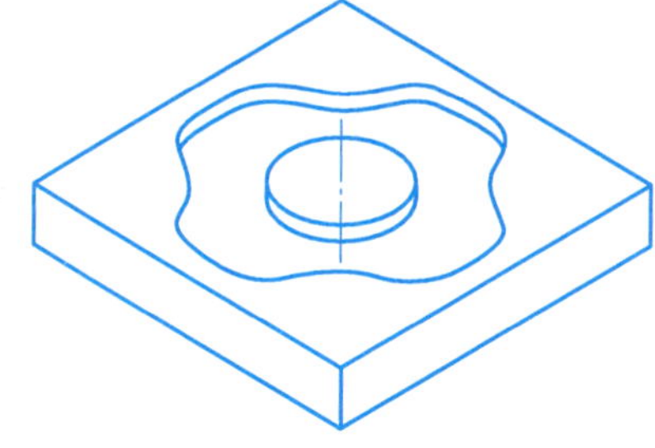

技术要求：
未注尺寸公差允许±0.1。

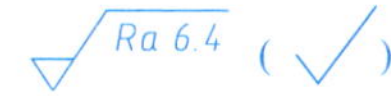

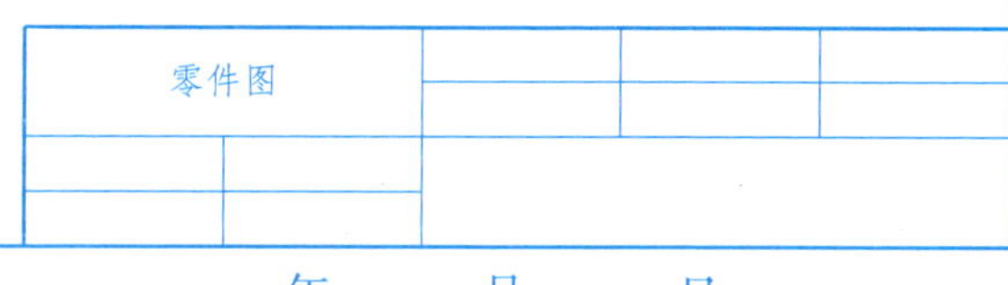

专业：　　班级：　　姓名：　　学号：　　年　　月　　日

4. 完成下图所示零件的计算机辅助编程。已知零件毛坯尺寸为 150 mm×100 mm×32 mm,选择合适的刀具类型和直径,并根据要求生成刀具轨迹,完成仿真加工,生成 NC 程序文件。

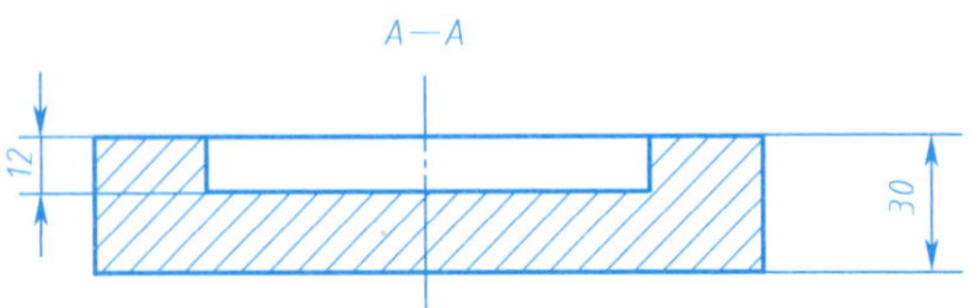

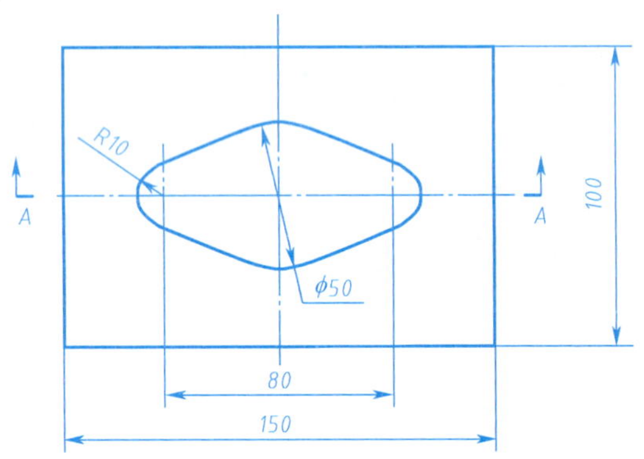

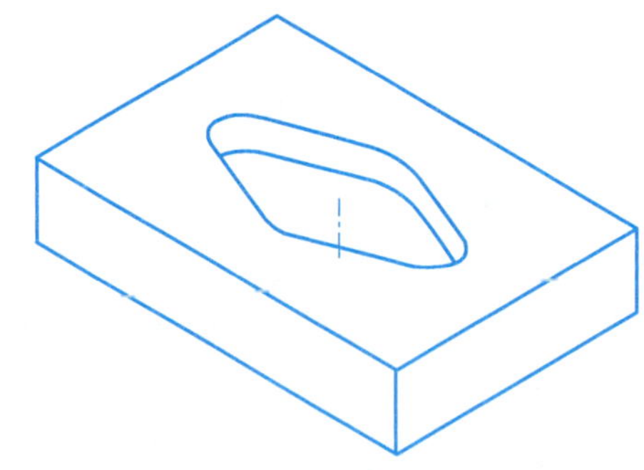

技术要求:

未注尺寸公差允许 ± 0.1。

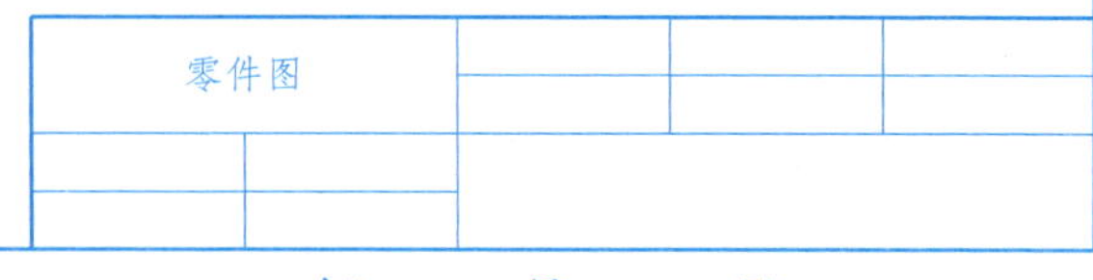

专业: 班级: 姓名: 学号: 年 月 日

5. 外轮廓轴加工模型，如下图所示。模型为典型外轮廓轴类，使用的材料为45钢。零件的毛坯为圆钢，尺寸为 $\phi 76\ \text{mm} \times 206\ \text{mm}$，完成加工零件造型，选择合适的刀具类型和直径，并根据要求生成刀具轨迹，完成仿真加工，生成NC程序文件。

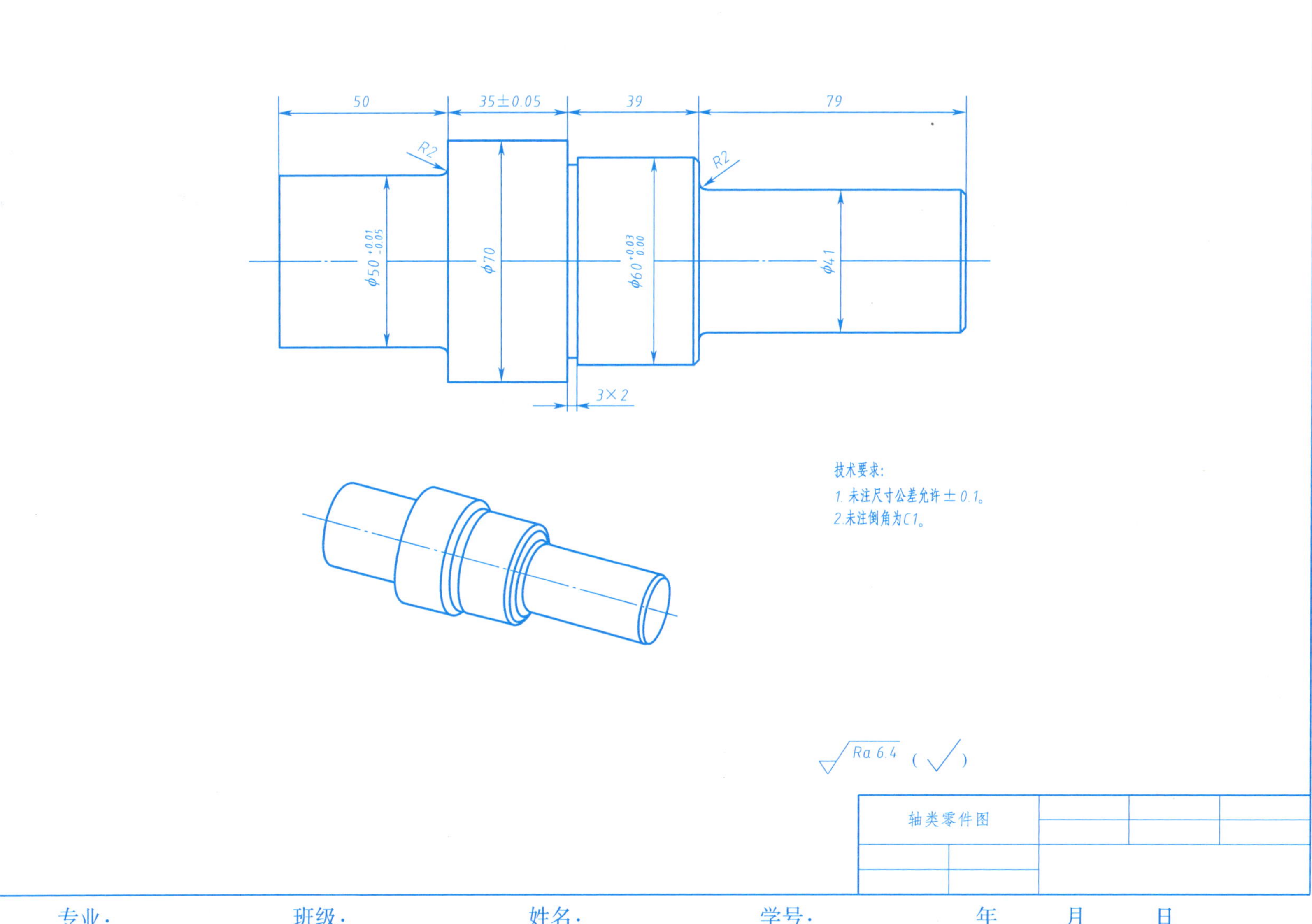

专业：　　　　班级：　　　　姓名：　　　　学号：　　　　年　　月　　日

7.2 技能提升训练

1. 完成下图所示零件的计算机辅助编程。已知零件毛坯尺寸为 180 mm×180 mm×20 mm，选择合适的刀具类型和直径，并根据要求生成刀具轨迹，完成仿真加工，生成 NC 程序文件。

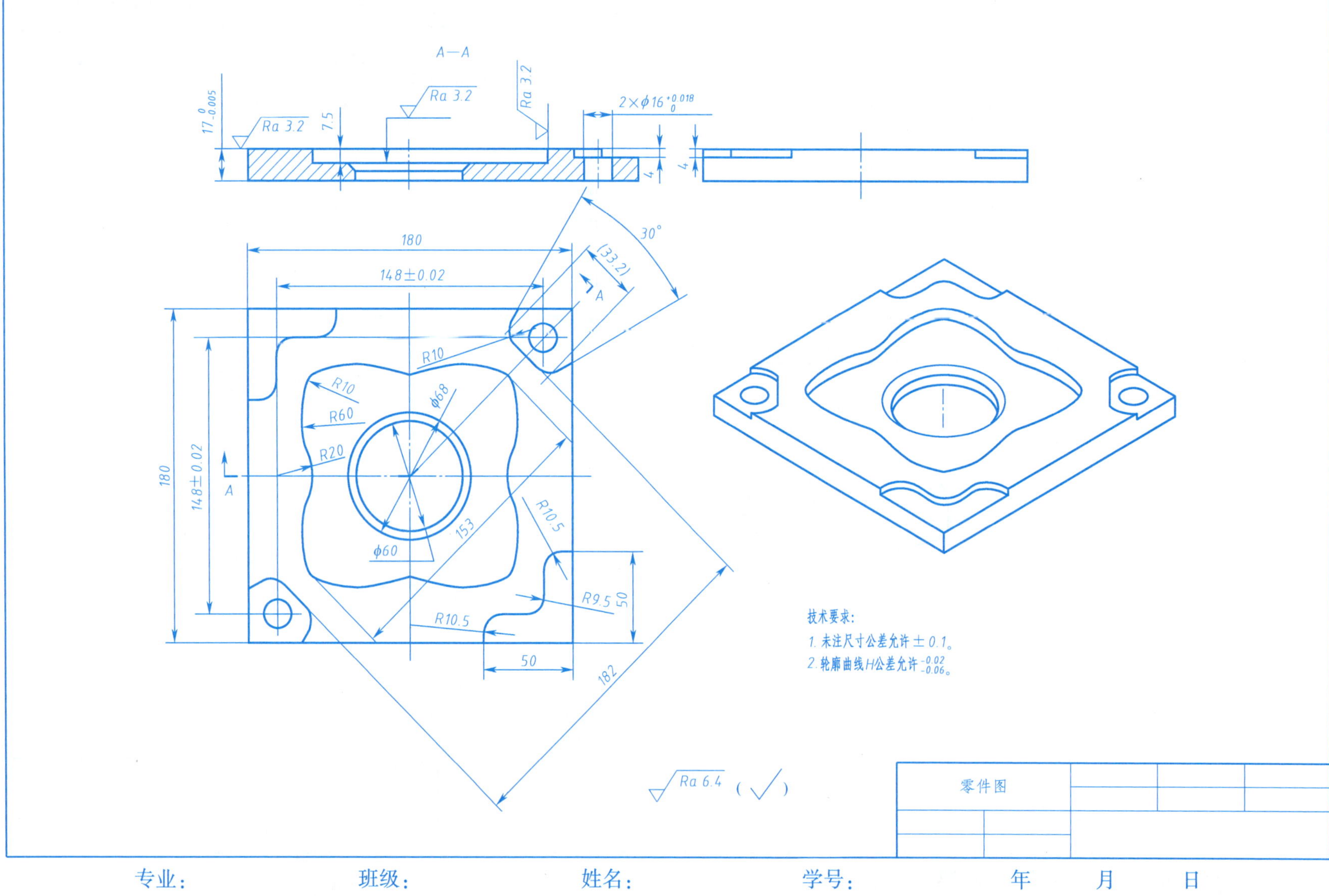

专业：　　班级：　　姓名：　　学号：　　年　月　日

2. 完成下图所示零件的计算机辅助编程。已知零件毛坯尺寸为 150 mm×120 mm×48 mm，选择合适的刀具类型和直径，并根据要求生成刀具轨迹，完成仿真加工，生成 NC 程序文件。

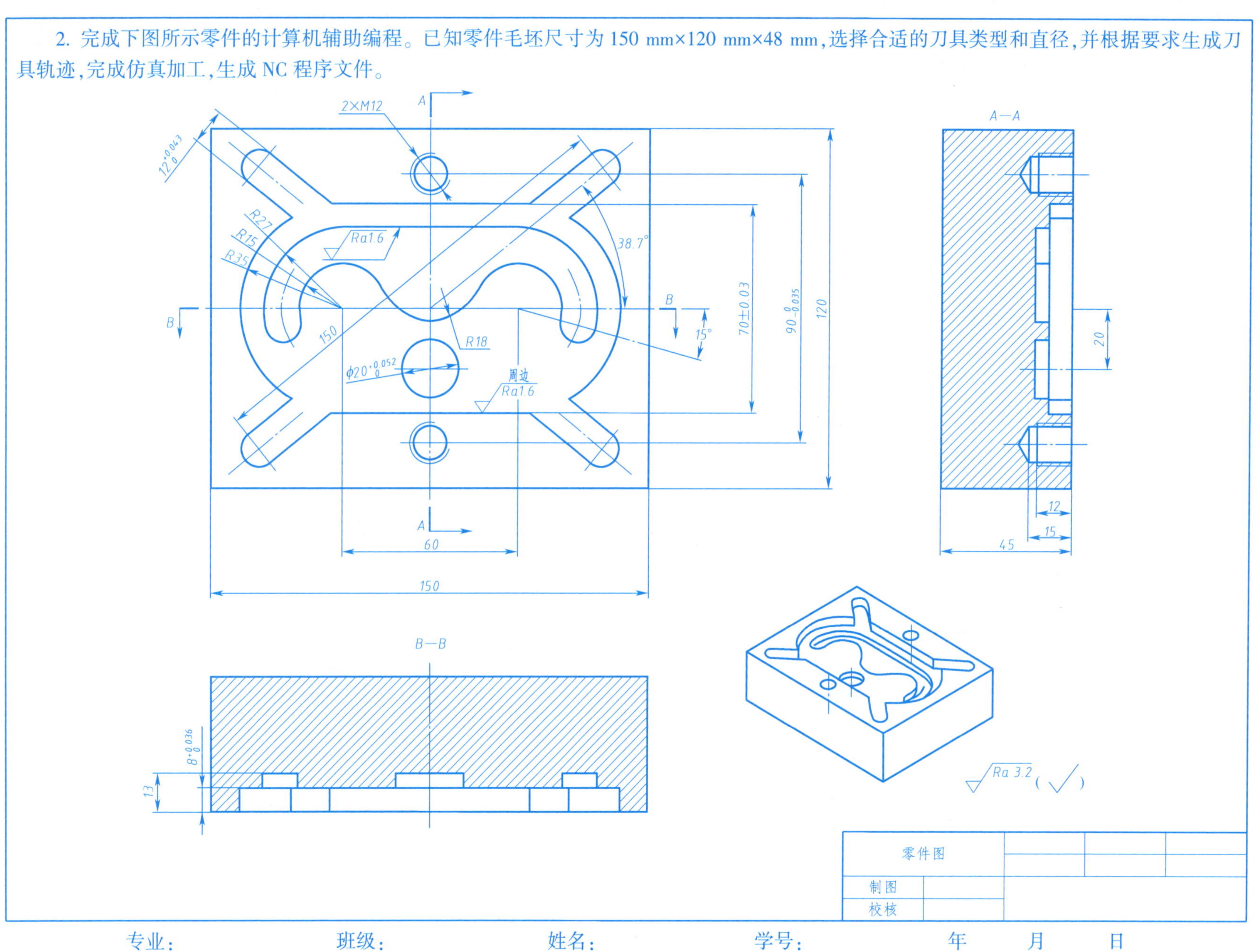

专业： 班级： 姓名： 学号： 年 月 日

3. 完成如图所示零件的计算机辅助编程。已知零件毛坯尺寸为 100 mm×100 mm×30 mm，选择合适的刀具类型和直径，并根据要求生成刀具轨迹，完成仿真加工，生成 NC 程序文件。

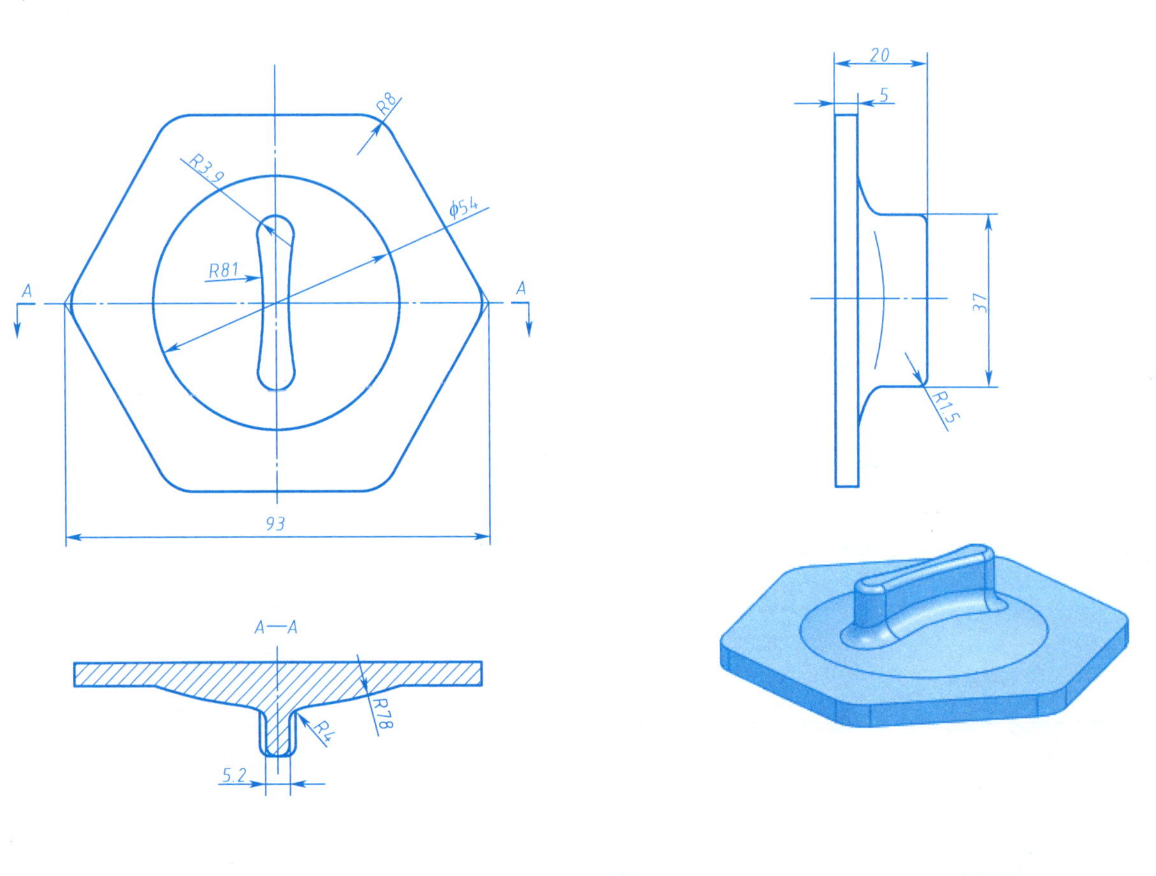

零件图		比例	
		材料	
制图			
校核			

专业： 班级： 姓名： 学号： 年 月 日

7.3 技能巩固训练

1. 完成如下图所示零件的计算机辅助编程。已知零件毛坯尺寸为 160 mm×120 mm×40 mm，选择合适的刀具类型和直径，并根据要求生成刀具轨迹，完成仿真加工，生成 NC 程序文件。

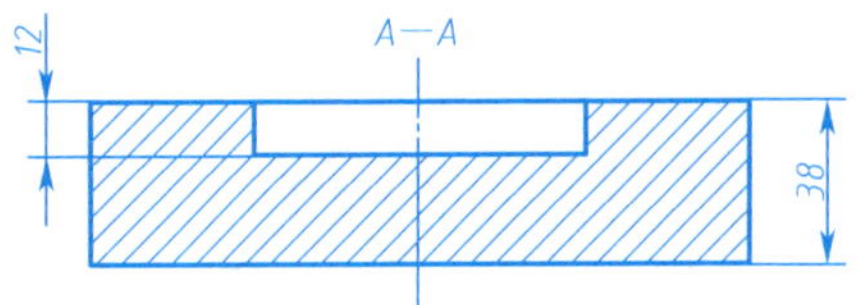

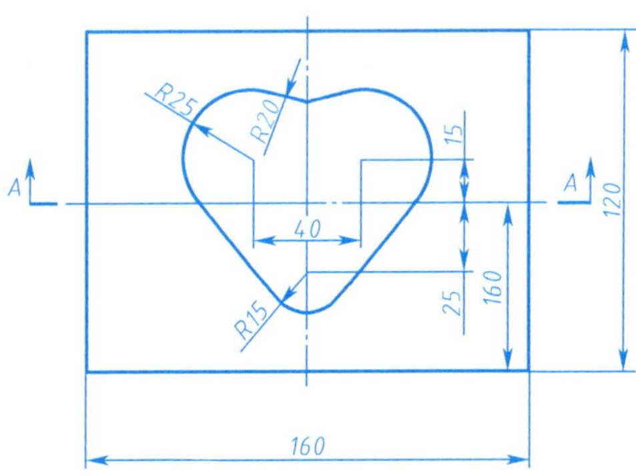

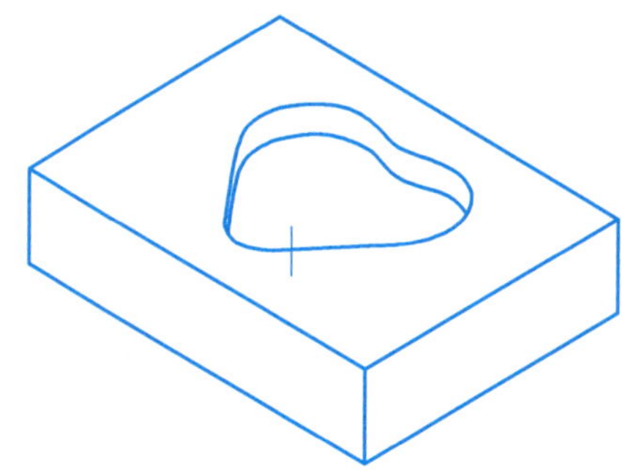

技术要求：
未注尺寸公差允许±0.1。

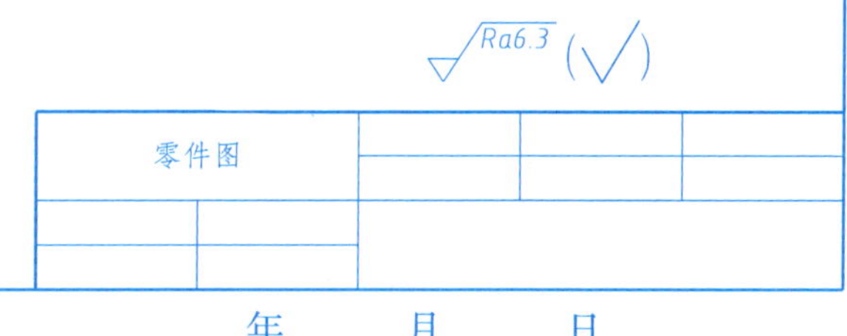

专业：　　班级：　　姓名：　　学号：　　年　　月　　日

2. 完成如下图所示零件的计算机辅助编程。已知零件毛坯尺寸为 160 mm×130 mm×40 mm,选择合适的刀具类型和直径,并根据要求生成刀具轨迹,完成仿真加工,生成 NC 程序文件。

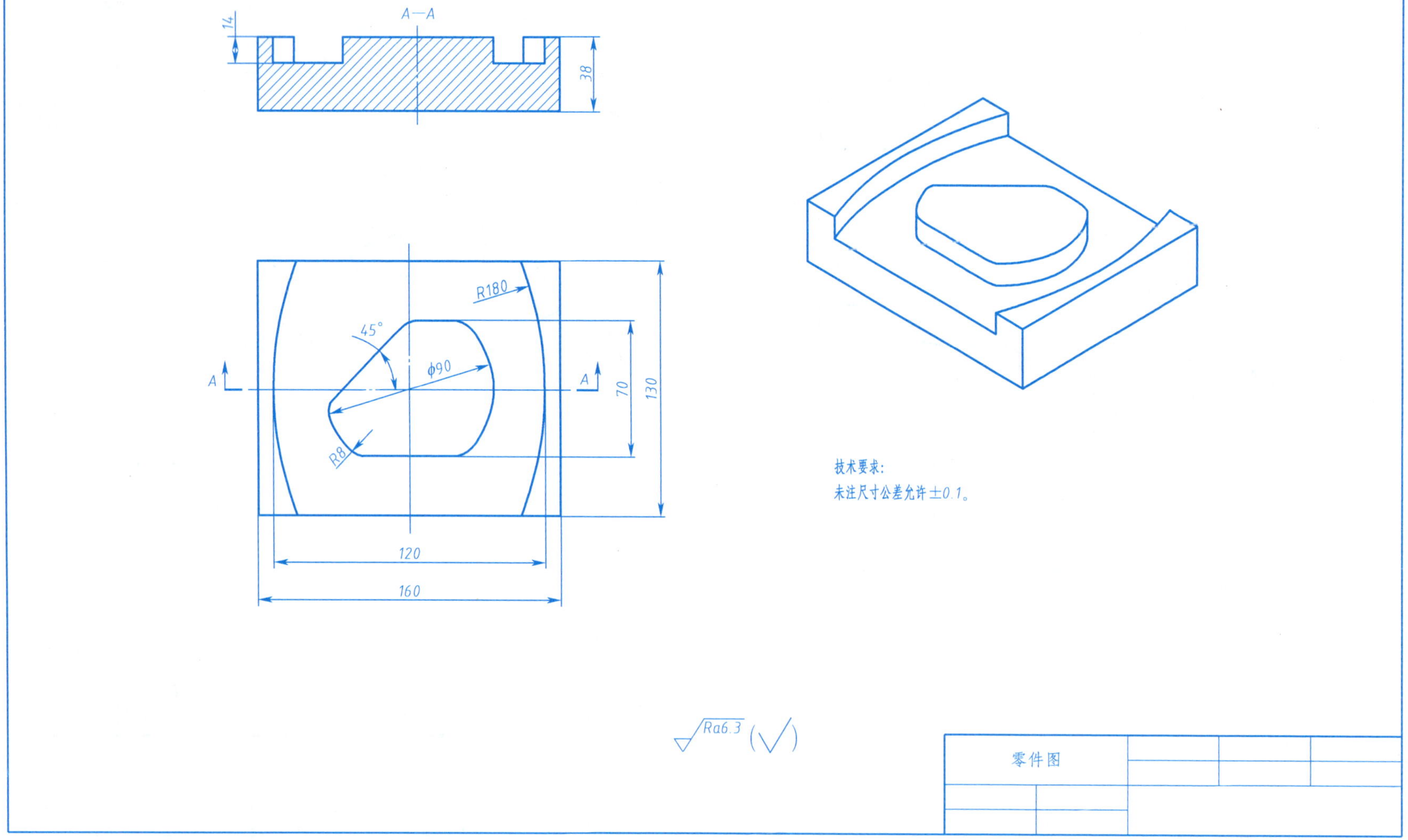

专业: 班级: 姓名: 学号: 年 月 日

3. 内外轮廓轴加工模型，如下图所示。模型为典型内外轮廓轴类零件，使用的材料为 45 钢。零件的毛坯为圆钢，尺寸为 ϕ76 mm×188 mm，完成加工零件造型，选择合适的刀具类型和直径，并根据要求生成刀具轨迹，完成仿真加工，生成 NC 程序文件。

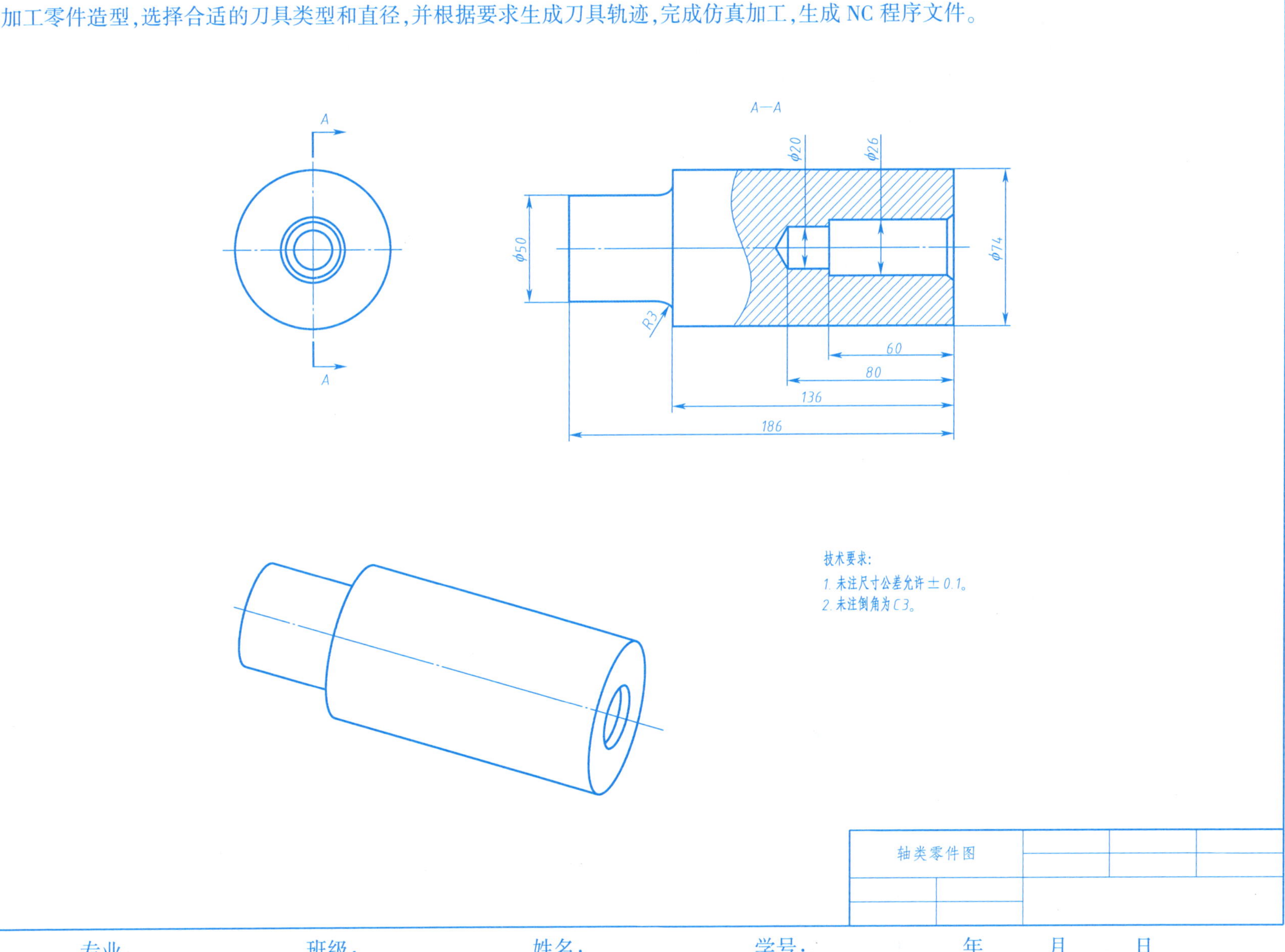

专业：　　班级：　　姓名：　　学号：　　年　　月　　日

8.1　运动仿真应用技能训练

1. 根据曲柄滑块机构结构简图 8-1，利用三维软件完成曲柄滑块各部件的零件建模与装配。如果曲柄 AB 顺时针以角速度 $\omega_1 = 180°/s$ 旋转，经连杆 BC 带动滑块在机架 AC 上往复移动，其工作阻力 $F = 200\ N$。试利用三维软件的运动仿真模块分析滑块的位移、速度和加速度。

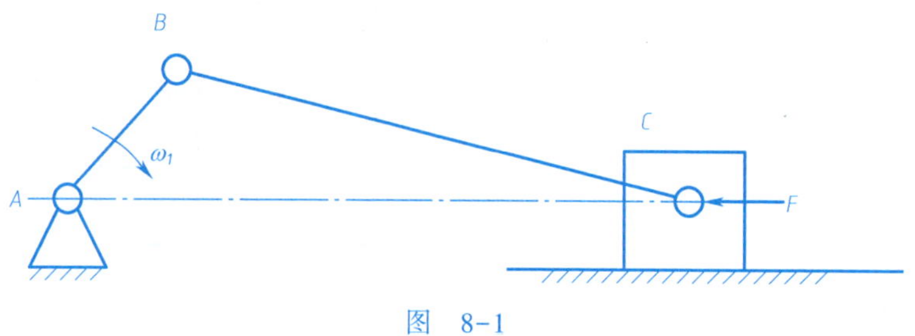

图　8-1

2. 曲柄滑块机构如图 8-2 所示。曲柄逆时针转动，其运动规律为匀速运动，角速度为 $\omega = 90°/s$。利用三维软件完成该曲柄滑块机构的零件建模和装配，并利用三维软件的运动仿真功能完成该机构的运动分析，并用图表输出连杆上 P 点的位移和速度变化曲线。

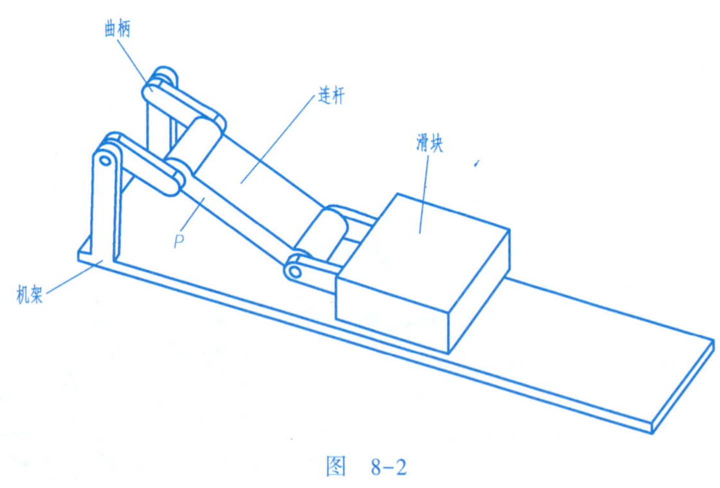

图　8-2

专业：　　　　班级：　　　　姓名：　　　　学号：　　　　年　　月　　日

3. 牛头刨床连杆机构如图 8-3 所示。当曲柄 OA 顺时针旋转，经过套筒 A，导杆 BD、连杆 BC 带动刨头（简化为套筒 C）在机架 EF 上往复移动。牛头刨床机构的运动过程为：刨头 C 向右运动时为工作行程，切削金属、速度较低，向左运动时为空行程，以较高速度快速返回。利用三维软件完成牛头刨床连杆机构的零件建模和装配，并利用三维软件的运动仿真模块分析刨头的位置、速度和加速度、机构的行程系数和各运动副的作用力。

设计数据如下：曲柄 OA 以 $n=50$ r/min 的转速顺时针旋转，工作阻力 $F=6\ 000$ N。

各连杆的长度：

$l_{OA}=100$ mm，$l_{BD}=520$ mm，$l_{BC}=120$ mm，$l_{EF}=550$ mm，$l_{OD}=350$ mm。

4. 槽轮机构简图如图 8-4 所示。利用三维软件完成槽轮机构的零件建模和装配，并进行运动分析，运动参数自定。

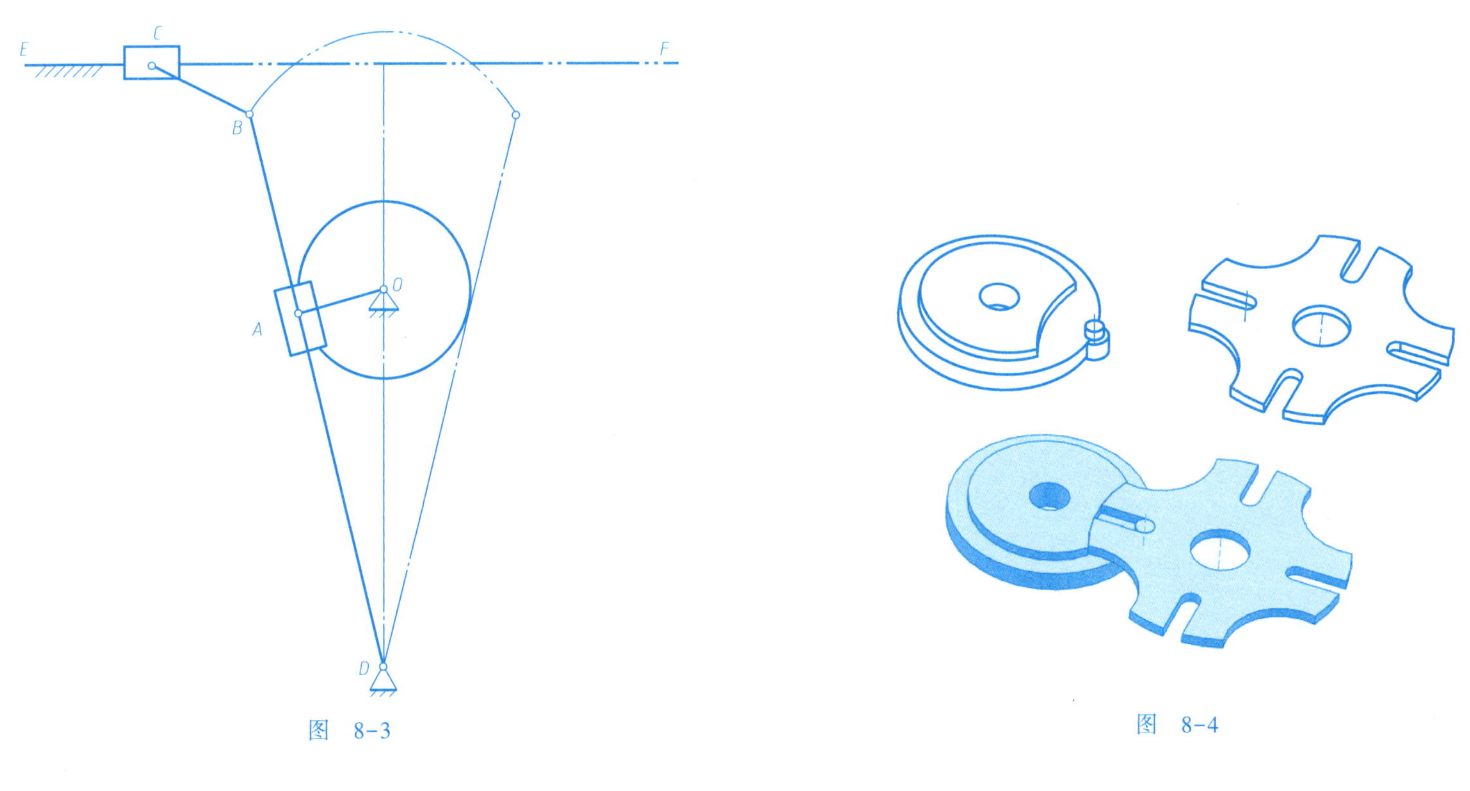

图 8-3

图 8-4

8.2　有限元分析应用技能训练

1. 图 8-5 所示为一带圆孔的平板,圆孔位于平板的正中,其半径为 20,平板左侧固定。利用三维软件完成结构建模,并利用相关模块完成均布载荷作用下板内的应力分布。平均作用载荷 $P=100$ GPa,板的厚度为 4 mm。

2. 图 8-6 所示为一带边长 80 mm 方孔的悬臂梁,材料为 45 钢,其厚度为 1 mm。利用三维软件完成结构建模,并利用相关模块完成均布载荷作用下板内的应力分布。平均作用载荷 $P=100$ kN/m,作用位置如图所示。

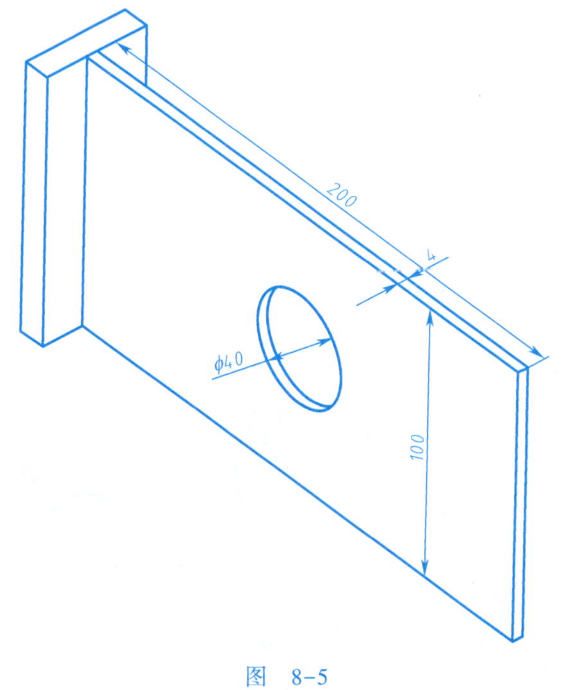

图　8-5

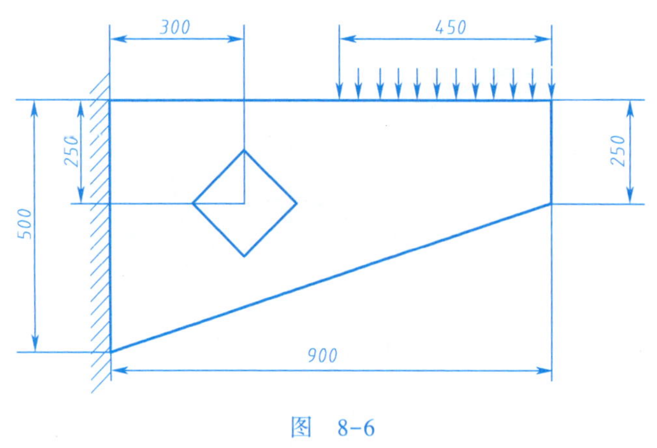

图　8-6

专业：　　　　班级：　　　　姓名：　　　　学号：　　　　年　　月　　日

3. 图 8-7 所示为四边固定的正四边形铝板，在其中央处放置一个固定的刚锭。钢锭直径为 50 mm，高度为 25 mm。钢锭上表面作用着 100 MPa 的外压；正方形铝板的边长为 200 mm，厚度为 25 mm。已知静摩擦因数 $f=0.2$，铝的材料参数 $E=70$ GPa，泊松比为 0.33，密度 $\rho=2\ 700\ \text{kg/m}^3$；钢的材料参数 $E=200$ GPa，泊松比为 0.27，密度为 $\rho=7\ 800\ \text{kg/m}^3$。利用三维软件完成结构建模，并利用相关模块完成钢锭和铝板的变形与应力分布情况。

4. 图 8-8 所示轮子仅作绕轴向的旋转运动。按照图示尺寸，利用三维软件完成结构建模，并利用相关模块完成轮子的变形与应力分布情况。已知角速度 $\omega=52.5$ rad/s 铝的材料参数 $E=70$ GPa，泊松比为 0.33，密度为 $\rho=2\ 700\ \text{kg/m}^3$。

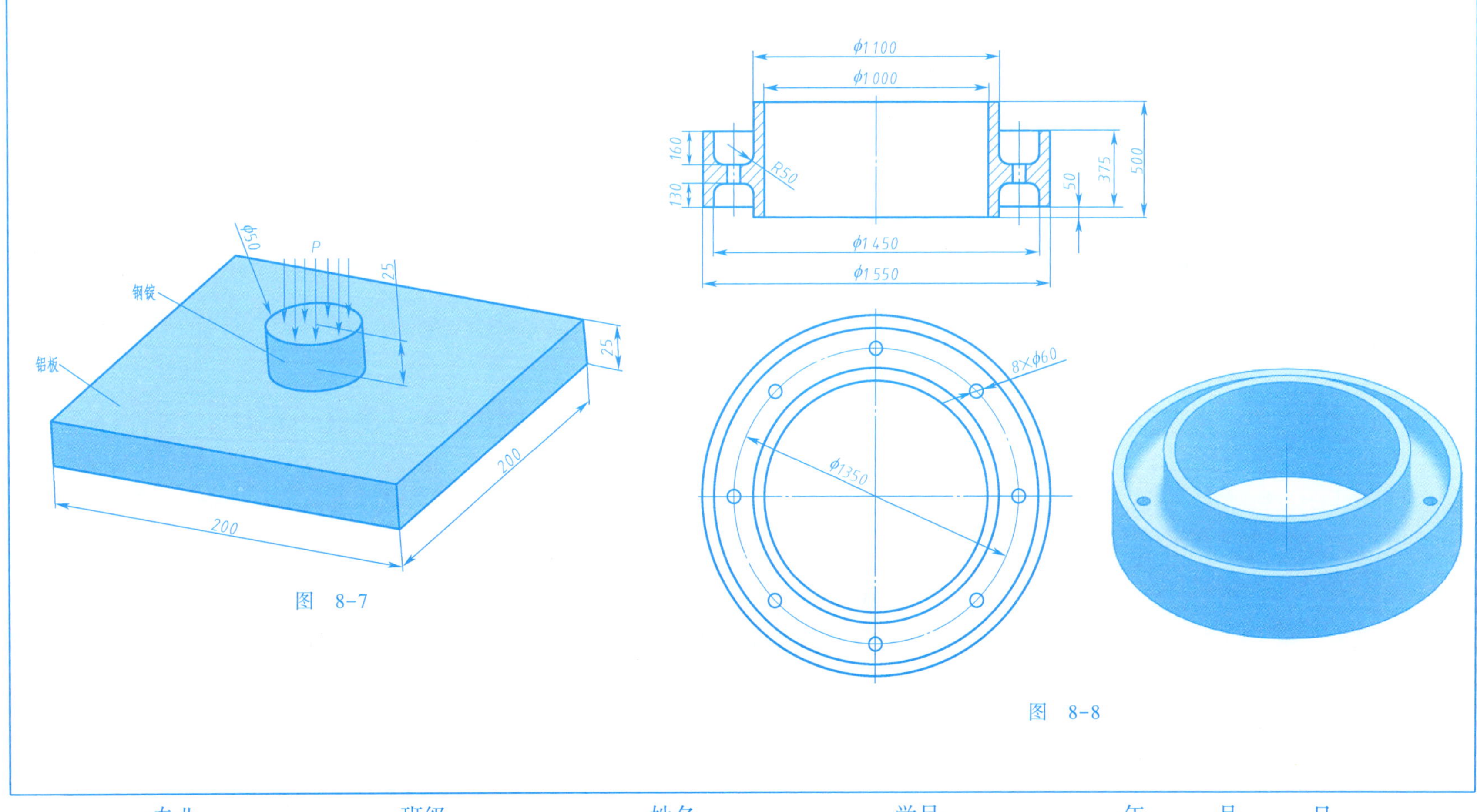

图 8-7

图 8-8

专业： 班级： 姓名： 学号： 年 月 日

5. 颚式破碎机俗称颚破，又称老虎口，是由动颚和静颚两块颚板组成破碎腔，模拟动物的两颚运动而完成物料破碎作业的破碎机。广泛运用于矿山、冶炼、建材、公路、铁路、水利和化工等行业中各种矿石与大块物料的中等粒度破碎。被破碎物料的最高抗压强度为 320 MPa。试设计如图 8-9 所示颚式破碎机，利用三维软件完成颚式破碎机连杆机构的零件建模和装配，并进行运动分析。当曲柄逆时针旋转时，通过连杆带动摇杆（动颚）在机架上摆动，从而实现物料破碎。当摇杆向左运动时，速度较低，破碎石料，为工作行程；当摇杆向右运动时，速度较高，实现快速返回，为空行程。

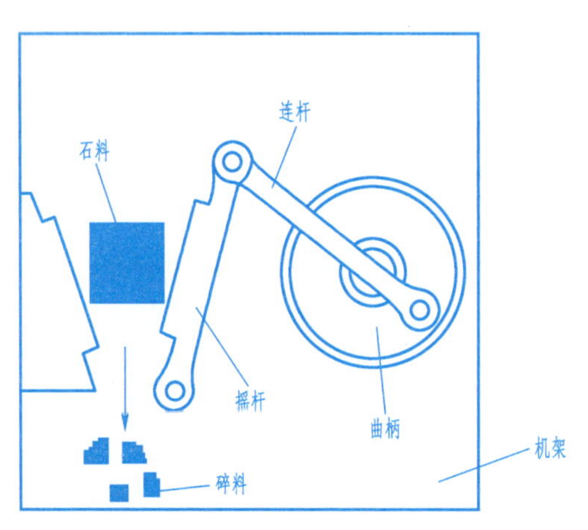

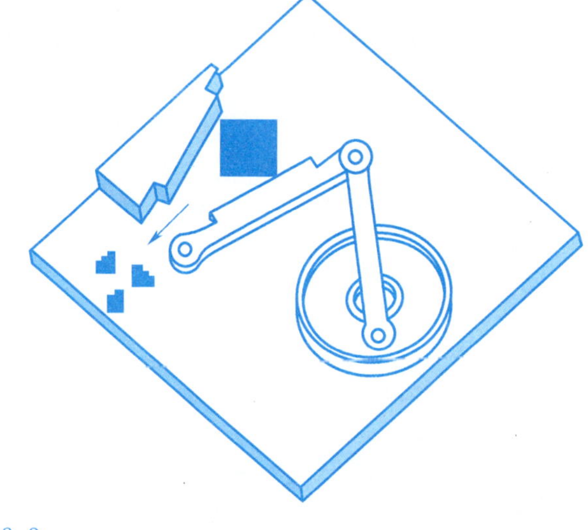

图 8-9

6. 钟表机构如图 8-10 所示，指针顺时针旋转，速度为 1，加速度为 0，初始位移为 0。利用三维软件完成钟表机构的零件建模和装配，并进行运动分析。

图 8-10

专业：　　　　班级：　　　　姓名：　　　　学号：　　　　年　　月　　日

7. 工字钢梁,长度为 1 000 mm,截面如图 8-11 所示。梁两端固定,在梁的中央作用一个集中载荷 $F=40\ 000$ N。利用三维软件完成结构建模,并利用相关模块完成梁在集中载荷作用下的应力分布和变形。

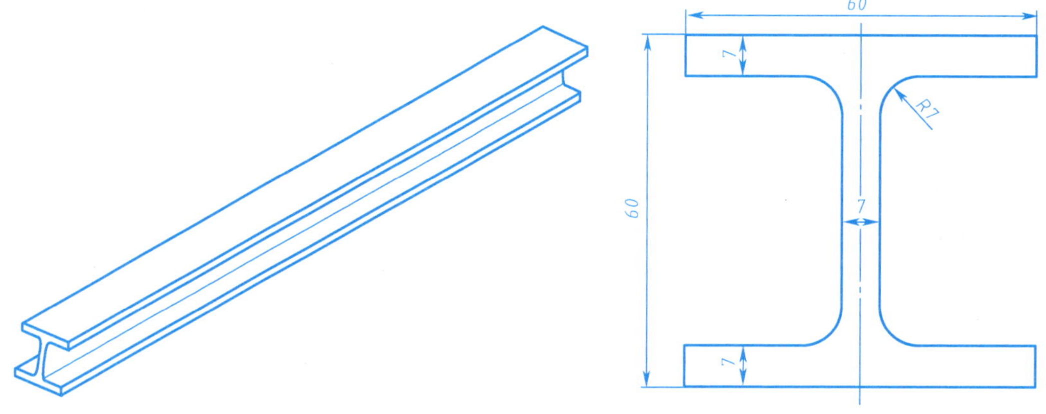

图 8-11

8. 端盖零件如图 8-12 所示,材料为 45 钢。有一压强载荷作用于端盖内腔,大小为 20 MPa,若端盖开口端面固定,利用三维软件完成结构建模,并利用相关模块完成均布载荷作用下的应力分布和变形。

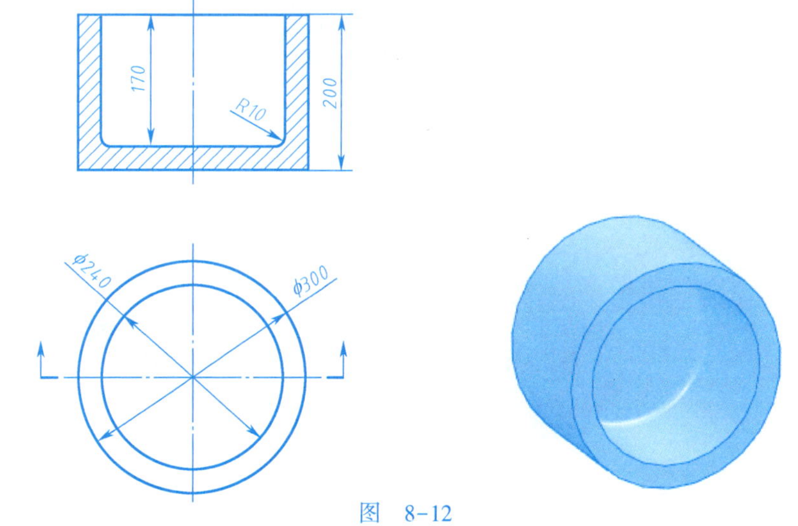

图 8-12

专业: 班级: 姓名: 学号: 年 月 日

9.1　CAD 应用技能竞赛装配类训练

1. 根据管钳装配示意图和工作原理(见图 9-1(1)),完成各零件三维建模和装配(尺寸自拟,整体协调),并生成爆炸视图。

工作原理:管钳是机械加工中常用的一种用于夹紧圆管类工件的设备。工作时,转动手柄,通过螺杆带动滑块上下运动,从而实现工件的松开和夹紧。

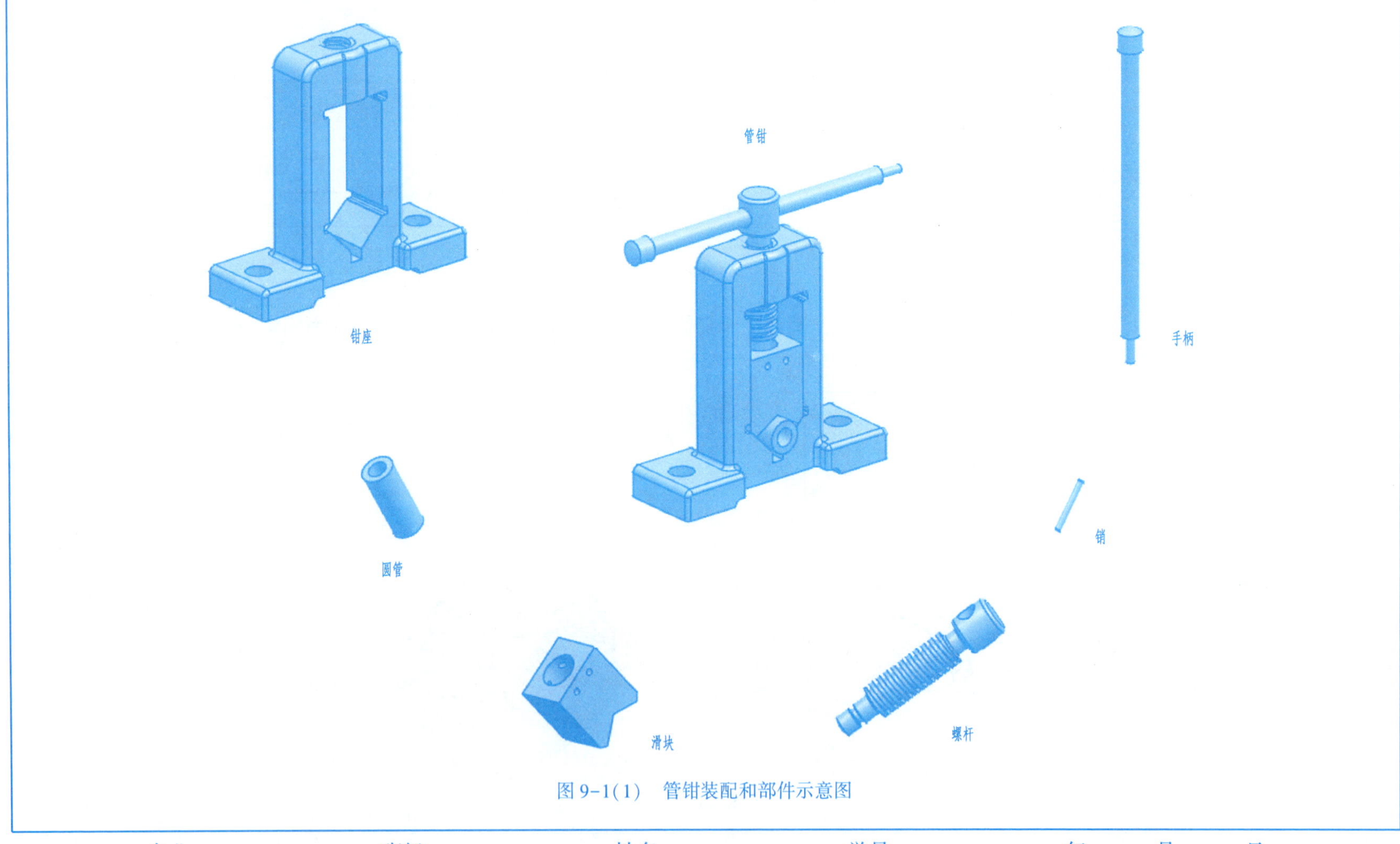

图 9-1(1)　管钳装配和部件示意图

专业:　　　　班级:　　　　姓名:　　　　学号:　　　　年　　月　　日

2. 根据钻孔夹具装配图和各零件图，完成零件三维建模和装配（见图 9-1(2)），并生成爆炸视图。

钻孔夹具工作原理：把要加工工件放在件 1 底座上，装上件 2 钻模板，钻模板通过件 8 圆柱销定位后，再放置件 4 开口垫圈，并用件 5 特制螺母压紧。钻头通过件 3 钻套的内孔，准确的在工件上钻孔。

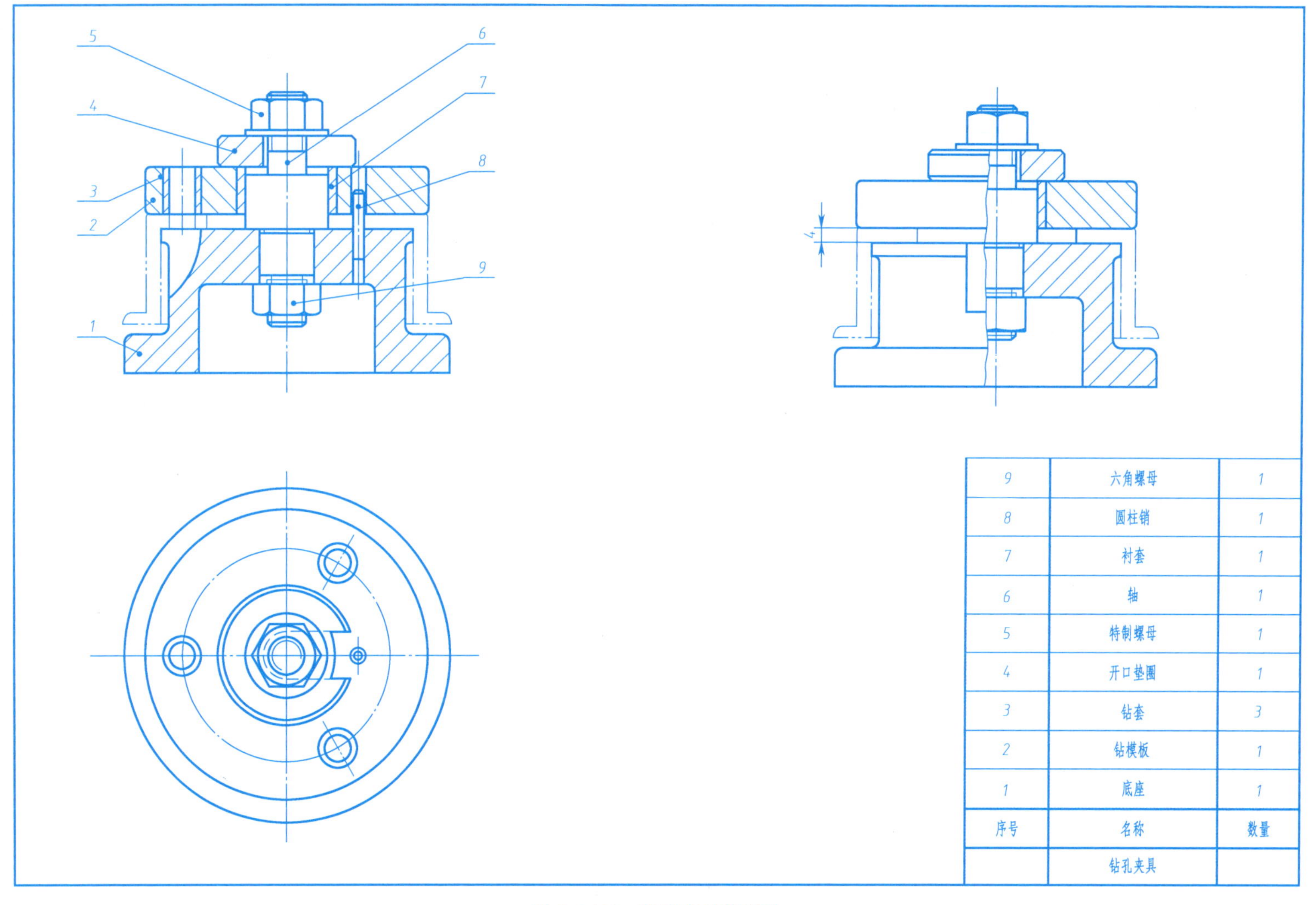

序号	名称	数量
9	六角螺母	1
8	圆柱销	1
7	衬套	1
6	轴	1
5	特制螺母	1
4	开口垫圈	1
3	钻套	3
2	钻模板	1
1	底座	1
	钻孔夹具	

图 9-1(2)　钻孔夹具装配图

专业：　　班级：　　姓名：　　学号：　　年　　月　　日

序号 1-9 零件图如下：

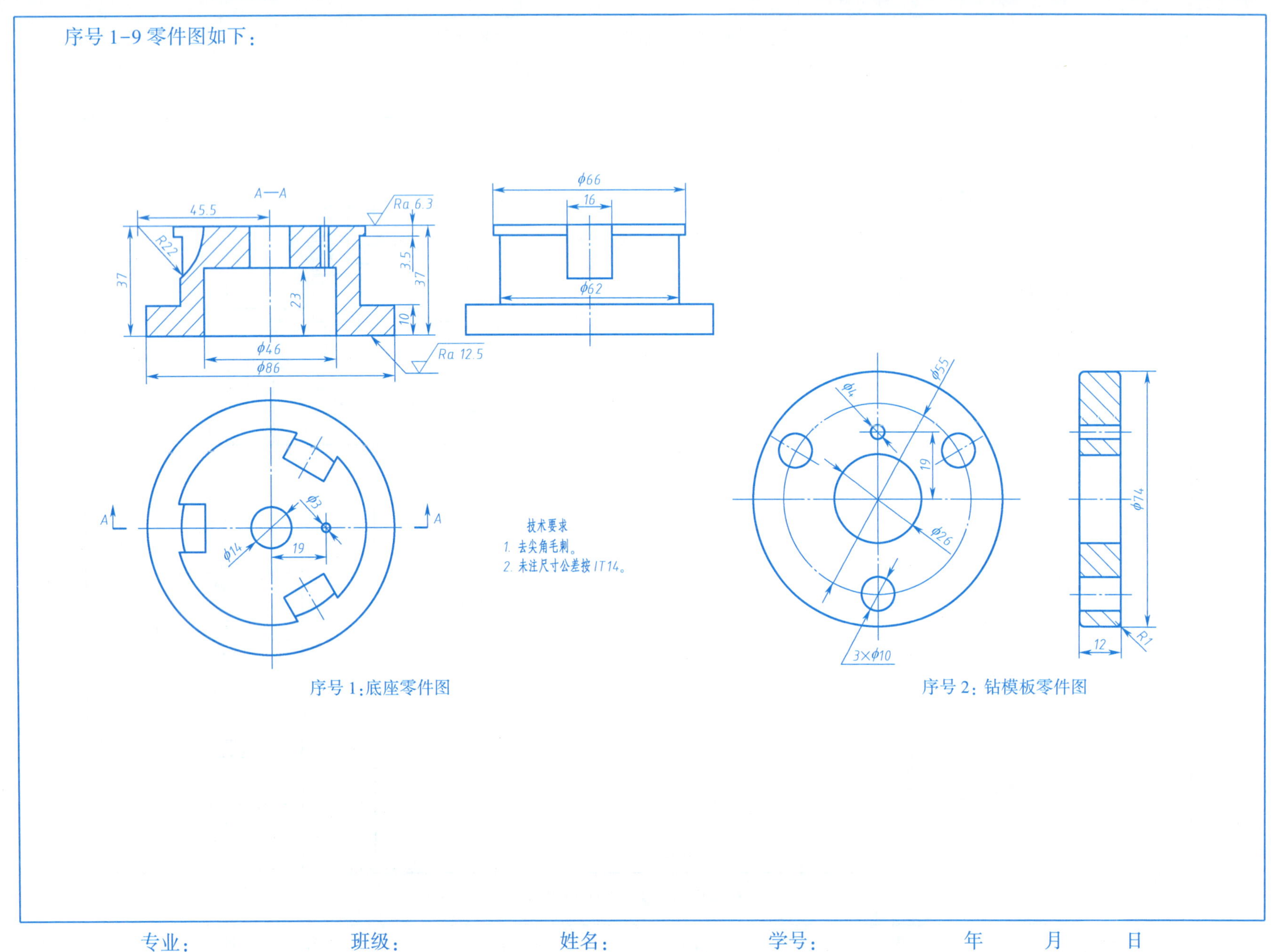

序号 1：底座零件图

序号 2：钻模板零件图

专业：　　班级：　　姓名：　　学号：　　年　　月　　日

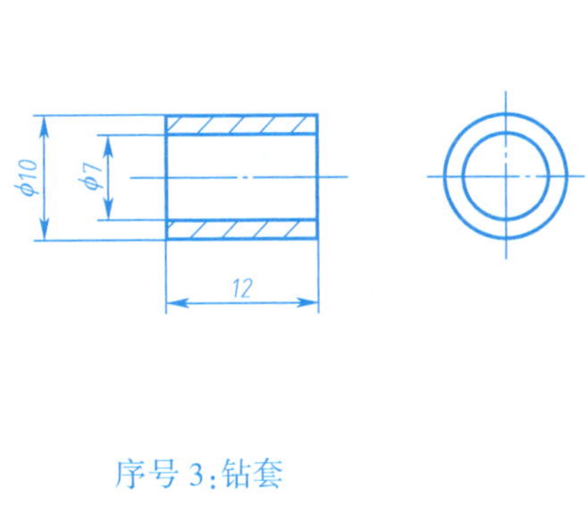

序号 3:钻套

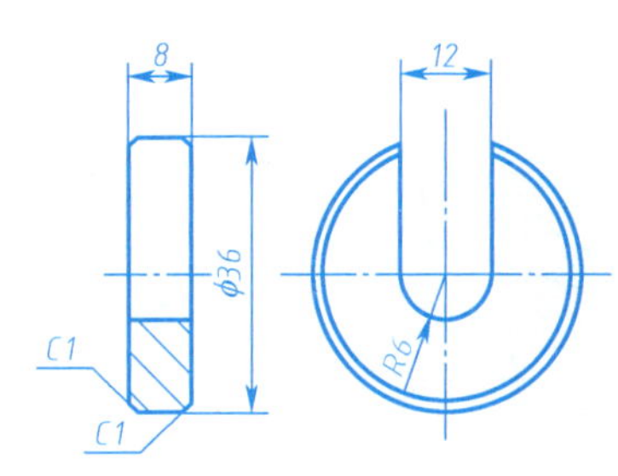

序号 4:开口垫圈

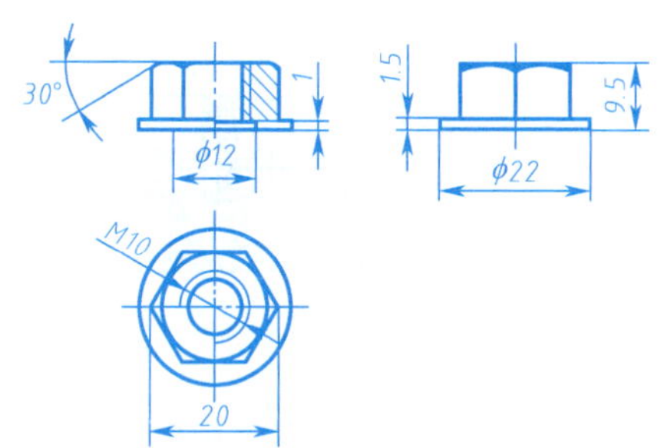

序号 5:特制螺母

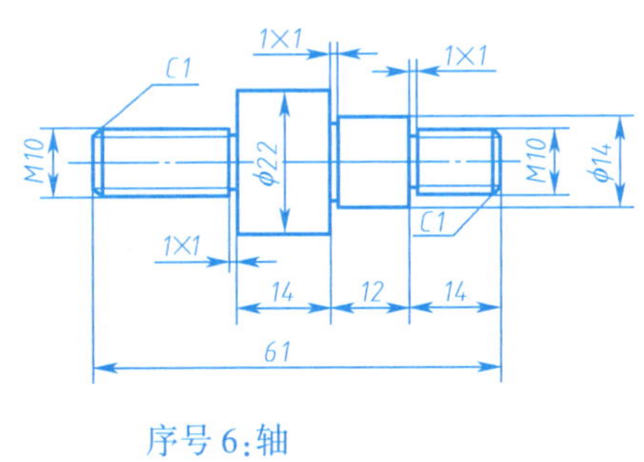

序号 6:轴

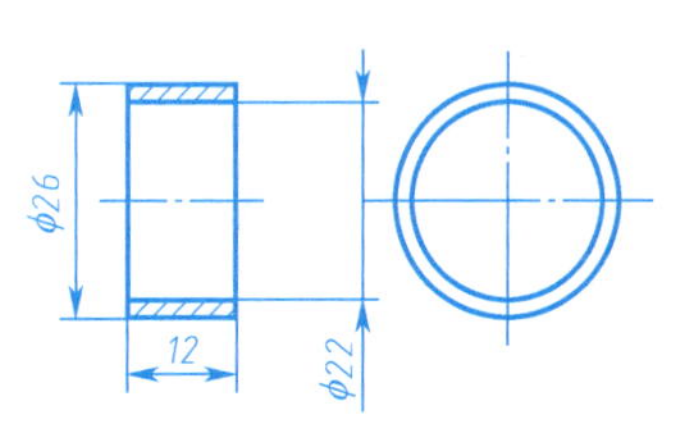

序号 7:衬套

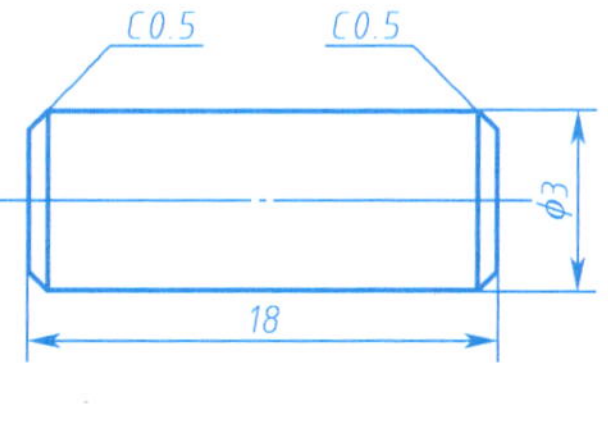

序号 8:圆柱销

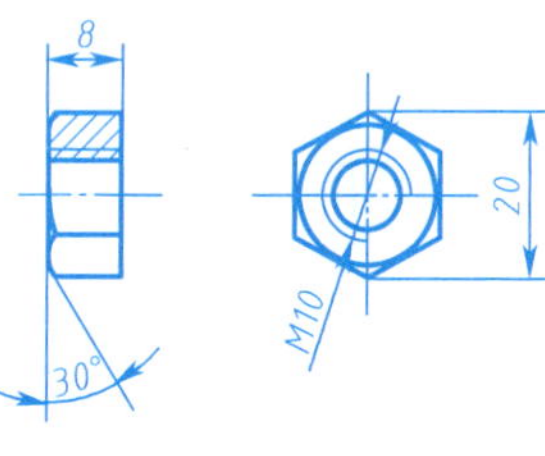

序号 9:六角螺母

专业：　　班级：　　姓名：　　学号：　　年　　月　　日

9.2　CAD 应用技能竞赛拆画类训练

1. 读气缸装配图(见图 9-2(1)),绘制零件 5(气缸筒)三维模型。

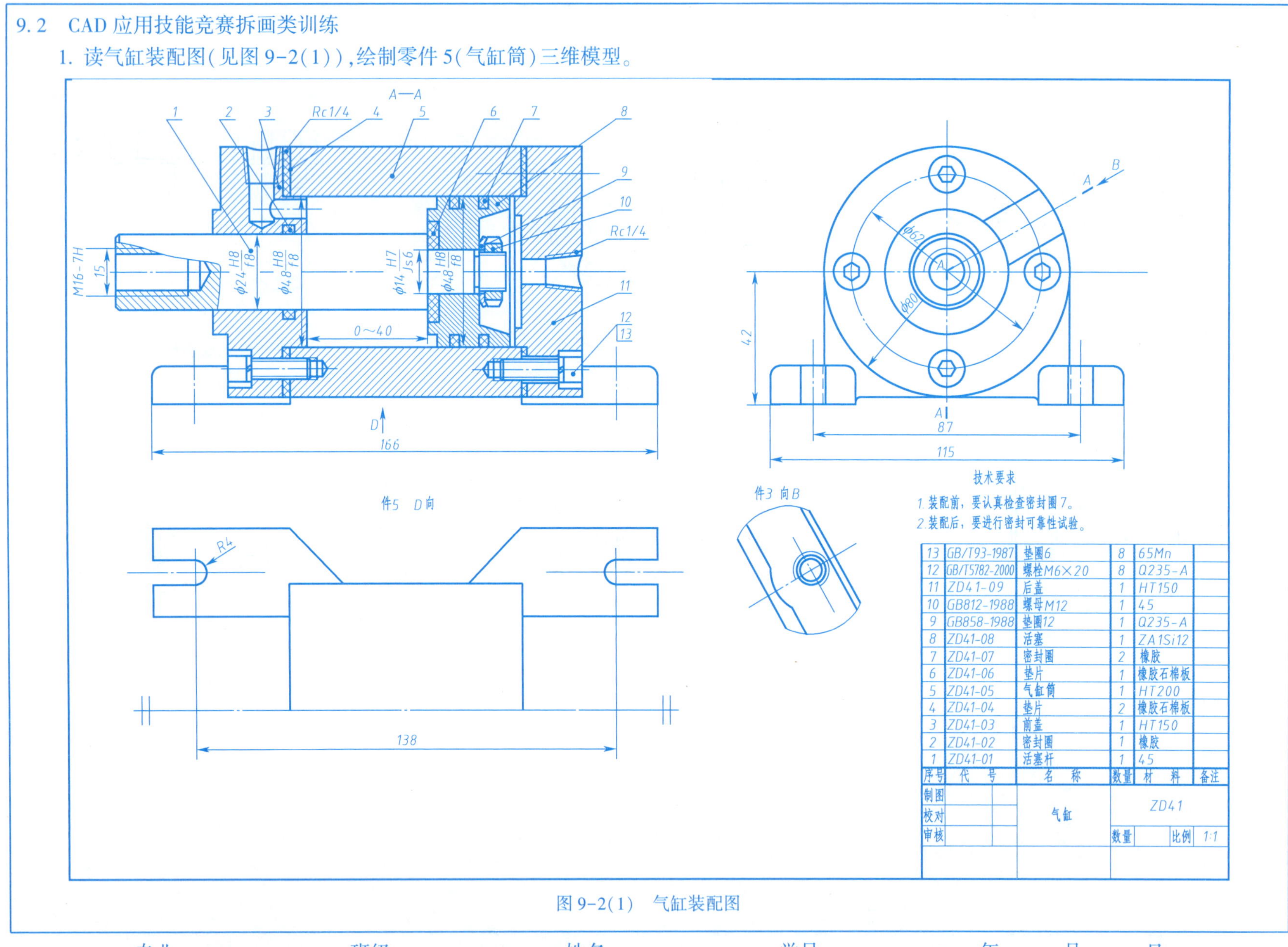

序号	代　号	名　称	数量	材　料	备注
13	GB/T93-1987	垫圈6	8	65Mn	
12	GB/T5782-2000	螺栓M6×20	8	Q235-A	
11	ZD41-09	后盖	1	HT150	
10	GB812-1988	螺母M12	1	45	
9	GB858-1988	垫圈12	1	Q235-A	
8	ZD41-08	活塞	1	ZA1Si12	
7	ZD41-07	密封圈	2	橡胶	
6	ZD41-06	垫片	1	橡胶石棉板	
5	ZD41-05	气缸筒	1	HT200	
4	ZD41-04	垫片	2	橡胶石棉板	
3	ZD41-03	前盖	1	HT150	
2	ZD41-02	密封圈	1	橡胶	
1	ZD41-01	活塞杆	1	45	

制图		气缸	ZD41		
校对					
审核			数量	比例	1:1

图 9-2(1)　气缸装配图

专业：　　　　班级：　　　　姓名：　　　　学号：　　　　年　　月　　日

2. 读旋塞阀装配图(见图 9-2(2)),绘制零件 2(阀体)三维模型。

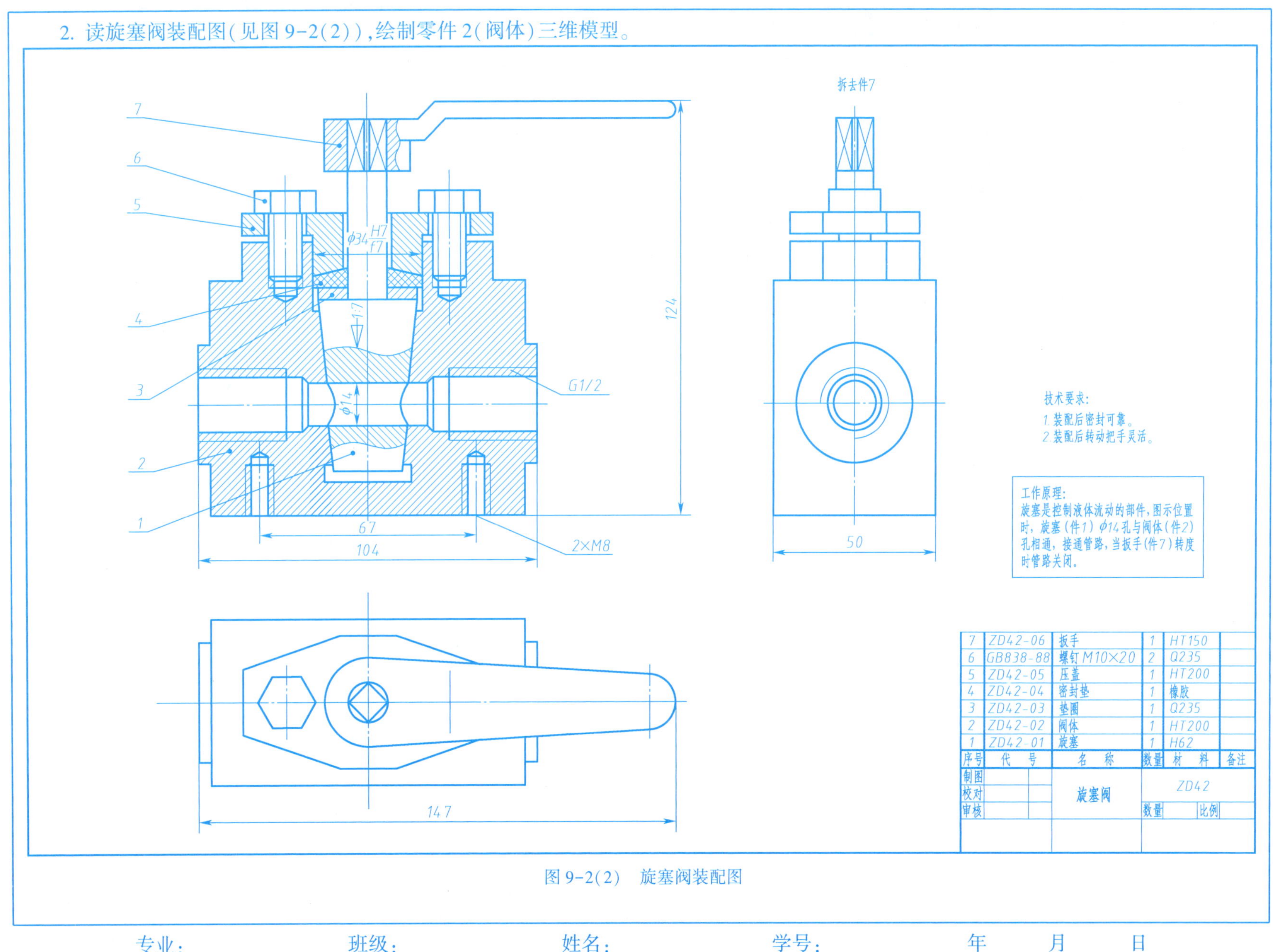

图 9-2(2) 旋塞阀装配图

专业: 班级: 姓名: 学号: 年 月 日

3. 读夹线体装配图(见图 9-2(3)),绘制序号 4 零件的三维模型。

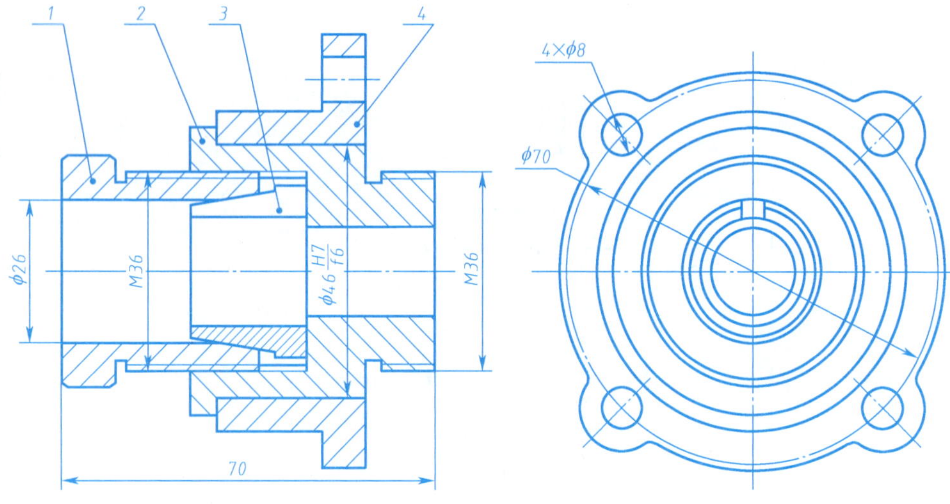

图 9-2(3) 夹线体装配图

4	盘座	1	45	
3	衬套	1	Q235	
2	夹套	1	Q235	
1	手动压套	1	Q235	
序号	名　称	数量	材料	备注

夹线体工作原理:夹线体是将线穿入衬套 3 中,然后旋转手动压套 1,通过螺纹 M36×2 使手动压套 1 向右移动,沿着锥面接触使衬套 3 向中心收缩(因在衬套上开有槽),从而夹紧线体。当衬套 3 夹住线后,还可以与手动压套 1、夹套 2 一起在盘座 4 中的孔中旋转。

9.3 CAD 应用技能竞赛工程图类训练

1. 按照图 9-3(1)所给尺寸完成零件三维建模,并生成二维工程图,注意选择合适的视图种类和数量,要求有标题栏。

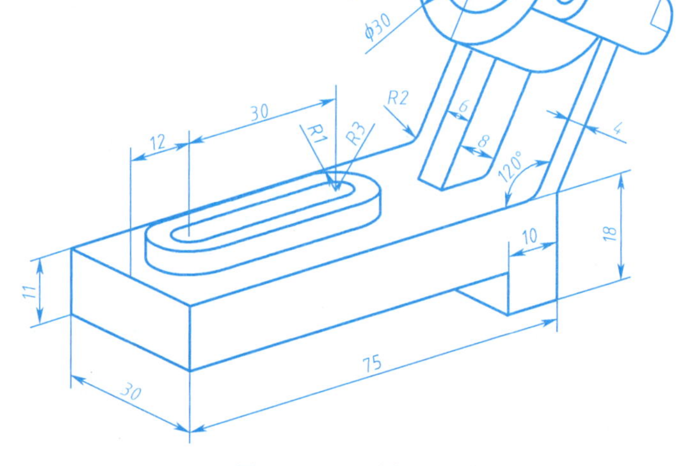

图 9-3(1) 零件三维模型

专业:　　　　班级:　　　　姓名:　　　　学号:　　　　年　　月　　日

2. 按照图 9-3(2)所给尺寸完成零件三维建模,并生成工程图,注意选择合适的视图种类和数量,要求有标题栏。(图中未注圆角为 $R2$)

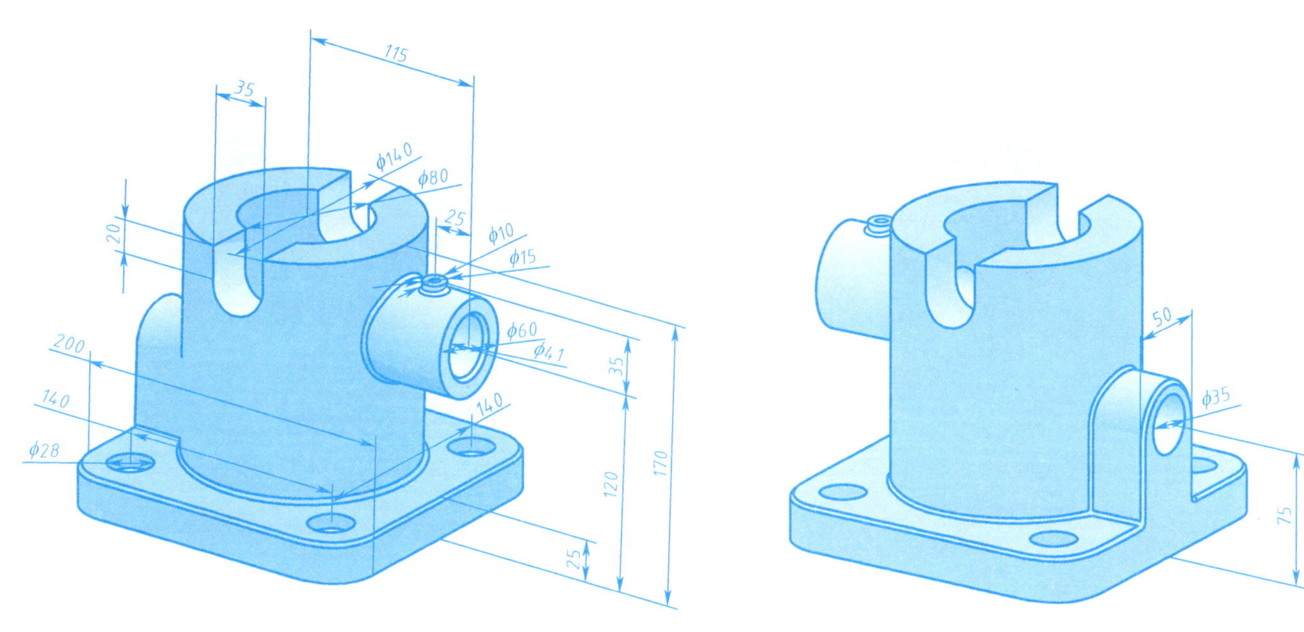

图 9-3(2) 零件三维图

3. 利用"9.2 CAD 应用技能竞赛拆画类训练"题 1 中建好的零件 5(气缸筒)三维模型生成二维工程图,注意选择合适的视图种类和数量,要求有标题栏。

4. 利用"9.2 CAD 应用技能竞赛拆画类训练"题 2 中建好的零件 2(阀体)三维模型生成二维工程图,注意选择合适的视图种类和数量,要求有标题栏。

9.4 CAD 应用技能竞赛自由造型类训练

1. 儿童智能手表造型

根据图 9-4(1)所示某品牌儿童智能手表三维模型图片,完成该手表的三维建模。要求:(1)该手表表壳的高度尺寸为 38.2 mm,宽度为 33.1 mm,厚度为 10.2 mm;(2)局部特征完整;未注尺寸地方,根据需要自由设计,三维模型整体比例合适即可。

专业: 班级: 姓名: 学号: 年 月 日

2. 四旋翼无人机造型

根据图 9-4(2)所示四旋翼无人机实体模型,完成无人机各零件的三维数字建模并装配。要求:(1)装配后的整体长宽高不超过 800 mm、800 mm、400 mm;(2)内部结构不做具体要求,三维模型外观整体比例合适即可。

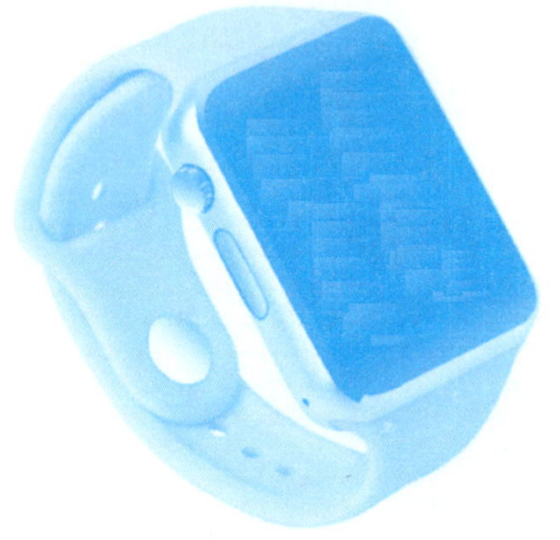

图 9-4(1) 儿童智能手表外形图

图 9-4(2) 四旋翼无人机外形图

3. 某品牌智能机器人

根据 9-4(3)所示智能机器人实体模型,完成机器人各零件的三维建模并装配。要求:(1)装配后的整体长宽高不超过 2 700 mm、200 mm、200 mm;(2)内部结构不做具体要求,三维模型外观整体比例合适即可。

图 9-4(3) 某品牌智能机器人外形图

专业: 班级: 姓名: 学号: 年 月 日

4. 某品牌面盆水龙头

根据图 9-4(4)所示面盆水龙头实体图,完成各组成零件的三维建模并装配,部分尺寸要求如图所示。

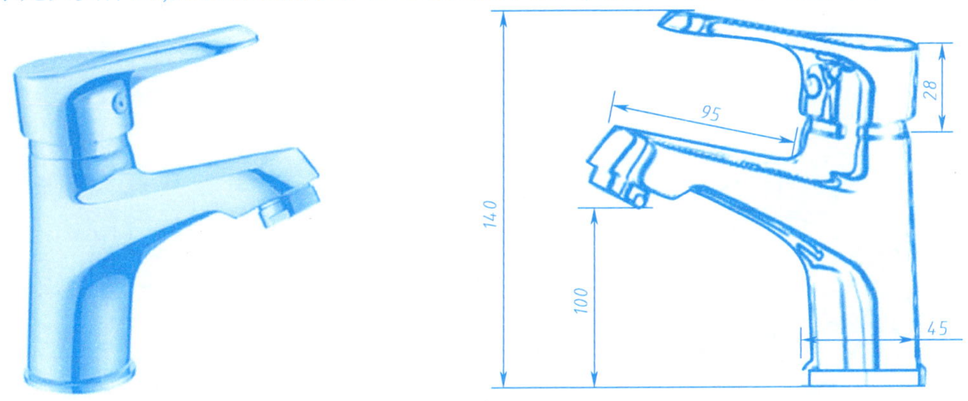

图 9-4(4) 某品牌面盆水龙头外形图

9.5 CAD 应用技能竞赛应用分析类训练

1. 按图 9-5(1)所示完成零件三维模型建模,该模型体积为(   )。(保留两位小数)

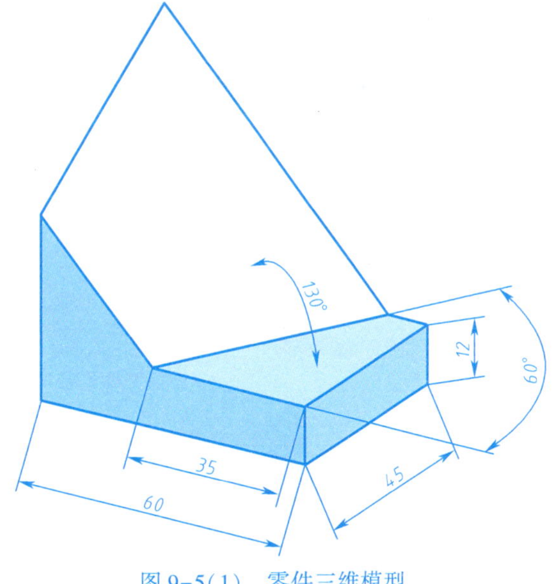

图 9-5(1) 零件三维模型

专业: 班级: 姓名: 学号: 年 月 日

2. 根据图 9-5(2)所给尺寸绘制草图,涂色部分面积为(　　　　)。(保留两位小数)

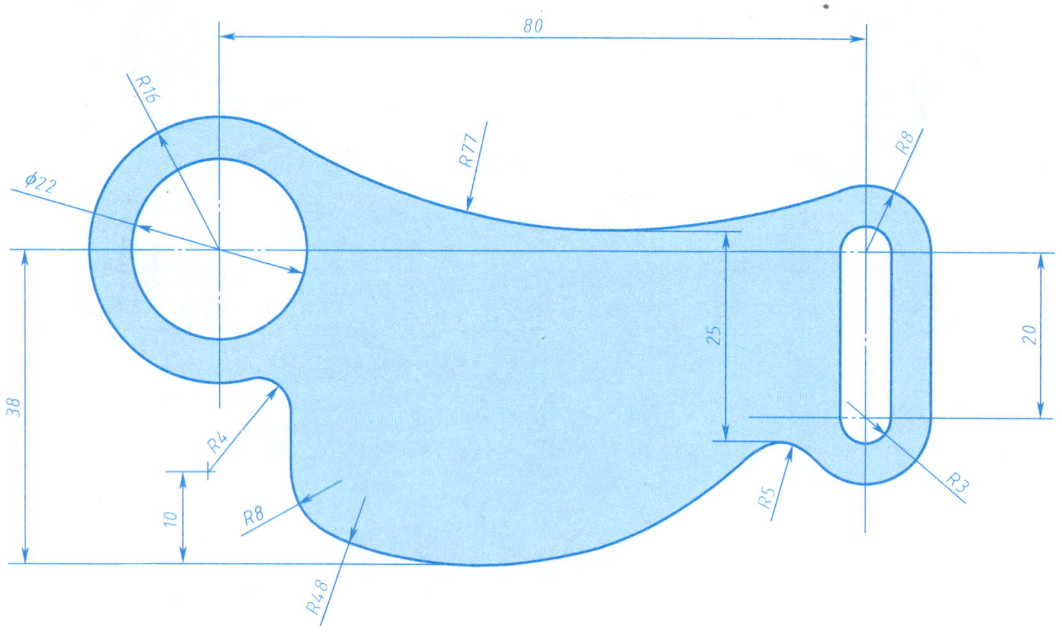

图 9-5(2)　零件图

专业:　　　　　　班级:　　　　　　姓名:　　　　　　学号:　　　　　　年　　月　　日